信息科学技术学术著作丛书

多媒体数据挖掘系统引论

Zhongfei Zhang　Ruofei Zhang　著

王兴起　张仲非　译

科学出版社

北　京

图字:01-2011-3735

内 容 简 介

本书全面系统地介绍了多媒体数据挖掘的基本概念与经典体系结构,多媒体数据挖掘的基本理论(包括多媒体数据特征和知识表示、统计数据挖掘理论和基于软计算的理论),多媒体数据挖掘理论解决实际多媒体数据挖掘问题的具体实例(包括图像检索和挖掘、图像语义标注、视频检索,以及音频分类)等。同时,介绍了多媒体数据挖掘的最新研究成果和应用前景。

本书可作为计算机科学、人工智能等相关专业高年级本科生和研究生的参考教材,也可作为从事多媒体数据挖掘及其相关领域研究的专业人员和系统开发工程师的参考用书。

图书在版编目(CIP)数据

多媒体数据挖掘系统引论/(美)张仲非(Zhongfei Zhang),张若非著;王兴起,张仲非译. —北京:科学出版社,2018.5
(信息科学技术学术著作丛书)
书名原文:Multimedia Data Mining: A Systematic Introduction to Concepts and Theory
ISBN 978-7-03-057186-1

I.①多… II.①张…②张…③王… III.①多媒体-数据采集 IV.①TP274

中国版本图书馆 CIP 数据核字(2018)第 081445 号

责任编辑:魏英杰 / 责任校对:郭瑞芝
责任印制:徐晓晨 / 封面设计:陈 敬

科 学 出 版 社 出版
北京东黄城根北街 16 号
邮政编码:100717
http://www.sciencep.com

北京厚诚则铭印刷科技有限公司 印刷
科学出版社发行 各地新华书店经销

*

2018 年 5 月第 一 版 开本:720×1000 1/16
2019 年 2 月第三次印刷 印张:15
字数:298 000
定价:90.00 元
(如有印装质量问题,我社负责调换)

关于作者

Zhongfei（Mark）Zhang：纽约州立大学宾汉姆顿分校计算机科学系终身教授，多媒体实验室主任。他在浙江大学获得电子工程学士学位和信息科学硕士学位，马萨诸塞大学阿姆斯特分校获得计算机科学博士学位。Zhongfei（Mark）Zhang 曾任教于纽约州立大学布法罗分校计算机科学与工程系和文本分析与识别研究中心，研究领域包括多媒体信息索引与检索、数据挖掘和知识发现、计算机视觉和图像理解、模式识别、生物信息学等。他是国际学术界中最早从事多模态数据挖掘和多模态信息检索的研究者之一，主持过多项受美国联邦政府、纽约州政府和企业等资助的相关领域科研项目，拥有多项发明专利，是多个会议和期刊的审稿人和程序委员会成员。2000 年以来，一直是美国联邦政府基金机构（如美国国家科学基金会、美国国家航空航天局等）、纽约州政府基金机构和一些民间基金机构评审专家。他是多个期刊的编委，受聘于国际多所著名高等院校和科研机构，作为技术顾问服务于多个企业和政府机构，也是多个著名奖项的获得者。

Ruofei Zhang：微软全球合伙人，人工智能与研究院高级总监。Ruofei Zhang 的研究领域包括机器学习、数据挖掘、大数据、计算广告学、个性化推荐、算法优化、计算机视觉和多媒体信息检索，以及这些技术在互联网及智能系统的应用。他发表高水平论文 40 余篇，获得美国专利 11 项，是美国国家科学基金会智能系统委员会项目评委，IEEE 和 ACM 高级会员。

《信息科学技术学术著作丛书》序

21 世纪是信息科学技术发生深刻变革的时代,一场以网络科学、高性能计算和仿真、智能科学、计算思维为特征的信息科学革命正在兴起。信息科学技术正在逐步融入各个应用领域并与生物、纳米、认知等交织在一起,悄然改变着我们的生活方式。信息科学技术已经成为人类社会进步过程中发展最快、交叉渗透性最强、应用面最广的关键技术。

如何进一步推动我国信息科学技术的研究与发展;如何将信息技术发展的新理论、新方法与研究成果转化为社会发展的新动力;如何抓住信息技术深刻发展变革的机遇,提升我国自主创新和可持续发展的能力? 这些问题的解答都离不开我国科技工作者和工程技术人员的求索和艰辛付出。为这些科技工作者和工程技术人员提供一个良好的出版环境和平台,将这些科技成就迅速转化为智力成果,将对我国信息科学技术的发展起到重要的推动作用。

《信息科学技术学术著作丛书》是科学出版社在广泛征求专家意见的基础上,经过长期考察、反复论证之后组织出版的。这套丛书旨在传播网络科学和未来网络技术,微电子、光电子和量子信息技术、超级计算机、软件和信息存储技术,数据知识化和基于知识处理的未来信息服务业,低成本信息化和用信息技术提升传统产业,智能与认知科学、生物信息学、社会信息学等前沿交叉科学,信息科学基础理论,信息安全等几个未来信息科学技术重点发展领域的优秀科研成果。丛书力争起点高、内容新、导向性强,具有一定的原创性;体现出科学出版社"高层次、高质量、高水平"的特色和"严肃、严密、严格"的优良作风。

希望这套丛书的出版,能为我国信息科学技术的发展、创新和突破带来一些启迪和帮助。同时,欢迎广大读者提出好的建议,以促进和完善丛书的出版工作。

中国工程院院士

原中国科学院计算技术研究所所长

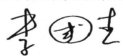

原 书 序

能向大家介绍这本多媒体数据挖掘方面的重要著作,我感到非常荣幸。得知该书作者是这一领域中最活跃的两位年轻学者时,我倍感欣慰。这本书在这一领域发展的初期就得以出版,而该领域比其他领域更加需要这样的一本书。在大多数新兴的研究领域,图书在将一个领域带向成熟的过程中起着非常重要的作用。研究领域是随着研究成果及发布而发展的。然而,研究论文所提供的研究领域的内容、应用前景、已经提出的方法,以及需要解决的技术毕竟有限,这本书正好给我们提供了这样一个机会。我非常喜欢写关于某一领域的一本书这样的想法,因为它通过将研究论文中已经讨论的、不易发现和理解的不同主题内容整合在了一起。在我看到这本书之前,就一直支持这本书的出版,出版这本书是这两位思维活跃的年轻学者美好和勇敢的愿望,现在这本书的内容就在我的电脑屏幕上,这更坚定了我的想法。

多媒体数据挖掘作为一个研究领域逐渐得到大家的认可是在 20 世纪 90 年代,多媒体处理、存储、通信、获取和显示等相关技术已经取得长足发展,使得科研技术人员能够通过构造一些方法,将音频、图像、视频和文本等的多种形式的信息组合在一起。多媒体计算和通信技术已经意识到多种信息源间信息的相关性,以及任一单一信息源内信息的不足,希望通过正确地选择信息源来提供彼此间的互补信息,通过仅仅使用不同信息源的部分信息便能够实现对环境整体的描述。这样的系统有些类似于人类的感知系统。

数据挖掘是数据存储能力和处理速度发展的必然结果,当大规模数据存储及不同的统计计算用于分析所有可能,甚至是不可能的数据间的关联成为可能时,数据挖掘这一领域就诞生了。数据挖掘允许人们对数据间的关系做假设,然后探索对这些假设的支持,这一技术已经成功应用到许多领域中,并得到越来越多的应用。实际上,许多新领域的产生是由数据挖掘引发的,而且数据挖掘可能成为继许多新兴的自然和社会科学后的一个有力的计算工具。

考虑多媒体数据的数据量,以及构建跨越语义鸿沟的机器感知系统的难度,很自然地,多媒体与数据挖掘便结合在一起,可以应用到一些最富有挑战性的问题上。数据挖掘最困难的挑战都是由多媒体系统造成的。类似地,潜在的、最富价值的数据挖掘的应用也来源于多媒体数据。

自然而然,在一个领域发展的早期,人们常常只是对现有算法的改进,多媒体数据挖掘也不例外,许多早期的工具是用来处理图像这类的单一模态数据,这是一个好的开端,但真正的挑战还是处理多媒体数据,解决那些使用单一模态不能解决的问题。通过这种方式,多媒体数据挖掘可以成为通过各种方法相互影响使得分析取得进展的一个领域,我非常希望一些年轻的研究人员能够受到启发,关注这一值得研究的领域。

该书列出了多媒体数据挖掘领域的最新资料,具有三个显著特点。

第一,将多媒体数据挖掘的文献整合在一起,给出了相关定义,同时将该领域与其他具有较好理论基础的研究领域比较。

第二,涵盖最新的有关多媒体数据的基础理论,包括特征抽取和表示、知识表示、统计学习理论、软计算理论等。作者花费了大量的精力确保该书包含的理论和技术反映的是最新研究成果,虽然不能穷尽,但是给出了多媒体数据挖掘理论基础的全面系统的介绍。

第三,为了向读者展示多媒体数据挖掘研究成果在实际领域的潜在应用,该书给出了多媒体数据挖掘理论用于解决实际多媒体数据挖掘问题的具体实例,包括图像检索和挖掘、图像语义标注、视频检索和挖掘和音频分类等。

多媒体数据挖掘的发展才刚刚起步,目前还处于飞速发展阶段,希望该书的出版可以引领和促进多媒体数据挖掘在学术领域、政府、企事业单位的研究和社会各行各业的应用。

Ramesh Jain
加州大学欧文分校

前　言

多媒体数据挖掘是一个多学科交叉的研究领域,由多媒体和数据挖掘两个学科发展而来。多媒体和数据挖掘都是最近十几年才发展起来的新兴学科,多媒体数据挖掘在最近几年才得到真正发展。本书是第一本有关多媒体数据挖掘的学术著作,全书自成体系,包括多媒体数据挖掘的相关基础、方法和应用,系统地阐述了相关的理论和概念,同时给出了具体应用,这些应用说明该领域研究的相关技术所具备的巨大潜力和影响。

我们多年来一直活跃于多媒体数据挖掘领域,书中内容是我们在该领域多年来长期研究工作的总结。本书既可以作为相关领域研究人员用书,也可以作为工程技术人员的参考书,同时还可以作为研究生高级研讨班之教材。此外,本书也可以用作研究生或高年级本科生的入门教材。书中提供的参考文献可供读者进一步阅读和参考。

由于多媒体数据挖掘是一个多领域的交叉学科,而且近几年来得到飞速发展,因此在一本书中包含该领域的全部内容是不可能的,我们尽量囊括相关研究主题的最新进展。对于从事多媒体数据挖掘或对该领域有一定了解的读者,本书可以作为对该领域知识的完整梳理,而对于刚刚进入该研究领域的读者,本书可以作为对该领域系统、形式化的介绍。

本书的完成离不开众多人员和机构的大力支持,这里特别感谢出版商——泰勒-弗朗西斯出版集团 CRC 出版社给了我们这个机会,使得本书能够作为由明尼苏达大学 Vipin Kumar 教授主编的“数据挖掘与知识发现系列丛书”中的一本与读者见面。同时,我们要感谢本书的编辑 Randi Cohen,感谢她热情、耐心的支持与宝贵的建议;感谢 Judith M. Simon 和众多的校对人员,他们对初稿中的错误进行的一丝不苟的努力。感谢国际排版公司 Shashi Kumar 给予的技术支持。感谢加州大学欧文分校的 Ramesh Jain 教授对本书的支持,并欣然为本书作序。感谢西北大学的 Ying Wu 教授、法国里尔理工大学的 Chabane Djeraba 教授和其他热心的读者,感谢他们阅读本书,并提出很多有价值的修改建议。本书的部分内容得益于作者和同事的工作,在此感谢下列同事对本书做出的贡献,他们是 Jyh-Herng Chow、Wei Dai、Alberto del Bimbo、Christos Faloutsos、Zhen Guo、Ramesh Jain、Mingjing Li、Weiying Ma、Florent Masseglia、Jia-Yu(Tim)Pan、Ramesh Sarukkai、Eric P. Xing 和 Hongjiang Zhang。本书的编写得到 Maria Zemankova 博士主持的美国国家科学基金(IIS-0535162)的支持。书中任何结论、意见和建议都是作者本人的,不代表美国国家科学基金会的任何观点。

最后,还要感谢我们的家人,他们的爱与支持是完成这本书的基础。

目　　录

《信息科学技术学术著作丛书》序

原书序

前言

第一部分　引　　论

第1章　简介 ··· 3

  1.1　多媒体数据挖掘定义 ··· 3

  1.2　多媒体数据挖掘系统经典体系结构 ·································· 6

  1.3　本书内容与组织 ··· 7

  1.4　本书受众 ··· 8

  1.5　进一步读物 ·· 8

第二部分　理论和技术

第2章　多媒体数据特征与知识表示 ···································· 13

  2.1　引言 ·· 13

  2.2　基本概念 ··· 14

    2.2.1　数字采样 ·· 14

    2.2.2　媒体数据类型 ·· 16

  2.3　特征表示 ··· 18

    2.3.1　统计特征 ·· 19

    2.3.2　几何特征 ·· 23

    2.3.3　元特征 ··· 26

  2.4　知识表示 ··· 26

    2.4.1　逻辑表示 ·· 26

    2.4.2　语义网络 ·· 28

    2.4.3　框架 ··· 29

    2.4.4　约束 ··· 31

    2.4.5　不确定性表示 ·· 33

  2.5　小结 ·· 36

第 3 章　统计数据挖掘理论与技术 ·· 37

　3.1　引言 ·· 37

　3.2　贝叶斯学习 ·· 38

　　3.2.1　贝叶斯定理 ··· 38

　　3.2.2　贝叶斯最优分类器 ·· 40

　　3.2.3　Gibbs 抽样算法 ·· 41

　　3.2.4　朴素贝叶斯分类器 ·· 41

　　3.2.5　贝叶斯信念网络 ·· 42

　3.3　概率潜在语义分析 ·· 45

　　3.3.1　潜在语义分析 ··· 46

　　3.3.2　潜在语义分析概率扩展 ··· 47

　　3.3.3　基于期望最大化的模型拟合 ·· 48

　　3.3.4　潜在概率空间与概率潜在语义分析 ··································· 49

　　3.3.5　模型过拟合与强化的期望最大化算法 ································ 50

　3.4　用于离散数据分析的隐含狄利克雷分配模型 ····························· 51

　　3.4.1　隐含狄利克雷分配模型 ··· 52

　　3.4.2　与其他隐变量模型关系 ··· 54

　　3.4.3　隐含狄利克雷分配模型推理 ·· 56

　　3.4.4　隐含狄利克雷分配模型参数估计 ····································· 58

　3.5　层次狄利克雷过程 ·· 58

　3.6　多媒体数据挖掘中的应用 ··· 60

　3.7　支持向量机 ·· 60

　3.8　面向结构化输出空间的最大间隔学习 ······································ 65

　3.9　Boosting ·· 70

　3.10　多示例学习 ··· 72

　　3.10.1　构建语义词空间与图像视觉代表对象空间映射 ················· 73

　　3.10.2　词到图像的查询 ·· 76

　　3.10.3　图像到图像的查询 ··· 76

　　3.10.4　图像到单词的查询 ··· 76

　　3.10.5　多模态查询 ··· 77

　　3.10.6　可扩展性分析 ··· 77

　　3.10.7　适应性分析 ··· 77

　3.11　半监督学习 ··· 80

　　3.11.1　监督学习 ··· 83

　　3.11.2　半监督学习 ··· 84

3.11.3　半参数正则化最小二乘 ································· 87

3.11.4　半参数正则化支持向量机 ································· 88

3.11.5　半参数正则化算法 ······································· 90

3.11.6　直推方法与半监督学习 ··································· 91

3.11.7　与其他方法的比较 ······································· 91

3.12　小结 ·· 92

第4章　基于软计算的理论与技术 ································· 93

4.1　引言 ·· 93

4.2　软计算方法特点 ··· 94

4.3　模糊集理论 ·· 95

4.3.1　模糊集基本概念和性质 ··································· 95

4.3.2　模糊逻辑和模糊推理规则 ································· 97

4.3.3　模糊集在多媒体数据挖掘中的应用 ······················ 98

4.4　人工神经网络 ··· 99

4.4.1　神经网络基本结构 ·· 99

4.4.2　神经网络中的监督学习 ·································· 102

4.4.3　神经网络中的强化学习 ·································· 106

4.5　遗传算法 ·· 109

4.5.1　遗传算法简述 ··· 109

4.5.2　遗传算法极值搜索与传统极值搜索方法比较 ·············· 112

4.6　小结 ··· 116

第三部分　多媒体数据挖掘应用实例

第5章　图像数据库建模——语义库训练 ······················ 119

5.1　引言 ··· 119

5.2　研究背景 ·· 119

5.3　相关工作 ·· 120

5.4　图像特征和视觉词典 ·· 122

5.4.1　图像特征 ··· 122

5.4.2　视觉词典 ··· 123

5.5　α-语义图与语义库模糊模型 ······························· 125

5.5.1　α-语义图 ··· 126

5.5.2　语义库模糊模型 ··· 128

5.6　基于分类的检索算法 ·· 129

5.7　实验结果 ··· 131

　　5.7.1　给定数据库上的分类性能 ················· 132

　　5.7.2　基于分类的检索结果 ······················· 133

5.8　小结 ··· 138

第6章　图像数据库建模——潜在语义概念发现 ·············· 139

6.1　引言 ··· 139

6.2　研究背景和相关工作 ································· 139

6.3　基于区域的图像表示 ································· 141

　　6.3.1　图像分割 ··· 142

　　6.3.2　视觉符号目录 ··································· 144

6.4　概率潜在语义模型 ····································· 147

　　6.4.1　概率数据库模型 ······························· 147

　　6.4.2　使用期望最大化构建模型 ·················· 148

　　6.4.3　概念数估计 ····································· 149

6.5　基于后验概率的图像挖掘与检索 ················ 150

6.6　算法分析 ··· 152

6.7　实验结果 ··· 153

6.8　小结 ··· 160

第7章　图像数据挖掘和概念发现的多模态方法 ·············· 161

7.1　引言 ··· 161

7.2　研究背景 ··· 161

7.3　相关工作 ··· 162

7.4　概率语义模型 ··· 163

　　7.4.1　概率语义标注图像模型 ······················ 164

　　7.4.2　基于期望最大化的模型拟合过程 ··········· 165

　　7.4.3　概念数估计 ····································· 166

7.5　基于模型的图像语义标注与多模态图像挖掘和检索 ······ 167

　　7.5.1　图像语义标注与图像到文本查询 ··········· 167

　　7.5.2　文本到图像查询 ······························· 168

7.6　实验 ··· 169

　　7.6.1　数据库与特征集合 ···························· 169

　　7.6.2　评估度量 ··· 170

　　7.6.3　图像自动语义标注结果 ······················ 171

　　7.6.4　单个文本到图像的查询结果 ················· 173

　　7.6.5　图像到图像的查询结果 ······················ 174

　　7.6.6　与纯文本查询方法的性能比较结果 ……………………………… 175
　7.7　小结 ……………………………………………………………………… 176
第 8 章　视频数据库概念发现与挖掘 ……………………………………………… 177
　8.1　引言 ……………………………………………………………………… 177
　8.2　研究背景 ………………………………………………………………… 177
　8.3　相关工作 ………………………………………………………………… 178
　8.4　视频分类 ………………………………………………………………… 180
　　8.4.1　朴素贝叶斯分类器 ……………………………………………… 180
　　8.4.2　最大熵分类器 …………………………………………………… 182
　　8.4.3　支持向量机分类器 ……………………………………………… 183
　　8.4.4　基于元数据与基于内容的分类器组合 ………………………… 184
　8.5　查询分类 ………………………………………………………………… 185
　8.6　实验 ……………………………………………………………………… 186
　　8.6.1　数据集 …………………………………………………………… 186
　　8.6.2　视频分类结果 …………………………………………………… 188
　　8.6.3　查询分类结果 …………………………………………………… 193
　　8.6.4　查找相关性结果 ………………………………………………… 193
　8.7　小结 ……………………………………………………………………… 194
第 9 章　音频数据库概念发现与挖掘 ……………………………………………… 196
　9.1　引言 ……………………………………………………………………… 196
　9.2　研究背景与相关工作 …………………………………………………… 196
　9.3　特征抽取 ………………………………………………………………… 199
　9.4　分类方法 ………………………………………………………………… 201
　9.5　实验结果 ………………………………………………………………… 202
　9.6　小结 ……………………………………………………………………… 205
参考文献 ……………………………………………………………………………… 206

第一部分

引　论

第 1 章　简　　介

1.1　多媒体数据挖掘定义

多媒体数据挖掘,顾名思义就是两个新兴领域——多媒体和数据挖掘的结合。然而,多媒体数据挖掘并不是多媒体和数据挖掘两个研究领域的简单结合。实际上,多媒体数据挖掘倾向于多媒体和数据挖掘两个领域融合的相关主题的研究,以提高和促进对建立在多媒体数据上的知识发现的理解和发展,因此多媒体数据挖掘作为一个完全独立的、不同的研究领域在一定程度上依赖于多媒体和数据挖掘两个领域的最新研究成果,同时从根本上又区别于多媒体和数据挖掘及其简单组合。

多媒体和数据挖掘都是多学科交叉研究领域,相较于其他比较成熟的计算机研究领域,如操作系统、程序设计语言、人工智能等,多媒体和数据挖掘发展历史较短,研究开始于 20 世纪 90 年代初期,属于比较年轻的研究领域。此外,随着大量的应用需求,最近几年两个研究领域都各自经历了快速发展的过程。

多媒体是一个不断发展的多学科交叉研究领域。"多媒体"一词指的是多种媒体形式的结合。20 世纪 90 年代初期,计算机和数字技术飞速发展,多媒体作为一个新兴研究领域应运而生[87,197],其研究内容是面向具体应用的高效多媒体系统的研发。从这一点来讲,多媒体技术的研究包含十分广泛的研究课题,如多媒体索引与检索、多媒体数据库、多媒体网络、多媒体信息表示、多媒体服务质量、多媒体使用与用户研究等,甚至多媒体标准,而这仅仅是列举了其中的一小部分。

多媒体技术是一个研究广阔的领域,与多媒体数据挖掘相关的研究内容主要包括多媒体索引与检索、多媒体数据库、多媒体信息表示[72,113,198]等。如今,在众多应用中,多媒体信息技术已经成为一项无处不在、被广泛使用的技术,这使得多媒体数据库变得异常庞大,目前已有一些工具用于管理和检索这样庞大的数据库,但是在许多决策支持系统应用领域,从庞大的多媒体数据库中抽取隐含的、有用的知识的工具显得格外迫切。例如,我们目前极其需要有这样的一些工具,包括发现图像中的对象或区域之间的关系、根据图像的内容对其进行分类、识别声音中的模式、对语音和音乐进行归类、识别和跟踪视频中的对象等。

在寻找改进多媒体信息索引和检索方法的过程中,多媒体信息系统领域的研究人员正在寻求用于发现索引信息的新方法。各种技术和方法,包括机器学习、统计学、数据库、知识获取、数据可视化、图像分析、高性能计算和基于知识的系统等领域的一些技术和方法已经被作为研究的基础工具而使用,多媒体数据库及其查询接口的发展又使人们联想到引入多媒体数据挖掘的方法来实现动态索引。

另一方面,数据挖掘也是一个不断发展的多学科交叉研究领域,数据挖掘即知识发现,始于数据库知识发现,然而如今的数据挖掘研究已远远不再局限于数据库领域[71,97]。这主要有如下两个原因:一是现今知识发现的研究不仅包含传统数据库领域的先进工具和方法,还包括数学、统计学、机器学习、模式识别等领域的工具和方法;二是随着数据存储规模的不断膨胀和多媒体数据的无处不在,当前知识发现的研究仅局限于传统数据库中的结构化数据已经远远不够,研究内容已经逐渐从传统的数据库演变为数据仓库,从传统的结构化数据逐渐演变为非结构化的数据,如图像数据、时序数据、空间数据、视频数据、音频数据,甚至更为一般的多媒体数据。基于上述因素,在许多应用中,非结构化的数据已经不再存储于传统的数据库中,而是简单的构建一个数据集合,尽管人们仍然称其为数据库,如图像数据库、视频数据库等。

这些数据是从如下一些领域中收集得到的,包括艺术、设计、超媒体和数字媒体制作、基于事例推理,以及创造性思维计算模型,如遗传算法和医学多媒体数据。这些异乎寻常的研究领域使用各种数据源和结构,它们通过这些结构描述现象的本质实现彼此间的关联。因此,对于那些能够检测和发现模式的新技术和工具存在一个逐渐增长的研究兴趣,而这些模式可以得到收集数据所属问题域的新知识。同时,在诸如协同虚拟环境、虚拟通信和多智能体系统等不同的分布式应用引起的多媒体数据分析中,也存在一个逐渐增长的研究兴趣。从这样的环境中收集的数据,包括环境中的动作、作为商业事务处理一部分的各种文档、异步线程的讨论、同步通信的转录文件和其他数据记录,这些异构的多媒体数据在转到分析处理阶段之前,需要复杂的预处理、同步和其他变换的过程。

因此,随着多媒体和数据挖掘两个领域各自独立的和快速的发展,以及数据存储规模的不断膨胀和数据媒体类型的多样化,自然而然地形成了一个新的研究领域——多媒体数据挖掘(multimedia data mining)。然而,多媒体数据挖掘是多媒体和数据挖掘两个研究领域的结合似乎又是正确的,因为它研究的是知识发现理论和方法在多媒体数据库或多媒体数据集上的应用。因此,继承它的两个起源学科——多媒体技术和数据挖掘的特点,多媒体数据挖掘也是一个多学科的交叉领域。除了两个起源学科,多媒体数据挖掘也依赖于许多其他领域的研究,如数学、统计学、机器学习、计算机视觉和模式识别等。这些学科之间的关系如图 1.1 所示。

我们已经清楚地给出了多媒体数据挖掘作为一个新兴的、活跃的研究领域的定义,由于历史的原因,很有必要去阐明和指出几个被误解或搞错的概念。

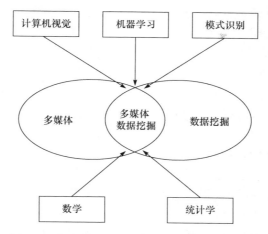

图 1.1 与多媒体数据挖掘相关联领域间的关系

（1）多媒体索引和检索（multimedia indexing and retrieval）与多媒体数据挖掘

众所周知,在经典的数据挖掘领域,纯文本检索和经典信息检索并不被认为是数据挖掘的一部分,这是由于在纯文本检索和经典信息检索不涉及知识发现。然而,多媒体索引与检索是否属于多媒体数据挖掘领域,这个概念就比较模糊了,原因在于文献中提到的典型的多媒体检索或检索系统经常包含一定程度的知识发现,如特征提取、降维、概念发现和模式映射发现（如在图像标注中从图像到文本的映射就是一种发现,在文字图像检索中文字到图像的映射也是一种发现）,在这种情况下,多媒体信息索引和/或检索就被看作多媒体数据挖掘的一部分。反过来,如果多媒体索引或检索系统使用的仅仅是索引系统,诸如在 Web 上众多商业的图像、视频、音频检索系统使用的都是基于纯文本的索引技术,那么这些系统就不能称为多媒体数据挖掘系统。

（2）数据库与数据集合

在经典的数据库系统中,总是存在数据库管理系统,这对于传统数据库中经典的结构化数据是这样的。然而,对于那些非结构化的数据,特别是多媒体数据,我们就没有一个这样的管理系统用于管理这些数据,通常只是简单的将多媒体数据组成一个完整的集合,而索引/检索系统或其他的数据挖掘系统便建立在这个数据集合上。由于历史的原因,在许多文献中,尽管多媒体数据集与传统的结构化数据库在概念上是不同的,但我们仍然使用数据库来代替这样的多媒体数据集。

（3）多媒体数据与单一模态数据

虽然多媒体指的是多种模式和/或多种媒体类型的数据,但是在多媒体领域通常多媒体索引与检索也包含单一的、非文本模式数据的检索,如图像索引与检索、视频索引与检索、音频索引与检索等。因此,我们遵循这样的习惯,在多媒体数据挖掘研究中,包括任何单一模式数据的知识发现研究,这样单一的图像数据挖掘、视频数据挖掘和音频数据挖掘便成为多媒体数据挖掘研究的一部分。

尽管多媒体数据挖掘作为一个研究领域还处于蓬勃发展的初期(期望有进一步的发展),但是已经在社会的各行各业有了相当广泛的应用,从人们的日常生活到政府的服务领域,都是源于这样的一个事实,在当今的社会中几乎所有的实际应用领域中的数据都是以多种模态,或者是多源,或者是多种格式存在的。举例来说,在国土安全应用中,我们可能需要对乘坐飞机的旅行者历史数据进行挖掘,这些数据包括旅行者的旅行记录、图像信息、机场摄像头拍摄的视频信息等。再如,在生产领域,如果零件绘制、零件描述、零件生产流程可以以集成的方式,而不是分离的方式进行挖掘,那么生产过程就可以得到改进。在医疗领域,如果磁共振图像能够和病人的其他信息一起挖掘,那么疾病的诊断就会更加准确。同样,在生物信息学中,数据也是以多种模态存在的。

1.2　多媒体数据挖掘系统经典体系结构

一个典型的多媒体数据挖掘系统/框架通常由三个部分构成。给定原始多媒体数据,多媒体数据挖掘的第一步就是将原始数据集(数据库)转换成被称为特征空间的抽象空间数据表示,这个过程称为特征抽取,因此我们需要一个特征表示方法将多媒体元数据转换为特征空间中的特征,以便挖掘的开展。这一步是非常重要的,因为多媒体数据挖掘的成功与否很大程度上取决于特征表示的好坏。常用的特征表示方法和技术多来源于经典的计算机视觉领域、模式识别领域,以及多媒体领域中的多媒体信息索引与检索。

由于知识发现是一个智能活动,类似于其他智能活动,多媒体数据挖掘也需要一定程度的知识的支持。因此,多媒体数据挖掘的第二步就是知识表示,即怎样有效地表示所获取的知识来支持多媒体数据库中知识发现的过程。在多媒体数据挖掘中,典型的知识表示方法多来自人工智能领域中常用的知识表示方法,当然也会针对多媒体数据挖掘领域中遇到的问题进行一些特殊考虑,如基于空间约束的推理等。最后,也是多媒体数据挖掘最为关键的一步,即使用真正的挖掘与学习理论和/或方法去完成多媒体数据库上知识发现的过程。在当今的多媒体数据挖掘领域中,主要有两大类学习或挖掘的理论和技术,它们是统计学习理论和软计算。在具体的多媒体数据挖掘应用过程中,这两类学习方法既可以单独使用,也可以共同使用。统计学习理论是建立在机器学习,特别是统计机器学习之上的,而软计算理论是建立在软计算,特别是模糊逻辑理论基础之上的。显而易见,这是多媒体数据挖掘系统的核心。

　　除了上述三个部分,在许多多媒体数据挖掘系统中,还具有用户界面部分,以方便用户与挖掘系统的交互。与通用的数据挖掘系统一样,对于多媒体数据挖掘系统,最终结果的质量只能通过用户来评判,因此一般来说,多媒体数据挖掘系统提供一个用户界面允许用户与挖掘系统进行交互,以及对最终挖掘结果进行评价是非常必要的。如果最终挖掘结果的质量是不可接受的,那么用户可能需要通过用户界面去调整系统中某一部分的参数取值,甚至为了取得更好的挖掘效果,用户可能改变系统中的某一部分,如选择不同的挖掘方法等,这样的交互过程将反复进行,直到用户对最终的结果感到满意。

　　经典的多媒体数据挖掘系统体系结构如图 1.2 所示。

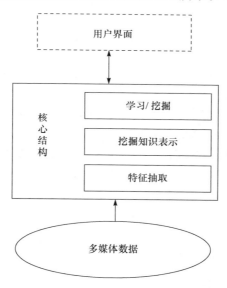

图 1.2　多媒体数据挖掘系统经典体系结构

1.3　本书内容与组织

　　本书对多媒体数据挖掘进行了较为系统的介绍,给出了多媒体数据挖掘的定义,多媒体数据挖掘使用的理论,并列举了一些多媒体数据挖掘具体应用实例。由于多媒体数据挖掘研究内容广泛,而且又是一个多学科的交叉领域,因此本书及书中提及的文献无法穷尽全部内容。另外,由于多媒体数据挖掘领域的迅猛发展,我们设法选取能够代表本领域最新进展和发展现状的文献。

　　全书包含三个部分。第一部分是简介,给出多媒体数据挖掘的定义,并列出本书要介绍的内容。第二部分介绍多媒体数据挖掘的理论基础,分三个章节。第 2

章介绍多媒体数据挖掘领域常用的特征表示方法和知识表示方法;第 3 章介绍多媒体数据挖掘领域常用的统计理论和技术;第 4 章介绍多媒体数据挖掘领域常用的软计算理论和技术。第三部分介绍多媒体数据挖掘的具体应用实例,有五个章节。第 5 章介绍多媒体数据挖掘图像数据库建模方法和语义库训练方法;第 6 章介绍另外一种多媒体数据挖掘图像数据库建模方法,不过该方法侧重于针对图像数据库的概念发现方法;第 7 章介绍图像数据挖掘的另外一个应用,阐述具体的图像挖掘问题——图像语义标注,这里我们将说明知识发现是如何取得图像语义标注目标的;第 8 章介绍视频数据挖掘的应用,提出一个 Web 上大规模视频检索的有效解决方案;第 9 章描述音频数据分类/归类的应用。

1.4　本书受众

本书是作者在多媒体数据挖掘这一新兴研究领域的最新研究成果,因此目标读者群是那些从事多媒体数据挖掘及其相关领域的研究人员和系统开发工程师。这些相关领域包括但不局限于多媒体技术、数据挖掘、机器学习、计算机视觉、模式识别、统计学,以及其他使用多媒体数据挖掘技术的应用领域,如生物信息学和市场营销。本书在内容和文献方面自成体系,所以也可以作为对多媒体数据挖掘这一新领域感兴趣人员及其他领域人员的参考书。此外,本书是对多媒体数据挖掘领域的系统介绍,因此也可以作为多媒体数据挖掘研究生课程和高年级本科生课程的教学用书。

1.5　进一步读物

正如本书 1.1 节提到的,多媒体数据挖掘源于多媒体和数据挖掘两个相互独立的学科,因此多媒体数据挖掘的历史可以追溯到上述两个学科的历史。由于多媒体数据挖掘还处在发展的初期,目前多媒体数据挖掘本身还没有顶级的专门出版物。具体来讲,在多媒体领域,与多媒体数据挖掘研究工作相关的顶级国际学术会议包括 ACM Multimedia(ACM MM)和 IEEE International Conference on Multimedia and Expo(IEEE ICME)等。特别地,与多媒体数据挖掘最为相关的国际学术会议是 ACM International Conference on Multimedia Information Retrieval(ACM MIR),该会议通常每年与 ACM MM 联合举办。最近,有一个与图像和视频检索相关的顶级学术会议——ACM International Conference on Image and Video Retrieval(ACM CIVR)。此外,在计算机视觉领域与多媒体数据挖掘相关的顶级国际会议包括 IEEE International Conference on Computer Vision(IEEE ICCV)、IEEE International Conference on Computer Vision and Pattern Recognition(IEEE CVPR)和 European Conference on Computer Vision(ECCV)。在模式识别领域与多媒体数据挖掘相关的顶级国际会议是 International Conference on Pattern Recognition(ICPR)。在音频和语音信号处理领域,与多媒体数据挖掘相关的顶级国际会议是 International Conference on Audio and Speech Signal Processing(ICASSP)。在期刊方面,在多媒体领域、计算机视觉和模式识别领域,与多媒体数据挖掘研究相关的期刊包括 IEEE Transactions on Multimedia(IEEE T-MM)、IEEE Transactions on Image Processing(IEEE TIP)、IEEE Transactions on Speech and Audio Processing(IEEE T-SAP)、Pattern Recognition(PR),以及最近创刊的期刊 ACM Transactions on Multimedia Computing,Communications and Applications(ACM TOMCCAP)。

在数据挖掘领域,与多媒体数据挖掘相关的研究工作可以在顶尖的国际学术会议 ACM International Conference on Knowledge Discovery and Data Mining(ACM KDD)、IEEE International Conference on Data Mining(IEEE ICDM)和 SIAM International Conference on Data Mining(SDM)上查找到。特别地,相关的文献可以在每年与 ACM KDD 联合举办的学术研讨会 International Workshop on Multimedia Data Mining(ACM MDM)上找到。在期刊方面,与多媒体数据挖掘相关的数据挖掘领域的顶级期刊包括 IEEE Transactions on Knowledge and Data Engineering(IEEE T-KDE)和 ACM Transactions on Data Mining(ACM TDM)。

此外,最近也出版了一些与多媒体数据挖掘相关的书籍。Gong 和 Xu[90] 出版了有关多媒体领域中常用的机器学习技术的书籍。Petrushin 和 Khan[167]、Zaiane、Smirof 和 Djeraba[233],以及 Djeraba[62] 编辑出版了有关多媒体数据挖掘最新研究进展的合集。Zhang 等[250] 在 IEEE Transactions on Multimedia 期刊上主编出版了有关多媒体数据挖掘方面的特刊。

第二部分

理论和技术

第2章 多媒体数据特征与知识表示

2.1 引　　言

在开始研究多媒体数据挖掘之前,我们必须要解决的首要问题是如何表示多媒体数据。当然,我们可以将多媒体数据表示成原始的、未经处理的数据形式,如图像表示成其原始的格式 JPEG、TIFF 或者矩阵的形式,但原始的数据格式是一种非常不便于使用的形式,因此在多媒体数据挖掘应用中很少直接使用。之所以不使用原始的、未经处理的数据,主要出于如下两个原因。

① 原始的数据格式通常占用大量不必要的空间,这随即带来两个问题——更多的处理时间、更大的存储空间。

② 这些原始数据格式是为了更好地获取和存储数据(如最小地损失数据的完整性而同时尽量节省存储空间),但这种原始数据的表示方式并不适合多媒体数据挖掘的目的,因为这些原始数据格式表示的仅仅是数据本身。

另一方面,为了进行多媒体数据挖掘,我们希望将多媒体数据表示为信息的形式,以便多媒体数据的处理和挖掘。例如,在图 2.1(a)中显示的是马的图像,对于这幅图像,原始的数据格式是 JPEG 格式,图像实际存储的内容是二进制的数字,这样就无法告诉人们图像中的内容究竟是什么。理想地,我们希望将图像表示成有用信息的形式,如图 2.1(b)所示,这样的表示方式会使多媒体数据挖掘变得更为直接和容易。

(a) 原始图像　　　　(b) 就语义内容而言一个理想的图像表示形式

图 2.1

然而,这样的问题立刻引出是先有鸡,还是先有蛋的问题,也就是多媒体数据挖掘的目标是发现以一种合适的方式表示知识。如果我们能够以如图 2.1(b)所示的这种简洁和语义的形式去表示多媒体数据,那么多媒体数据挖掘的问题就得到解决。因此,作为一种折中,我们不是像图 2.1(b)那样直接将多媒体数据表示成语义知识表示形式,而是首先将多媒体数据表示成特征。另外,在许多多媒体数据挖掘系统中,为了更好地挖掘多媒体数据,额外的知识表示用来表示不同类型的知识,这些知识是与多媒体数据挖掘有关的知识,如领域知识、背景知识和常识知识等。

本章其余内容组织如下,2.2 节介绍几个多媒体数据挖掘中常用的概念,这些概念中有一部分是多媒体领域专用的概念,而本章介绍的特征和知识表示方法适用于各种媒体形式或模式。2.3 节介绍多媒体数据常用的特征,包括统计特征、几何特征和元特征。2.4 节介绍在多媒体数据挖掘中常用的知识表示方法,包括基于逻辑的知识表示方法、基于语义网络的知识表示方法、基于框架的知识表示方法和基于约束的知识表示方法,同时介绍基于不确定性的知识表示方法。2.5 节对本章讲述的内容加以小结。

2.2　基　本　概　念

在介绍适用于各种数据媒体类型和模式的常用特征与知识表示方式之前,我们先介绍几个重要的、与多媒体数据挖掘领域相关的常用概念。有些概念适用于全部媒体数据类型,有些特定于具体媒体数据类型。

2.2.1　数字采样

正如它的两个演变学科——多媒体与数据挖掘一样,多媒体数据挖掘本身是通过计算机处理数字形式的信息,而我们生活的世界是连续的,多数情况下,我们看到的是连续的场景,听到的也是连续的声音(如音乐、人的谈话、环境的声音、汽车喇叭的噪声等),唯一的例外可能就是我们阅读的文章,它们由单词组成,而单词由数字形式的字母和字符组成。为了将连续的数据转换成计算机能够处理的离散数字表示形式,我们需要对这些连续的信息进行数字化或离散化,将它们转换成计算机能够理解的数字表示形式,这一数字化和离散化过程是通过采样实现的。

有三种采样方法可以将连续的信息转换成离散的数字表示形式,第一种采样是空间采样,主要面向空间信号,如图像等。图 2.2(a)表示的是一个空间采样的概念。对于图像数据,每一个通过空间采样后的样本被称为像素,表示图像中的一个元素。第二种采用是时间采样,主要是面向如声音等的时间信号,通过时间采样,沿着时间域的固定数目连续样本称为帧。对于特定的应用,为了利用时间的冗余,如压缩,通常在两个连续的帧之间故意保留至少三分之一帧大小的重叠部分。

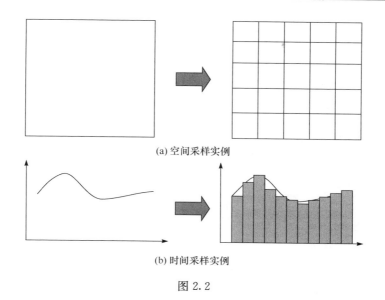

(a) 空间采样实例

(b) 时间采样实例

图 2.2

对于特定的连续信息,如视频信号,既需要空间采样,也需要时间采样。对于视频信号,在时间采样后,连续的视频信号变成时间样本序列,而每一时间样本都是一个图像,称为帧。每一帧由于本身是一个图像,因此可以通过进一步的空间采样形成像素集合。对于视频数据,通常将每一帧中一定数目的像素定义为块,例如在 MPEG 格式中[4],一个块是一个 8×8 的像素区域。

像声音或视频这样的时序数据通常也被称为流数据。流数据可以沿着时间轴切分成互不相交的段,这些段被称为片断,因此我们可以有视频片断文件或音频片断文件。

为了使采样后的数据能够不带任何损失地代表原始的连续信息,无论是空间采样,还是时间采样都必须遵循一定的规则。这是必要的,因为欠采样会造成信息的丢失,而过采样会产生过多不必要的数据。对于空间采样来说,最优采样频率是最高结构变化频率的两倍,而对于时间采样来说,最优采样频率是最高时间变化频率的两倍。上述规则称为奈奎斯特采样定理(Nyquist sampling theorem)[160],最优采样频率也称为奈奎斯特频率(Nyquist frequency)。

第三类采样是信号采样,在空间采样和时间采样之后,我们得到一个采样集合,而这些采样的实际度量空间仍然是连续的。例如,一个连续的图像通过空间采样后得到样本集合,这些样本代表图像不同采样位置的亮度值,而这些亮度取值是一个连续空间。因此,我们需要利用第三种采样方式,即信号采样将原来取值连续的亮度空间转换成有限的数字信号空间集合,这正是信号采样要做的事情。根据具体应用的需要,信号采样可以是线性的数学模型(图 2.3(a)),也可以是非线性的数学模型(图 2.3(b))。

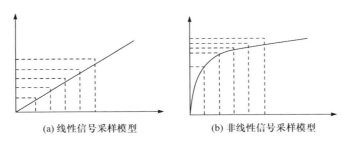

(a) 线性信号采样模型　　　　　　(b) 非线性信号采样模型

图 2.3

2.2.2　媒体数据类型

由传统数据库技术可知,能够以传统数据库结构表示和存储的数据,包括常用的关系型数据库和面向对象的数据库,都称为结构化数据。然而,多媒体数据通常无法使用传统的数据库表示和索引,因此称为非结构化数据。非结构化数据可以根据它们所属的特定媒体类型进一步划分。在多媒体数据挖掘中,有几种常见的媒体数据类型,它们可以通过数据空间维度来表示。根据媒体数据空间维度,我们可以将媒体数据分为如下类型。

① 0 维数据。这种类型的数据是规则的、文字与数字组成的数据,典型的例子就是文本类型数据。

② 1 维数据。这种类型数据由一维特征空间描述,典型的例子就是音频数据,如图 2.4(a)所示。

③ 2 维数据。这种类型数据由二维特征空间描述,图像和图形数据是两个典型的 2-维数据,如图 2.4(b)所示。

④ 3 维数据。这种类型数据由三维特征空间描述,视频和动画数据是两个常见的例子,如图 2.4(c)所示。

正如第 1 章介绍的,多媒体数据挖掘首要的问题就是特征抽取和知识表示。在众多适用于各种媒体数据类型的特征和知识表示技术中,有几种媒体数据特有的特征表示方法,下面简要介绍。

① TF-IDF 方法是特别面向文本数据定义的一种特征,给定一个由 N 个文档和 M 个词汇组成的文本数据库,标准的文本处理模型是建立在词袋(bag-of-words)假设基础上的。该假设是说,对于所有的文档,不考虑文档中单词的语法和位置关系,仅仅将每个文档看做是各个独立单词的集合,这样就得到了词袋表示形式。基于上述假设,我们可以将文档数据库表示为 $N\times M$ 的矩阵,称为词频矩阵。这里矩阵的每一个元素 $TF(i,j)$ 是第 j 个单词在文档 i 中出现的频率,因此单

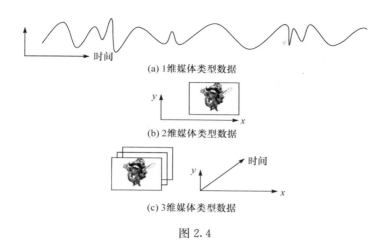

(a) 1维媒体类型数据

(b) 2维媒体类型数据

(c) 3维媒体类型数据

图 2.4

词 j 总的词频可以表示为

$$TF(j) = \sum_{i=1}^{N} TF(i,j) \tag{2.1}$$

② 由于在文档中出现频率太大的单词是没有用的,因此可以对那些出现太频繁的单词给予一定惩罚,定义逆文档频度为

$$IDF(j) = \log \frac{N}{DF(j)} \tag{2.2}$$

其中,$DF(j)$ 表示出现单词 j 的文档的个数,称为单词 j 的文档频度。

单词 j 的 TF-IDF[184] 定义为

$$TF\text{-}IDF(j) = TF(j) \times IDF(j) \tag{2.3}$$

③ 倒频谱特征经常用于音频等一维媒体数据,对于一维信号的媒体数据,倒频谱定义为信号功率谱的傅里叶变换,由于信号功率谱是通过原始信号的傅里叶变换对数计算得到的,因此在有些文献中倒频谱有时也称为频谱的频谱。有关倒频谱特征的详细描述可参见文献[49]。

④ 基波频率是指在典型音频音调中包含的一系列谐波的最低频率。如果我们将音频音调表示为一系列正弦曲线函数的组合,那么基波频率就是那些在频谱中具有最低频率的正弦曲线函数所包含的频率,基波频率常用于音频数据挖掘中对音频数据描述的特征。

⑤ 典型的音频音调特征包括音调、音量和音色。音调是指声音的高低,它通常与声音的频率,特别是基波频率有关。音量是指声音、声调力度和强度,通常与声音的能量强度(到达人耳的声波能量流或振荡幅度)有关。音色是指音频音调的质量,通常与音频音调的频谱有关。这些特征的详细描述可以参见文献[197]。这些特征常用于音频数据挖掘中音频数据的特征描述。

⑥ 光流常作为视频和动画等三维媒体数据的描述特征。光流是指在动画图片,如视频流和动画流中图片某一区域随着时间的流逝而发生的亮度的改变,与其相关的、但截然不同的一个概念是运动场。运动场定义为三维空间中对象表面上的特定点映射到二维图像相应点随着时间而产生的运动。在计算机视觉中[115],运动向量是从二维图像系列恢复到三维运动图像的有用信息。由于我们没办法直接从图像上得到运动向量,因此通常假设运动向量等同于光流,从而光流便被用作运动向量,但在概念上它们是不同的。有关光流及其与运动向量之间关系的详细描述可参见文献[105]。

2.3　特征表示

给定一个具体的多媒体数据模式(如图像、音频和视频),特征抽取是多媒体数据处理和挖掘的第一步。通常,特征是特定模式数据的抽象描述,是定义在欧氏空间上的可测量量[86],因此欧氏空间也称为特征空间。特征也称为属性,是原始多媒体数据在特征空间上的抽象描述。往往由多于一个特征来描述数据,这些多个特征形成特征空间中的特征向量,从原始多媒体数据识别特征向量的过程称为特征提取,基于多媒体系统中定义的特征的不同,也就有不同的特征抽取方法用于获取这些描述特征。

通常,描述特征往往由基于具体的多媒体数据模式确定,因此给定多媒体数据的多个模式,我们可以使用特征向量描述每一种模式的数据。如果多媒体数据挖掘过程是建立在将整个数据集合作为一个整体之上的,那么可以将各自的特征向量组合起来描述多媒体数据的不同模式(如不同模式描述特征向量的连接)。如果挖掘过程是相互独立的不同数据模式,那么就可以将各自的特征向量描述相应的数据模式。

本质上,文献常用的特征共有三类,它们分别是统计特征、几何特征和元特征。除了某些元特征,大部分特征表示方法都是作用在多媒体数据单元上,而不是整个多媒体数据上,有时甚至是作用在多媒体数据单元的一部分上。多媒体数据单元的定义通常依赖于特定的数据模式。例如,对于音频流数据,单元就是音频帧;对于图像集合,单元就是一幅图像;对于视频流,单元就是视频帧。多媒体单元的一部分被称为对象,对象可以通过对多媒体数据单元的分割获得。从这个意义上讲,特征抽取是一个从多媒体数据单元或对象到特征空间的特征向量上的一个映射。我们说一个特征是唯一的,当且仅当不同的多媒体数据单元或者对象映射到不同的特征值。换句话说,映射是一对一的。然而,如果这种特征的唯一性定义是相对于对象而言,不是多媒体数据单元,那么不同的对象应该理解为不同的语义对象,而不是同一对象的不同变体。例如,苹果和橘子是不同的语义对象,但是对同一个苹果不同角度的观察却是同一对象的不同变种,而不是不同的语义对象。

2.3.1　统计特征

统计特征主要关注的是原始多媒体数据在某一特定方面的统计描述,如多媒体数据特定量的每个取值的频率个数,因此所有的统计特征都是仅仅给出原始数据在某一方面总体的、统计的描述,基本不可能从这个总体的、统计的描述中还原出原始信息。换句话说,统计特征通常并不是唯一的,如果我们把从原始数据获取统计特征看作是一个转换,那么这个转换就是有损的。与几何特征不同,统计特征通常是作用在整个多媒体数据单元上的,不需要将多媒体数据单元分割成不同的部分,如对象。正是这个原因,对于统计特征来说,几乎所有的变换不变性,如平移不变性、旋转不变性、尺度不变性或更一般的仿射不变性等对于多媒体数据单元的任意分割部分都不成立。

著名的统计特征包括直方图、变换系数、一致向量、相关图,下面简要介绍。

1. 直方图

直方图可以追溯到模式识别和图像分析的研究初期[67],是一种将原始的数据表示转换成原始数据特定量的出现频率信息表示的统计方法。因此,直方图可以表示为一维向量的形式,其中 X 轴是这个量的取值范围,Y 轴是对象量的取值范围中某一值的出现频率。这个特定量依赖于不同的特定数据模式,也依赖于不同的应用,是由用户事先定义的。例如,给定一幅图像,我们可以使用图像的亮度值作为这个特定量。

从数学上来讲,给定一个作为多媒体数据样本向量 $\boldsymbol{p}$ 的函数的特定量 $F(\boldsymbol{p})$（例如,$\boldsymbol{p}$ 可能是空间中的一个点,用于表示图像的一对坐标 $\boldsymbol{p}=(x,y)^{\mathrm{T}}$）,关于该量 $F(\boldsymbol{p})$ 的值域 R 中的一个取值 r 的直方图 $H(r)$ 可以定义为

$$H(r) = \sum_{\forall \boldsymbol{p}} \delta(F(\boldsymbol{p}) = r), \quad r \in R \tag{2.4}$$

式中,δ 是克罗内克德尔塔(Kronecker Delta)函数。

假定变量 r 的整个值域被量化为一个粒度参数 b,这个参数 b 称为桶的大小。当预先给定桶的大小 b,直方图 $H(r)$ 就是一个其维度依赖于 b 的具体取值的向量。桶越大将导致直方图的粒度越粗糙,维度就越低,而桶越小将导致直方图的粒度越细,维度就越高。例如,给定一幅图像,假定亮度被量化到[0,255],如果 $b=$ 1,直方图将有 256 个取值,维度为 256;如果 $b=10$,直方图将有 26 个取值,维度为 26。图 2.5(a)给出一幅小的图像,该图像的每个像素由其原始亮度值表示,图 2.5(b)是 $b=1$ 时其对应的直方图。

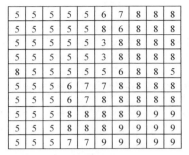

(a) 原始图像的部分图像

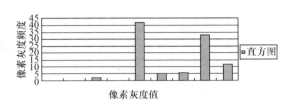

(b) 当参数$b=1$时,(a)中图像的直方图

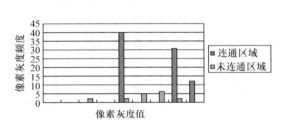

(c) 当参数$b=1$和参数$c=5$时,(a)中图像的一致向量

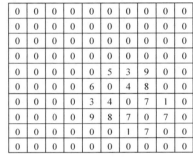

(d) 当参数$b=1$和参数$k=1$时,(a)中图像的相关图

图 2.5

如上所述,类似于其他统计特征,直方图是一个常用特征,它将多媒体数据单元作为一个整体,如音频帧、视频帧或图像,来提取该特征。如果我们对多媒体数据中包含的语义对象(如图 2.1 中的马,而不关心图像中的其他背景)感兴趣,首先需要从多媒体数据中分割出该对象,然后将具有转换不变性的特征矩这样的几何特征,而不是直方图作用于该对象,因为直方图通常是变换可变的。

2. 一致向量

一致向量是 20 世纪 90 年代中期,图像检索研究之初被提出来的[164],广泛出现于图像检索的早期文献中,主要用于彩色图像的检索。众所周知,直方图表示多媒体数据单元并不具有唯一性,因此人们提出一致向量的概念改进唯一性。

具体来讲,一致向量的思想是将空间信息融入直方图中,因此一致向量是定义在一般直方图上的,也是向量。给定一般的直方图向量,该向量的每个分量(桶)的数据点可以进一步划分为两组,一组称为一致数据点,另一组称为非一致数据点。如果原始多媒体数据中的数据点彼此连接形成一个连续区域,那么定义这些数据点是一致的,否则是不一致的。一致性定义的具体实现方法是:首先设定一个阈值c,如果彼此相连的数据点的总数超过c,那么这些数据点就是一致的。因此,一致性向量是这样的一个向量,其每个分量由两个数据组成,其中一个数据是一致数据点的总个数,另外一个数据是不一致数据点的总个数。

形式化地,如果常规的直方图表示为如下向量,即

$$H = (h_1, h_2, \cdots, h_n)^{\mathrm{T}}$$

那么一致向量可以表示为数据对形式的向量,即

$$C = (\alpha_1 + \beta_1, \cdots, \alpha_n + \beta_n)^{\mathrm{T}}$$

式中,α_i 是桶 i,即向量第 i 个分量中所有一致数据点的个数;β_i 是桶 i,即向量第 i 个分量中所有不一致数据点的个数,且对所有的 $i = 1, 2, \cdots, n$,有 $\alpha_i + \beta_i = h_i$。

图 2.5(c)描述了图 2.5(a)中的图像在参数 $b = 1, c = 5$ 情况下的一致向量。

3. 相关图

相关图是在 20 世纪 90 年代图像检索领域首先提出的又一个特征[112],与一致向量特征类似,它们起初也是用于彩色图像的检索,提出相关图特征的目的也是进一步改善统计类特征表示的唯一性问题。

一致向量通过将直方图的每个分量(桶)中的数据点划分为两个组,即通过相连区域搜索,将数据点划分成一致的数据点组和不一致的数据点组,从而将空间信息融入直方图特征中。相关图法将空间信息融入直方图特征更进了一步。给定一个具体模式的多媒体数据单元,定义这个数据单元内点 p 的函数 $F(p)$ 和两点间的预先定义的距离参数 k,该单元的相关图定义为一个二维矩阵 C,该矩阵 $C(i, j)$ 的每一个元素的取值是该单元的所有数据点对 p_1 和 p_2 的频率,其中 $F(p_1) = i$,$F(p_2) = j$,并且 $d(p_1, p_2) = k$,$d()$ 是两点的距离函数。类似于直方图特征,相关图 C 的维度依赖于粒度参数 b,b 的取值越大,相关图越粗糙,维度越低,b 的取值越小,相关图越精细,维度越高。图 2.5(b)描述了图 2.5(a)原始图像在参数 $b = 1, k = 1$ 情况下的相关图,距离函数使用的是 L_∞ 度量,即 $d((x_1, y_1)^{\mathrm{T}}, (x_2, y_2)^{\mathrm{T}}) = \max(\| x_1 - y_1 \|, \| x_2 - y_2 \|)$。

4. 变换系数特征

多媒体数据本质上都是数字信号。作为数字信号,不同的数学变换都可以应用其上将它们从原始空间转换到其他空间,如频域空间中。由于这些变换系数是将多媒体数据在原时域空间的统计分布编码成频域空间的能量分布,因此这些变换系数也可以作为原来多媒体数据的描述特征。

由于存在很多数学转换的方法,不同的转换方法可能导致不同的系数特征,我们简要介绍两个常用的重要特征,即傅里叶变换特征和小波变换特征。为了简单,我们使用一维多媒体数据加以介绍,所有的变换都可以应用到更高维的多媒体数据。

假设给定一个一维的多媒体数据序列 $f(x)$，它的傅里叶变换定义为[160]

$$F(u) = \int_{-\infty}^{\infty} f(x) \mathrm{e}^{-\mathrm{i}2\pi xu} \mathrm{d}x \qquad (2.5)$$

式中，$F(u)$ 是频域；u 是频域空间内的一个变量；当 $f(x)$ 是实函数时，$F(u)$ 是基于上述变换的一个复函数。

基于这个事实，$F(u)$ 可以用极坐标系中的幅度 $A(u)$ 和相位 $\phi(u)$ 来表示，即

$$F(u) = A(u)\mathrm{e}^{\mathrm{i}\phi(u)} \qquad (2.6)$$

在实际应用中，由于 $f(x)$ 总是表示成数字序列的形式，因此最终的系数函数 $A(u)$ 和 $\phi(u)$ 也被表示成离散序列。在这种情况下，最终的变换实际上被称为离散傅里叶变换，其中 $A(u)$ 和 $\phi(u)$ 都是离散序列。这样，单个 $A(u)$ 或者单个 $\phi(u)$，或者两者一起都可以作为原始多媒体数据 $f(x)$ 的描述特征。事实上，时域空间中的 $f(x)$ 可以完全从傅里叶逆变换得到[160]，即

$$f(x) = \int_{-\infty}^{\infty} F(u) \mathrm{e}^{\mathrm{i}2\pi ux} \mathrm{d}u \qquad (2.7)$$

如果使用 $A(u)$ 和 $\phi(u)$ 全序列作为 $f(x)$ 的描述特征，那么这些特征是唯一的。然而，这等同于使用原始数据 $f(x)$ 本身作为描述特征，因此这对原始数据 $f(x)$ 的特征表示没有任何用处。相应地，我们通常截取 $A(u)$ 序列中的前几项作为 $f(x)$ 的描述特征，这是因为通常除了前几项，序列中的其余部分取值接近于零。这种生成傅里叶描述特征的实用截断方法的统计解释是 $A(u)$ 的前面几个非零项是多媒体数据整体统计分布的一个概括，而 $A(u)$ 的其余大部分趋于零的项描述的是原始多媒体数据的局部变化。在一些文献中，$A(u)$ 前面几项对应于小的 u 的取值，被称为低频分量，而 $A(u)$ 的其余项，对应于大的 u 的取值，被称为高频分量。对于许多多媒体数据，其高频分量总是趋于零的原因是高频分量代表的是局部变化，低频分量代表的是全局分布，当我们比较不同的多媒体数据时，用于区分它们的东西是全局分布，彼此间的局部变化非常相似。很明显，为了表示傅里叶特征而进行的这种截取，使得到的描述特征不再具有唯一性。

傅里叶系数特征很好地描述了多媒体数据的全局信息，但是在很多应用中关心局部变化也是非常必要的。在这种情况下，小波变换系数特征是一个很好的选择。

小波变换是另外一个常被使用的变换，给定一维多媒体数据 $f(x)$，经典的小波变换可以定义为[93]

$$W(a,b) = \frac{1}{\sqrt{a}} \int_{-\infty}^{\infty} f(x) \psi^* \left(\frac{x-b}{a} \right) \mathrm{d}x \qquad (2.8)$$

式中,a 和 b 分别是用于控制变换尺度和变换相位的变量;$\psi()$ 是母函数;$\psi^*()$ 是 $\psi()$ 复数共轭函数。

　　与傅里叶变换类似,给定函数 $W(a,b)$ 和母函数 $\psi()$,原始的多媒体数据 $f(x)$ 可以完全由小波逆变换求得[93],即

$$f(x) = C_\psi \int_0^\infty \int_{-\infty}^\infty \frac{1}{a^2 \sqrt{a}} W(a,b) \psi\left(\frac{x-b}{a}\right) \mathrm{d}a \mathrm{d}b \qquad (2.9)$$

$$C_\psi = \int_0^\infty \frac{\psi^*(v)\psi v}{v} \mathrm{d}v \qquad (2.10)$$

　　由式(2.8)和式(2.9)的定义可知,很明显小波变换比傅里叶变换更加灵活,这主要出于如下两个原因:第一,小波变换可以将不同的母函数融入变换中,而傅里叶变换可以看做是小波变换的一种特殊形式,因为在傅里叶变换中使用的是指数函数作为母函数;第二,小波变换同时涉及两个分别用于控制变换尺度和变换相位的变量 a 和 b。由于尺度反映的是空间变化,而相位反映的是时间变化,因此小波变换同时考虑时间和空间的因素,使得变换更加强大和灵活。基于上述原因,作为一个好的特征表示方法,小波变换不仅能够抓住全局信息,还可以抓住局部变化。

　　与傅里叶变换类似,在实际应用中,变换 $W(a,b)$ 总是被抽样为离散序列,而变量 a 和 b 被离散化为整数。同样,我们也不能将全部离散序列作为特征,否则该特征不会好于将原始数据作为特征的表示方法。与傅里叶变换类似,我们总是抽样几个小的 a 和 b 的值,得到小波变换系数的几项作为小波特征。由于这种截取的方法,小波特征与傅里叶特征一样也不是唯一的。

2.3.2　几何特征

　　与统计特征不同,几何特征常用于分割和识别特定模式多媒体数据中的对象,因此首先需要使用图像分割方法获取多媒体数据单元中的对象,一旦得到这些对象,就可以使用几何特征描述这些对象。正是出于这个目的,许多几何特征具有变换不变性,即便是不同单元中的对象经过不同的变换,如旋转变换、平移变换和尺度变换,几何特征也能保持相同的描述。

　　依赖于具体的几何特征描述方法,描述多媒体数据单元中的对象是否完全,一些几何特征具有唯一性,而另外一些几何特征不具有唯一性。比较有代表性的几何特征包括矩、惯性系数和傅里叶描述子等。

　　1. 矩

　　矩作为一种几何特征已经具有较长的时间,可以追溯到模式识别的早期[67]。如果我们已经从多媒体数据中分割出了语义对象,那么矩是一个很好的描述特征

的选择对象,这是由于矩具有变换不变性,也就是说,它们具有平移不变性、旋转不变性和尺度不变性。

如果一个对象表示成坐标向量 $\boldsymbol{p}$ 的一个函数 $f(\boldsymbol{p})$,对象是一维信号,那么 $\boldsymbol{p}=x$,如果对象是二维信号,那么 $\boldsymbol{p}=(x,y)^{\mathrm{T}}$。函数 $f(\boldsymbol{p})$ 的矩可以表示为一个序列,即

$$m_q = \int_0^\infty \mathbf{1}^{\mathrm{T}} \boldsymbol{p}^q f(\boldsymbol{p}) \mathrm{d}\boldsymbol{p} \tag{2.11}$$

式中,q 是一个整数向量序列,每个分量分别独立地取非负整数值;$\boldsymbol{p}^q$ 是全部的向量,$\boldsymbol{p}$ 的每一个分量分别独立地取值所有可能小于等于 q 非负 q 次幂,如果 $\boldsymbol{p}$ 是一个二维向量,那么 $\boldsymbol{p}=(x,y)^{\mathrm{T}}$,而 $\boldsymbol{p}^q = \{(1,1)^{\mathrm{T}},(1,y)^{\mathrm{T}},(1,y^2)^{\mathrm{T}},\cdots,(x,1)^{\mathrm{T}},(x,y)^{\mathrm{T}},(x,y^2)^{\mathrm{T}},\cdots,(x^2,1)^{\mathrm{T}},(x^2,y)^{\mathrm{T}},(x^2,y^2)^{\mathrm{T}},\cdots\}$。向量 q 称为矩的阶,向量 $\mathbf{1}$ 是与向量 $\boldsymbol{p}$ 具有相同维度的单元向量,即 $\mathbf{1}=(1,1,\cdots,1)^{\mathrm{T}}$。

存在两个特殊的矩,分别是零阶矩 $\boldsymbol{m}_0$ 和一阶矩 $\boldsymbol{m}_e$,其中 e 是基向量的全集,即 $(1,0,\cdots,0)^{\mathrm{T}},(0,1,\cdots,0)^{\mathrm{T}},\cdots,(0,0,\cdots,1)^{\mathrm{T}}$,很明显 $\boldsymbol{m}_0$ 是单一值,而 $\boldsymbol{m}_e$ 是和 $\boldsymbol{p}$ 具有相同维度的向量。我们称 $\boldsymbol{m}_0$ 为对象的面积,并且定义对象的中心为

$$\bar{\boldsymbol{p}} = \frac{\boldsymbol{m}_e}{\boldsymbol{m}_0} \tag{2.12}$$

从而,我们修改式(2.11)中原来矩的定义,定义中心矩为

$$\mu_q = \int_0^\infty \mathbf{1}^{\mathrm{T}} (\boldsymbol{p} - \bar{\boldsymbol{p}})^q f(\boldsymbol{p}) \mathrm{d}\boldsymbol{p} \tag{2.13}$$

根据中心矩的定义,文献[109]指出中心矩具有平移、旋转、尺度不变性,在某种情况下,如果中心矩的全部无限序列用作描述特征,那么该特征对于描述的对象具有唯一性,但是在实际应用中,我们不可能使用全部无限序列,总是选取有限的几个低阶矩,因此这种唯一性在某种程度上无法得到满足。

2. 傅里叶描述子

与矩特征类似,傅里叶描述子在模式识别领域得到了较长时间的应用[67],也应用在仅从多媒体数据分割出来的语义对象上。

给定从多媒体数据中分割出来的语义对象,傅里叶描述子的思想是对分割出来的语义对象的边界进行抽样,得到一系列按照某一顺序排列的有关轮廓的抽样点,如图 2.6(a)所示的点的序列。然后,通过离散傅里叶变换将这些点的序列变换到傅里叶频域,这个离散的傅里叶变换序列也称为傅里叶描述子。因此,傅里叶描述子由两部分组成,即幅度 $A(u)$ 和相位 $\phi(u)$。

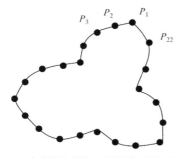
(a) 生成傅里叶描述子的轮廓采样点序列

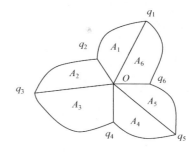
(b) 生成基于区域的傅里叶描述子的区域序列

图 2.6

模式识别领域的相关文献[67]已经证明,在一定标准化情况下,单独的幅度序列在平移变换、旋转变换、尺度变换和原始轮廓序列初始点的选择变化下具有不变性,这是因为所有的这些变换都体现在相位序列 $\phi(u)$ 的变化上。基于这一事实,幅度序列 $A(u)$ 可以作为分割后语义对象的描述特征;另一方面,由于这种不变性的特点,仅仅使用 $A(u)$ 描述特征不具有唯一性。

为了将傅里叶描述子的这种不变性特征扩展到一般的仿射变换,在文献[249]中,Zhang 等提出基于面积的傅里叶描述子。该方法的思想是仅对对象轮廓的关键点进行抽样,而不似图 2.6(a)那样抽取任意的点或均匀采样。在实际应用中,关键点是选取那些具有较高变化曲率或者没有变化曲率的点,就像图 2.6(b)中的这些点 $q_1, q_2, \cdots, q_n$,然后识别对象的中心 O。该方法并不是像傅里叶描述子那样,沿着对象的轮廓得到一系列的点,而是沿着轮廓得到一系列区域,每个区域由沿着对象轮廓的两个相邻点和对象的中心点确定。例如,在图 2.6(b)中,每个区域 A_i 是由点 Oq_iq_j 定义的。文献[249]已经证明,在一定的标准化情况下,这种基于区域的序列离散傅里叶变换的幅度序列在任何仿射变换下都具有不变性。因此,这一幅度序列也可以作为在任意仿射变换下都具有不变性分割语义对象的另外一个描述特征。由于这种不变性,该类特征不具有唯一性。

3. 标准化惯性系数

标准化惯性系数实际上是中心矩特征表示的一个特例,在相关文献中,它首先被用作图像中对象形状的一个特征[88]。假定多媒体数据单元中一个分割后的对象有一个区域 O,多媒体数据单元中一个对象的标准化惯性完整描述是关于参数阶 q 的完整序列,即

$$l(q) = \frac{\displaystyle\int_{\forall p \in O} \| p - \bar{p} \|^{q/2} \, \mathrm{d}p}{\displaystyle\int_{\forall p \in O} \mathrm{d}p} \tag{2.14}$$

在实际应用中,类似于其他特征,我们总是截取整个序列的前 q 项作为对象 O 的标准化惯性系数描述特征,因此这一特征的表示方法是不唯一的。

2.3.3　元特征

元特征包括用于描述多媒体数据的典型元数据,如多媒体数据单元的大小、单元中对象的个数和单元中点的取值范围等。

2.4　知　识　表　示

为了有效地挖掘多媒体数据,不仅用于多媒体数据挖掘的合适的特征表示是重要的,而且为了便于多媒体挖掘任务,合适的知识表示也是重要的。类似于其他智能系统,典型的多媒体数据挖掘系统也需要一个知识支持单元用于指导挖掘过程,在知识支持单元中,经典的知识类型包括领域知识、常识知识和元知识,因此如何恰当、有效地表示多媒体数据挖掘系统中的这些知识便成为一个重要的研究课题。另一方面,类似于一般的数据挖掘过程,多媒体数据挖掘也是自动发现特定环境下的知识,因此同样存在在知识发现后,如何表示这些知识的问题。

知识表示一直是人工智能领域非常活跃的核心研究方向,许多文献提出具体的知识表示方法。本章接下来介绍几种在多媒体数据挖掘应用领域中著名的知识表示方法,同时论述如何在多媒体数据挖掘系统的不同类型知识上使用这些知识表示方法。

2.4.1　逻辑表示

对于人来说,很自然的一个知识表示方式就是使用自然语言。例如,在一个图像数据挖掘系统中,如果想把研究对象局限于自然风景图像,那么我们可能就具有下面特殊的知识"所有的蓝色区域或者是天空或者是水",这一知识就会对图 2.7(a)中的图像给出如图 2.7(b)所示的标注,同时这一标注也进一步引出了如下问题答案的知识发现,这个问题就是"在图像数据库中带有蓝色天空场景的图像是什么"。

要想让计算机系统完全理解自然语言是非常困难的。让计算机系统能够理解自然语言的一个有效的方式就是使用逻辑表示的方法,常用的逻辑是谓词逻辑。常用的谓词逻辑是一阶命题逻辑,通常缩写为 FOL。

在 FOL 中,所有的变量都是集合变量,从这种意义上来讲,它们可以取定义在这个变量集合中的任一值。例如,一个变量 x 定义在实数集合 [0,1] 上,这意味着 x 可以取 [0,1] 的任一值,又如变量 x 定义在颜色集合上,可以明确地定义 $x=$ {红、蓝、白},那么 x 可以取这三个可能颜色中的任一个。FOL 中所有的函数都称

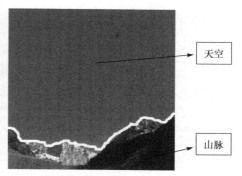

(a) 带有山和蓝天的自然景物图像　　　　　(b) 图像的理想标注

图 2.7

为谓词,FOL 的谓词都是布尔谓词,也就是说,它们仅能返回对应于假值的 0 和对应于真值的 1 中的两个值中的一个。此外,还有定义在所有变量和谓词上的三个运算符。¬ 是一元运算符,作用于变量或者谓词生成这些操作数的非,也就是说,如果一个操作数取值为 1,那么这个操作数的非取值就为 0,反之亦然。∧ 是一个二元运算符,作用于变量或谓词结果取两个操作数的乘积,也就是说,这个运算符返回 1,当且仅当两个操作数同时取值为 1,否则返回 0。∨ 也是一个二元运算符,作用于变量或谓词结果取两个操作数的和,因此这个操作数返回 0,当且仅当两个操作数都取值为 0,否则返回 1。最后,还有两个仅定义在变量上的量词,分别是全称量词 ∀ 和存在量词 ∃。全称量词 ∀ 是指这个量词所作用变量的全部取值。存在量词 ∃ 是指这个量词所作用的变量至少存在一个值。

给定上述 FOL 描述,自然语言语句"所有的蓝色区域或者是天空或者是水",就可以表示成如下 FOL 语句,即

$$\forall x(\mathrm{blue}(x) \rightarrow \mathrm{sky}(x) \vee \mathrm{water}(x))$$

式中,blue(),sky() 和 water() 都是谓词;→ 是蕴涵。

再举另外一个例子,自然语言语句"一些蓝色区域是天空",可以表示为如下 FOL 语句,即

$$\exists x(\mathrm{blue}(x) \rightarrow \mathrm{sky}(x))$$

使用 FOL 作为多媒体数据挖掘系统知识表示的优势在于它使得演绎推理变得更加容易和强大,而且由于使用 FOL 语句进行符号计算也使得推理过程非常高效。不足之处在于,如果知识库是动态的、随时间不断更新的,那么维护多媒体数据挖掘系统知识库中 FOL 语句的一致性就变得非常困难。

2.4.2　语义网络

语义网络是当今人工智能研究和应用领域强大的知识表示工具[182,199]，用图表示概念和概念之间的关系，其中节点表示概念，边表示概念间的关系。起初，语义网络用于人工智能自然语言理解领域中表示英语单词和单词之间的关系[182]。

图 2.8 描述了一个典型的语义网络实例。在实际领域应用，著名的 World-Net[1] 是使用语义网络表示单词和单词间关系的一个很好的例子。这里需要注意的是，语义网络中的图是一个有向图，因为关系是有向的。典型的关系有如下内容。

① 整体-部分关系：A 是 B 的一部分。

② 部分-整体关系：B 是 A 的一部分。

③ 下义关系：A 从属于 B。

④ 上义关系：A 是 B 的上级。

⑤ 同义关系：A 与 B 相同或相近。

⑥ 反义关系：A 是 B 的对立面。

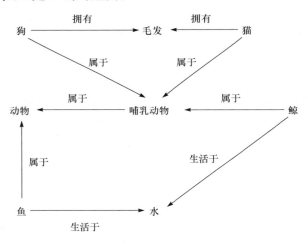

图 2.8　一个语义网络实例

在多媒体数据挖掘中，语义网络用于表示概念，特别是空间概念及其之间的关系，一个例子就是由 Hsu 等[107] 开发的 KMeD 系统。在该系统中，使用一个层次语义网络表示知识，而这种层次表示方法对方便数据库中医疗图像的推理、检索与挖掘是非常必要。具体来讲，在层次结构的被称为语义层的第二层中，对象和它们之间的关系是基于实体-关系模型抽象出来的，在层次结构的第三层，位于语义层的上一层，称为知识库抽象，用做表示领域专家知识去指导和改善放射线图像数据库的图像挖掘和检索过程。

语义网络表示概念间的松散结合,当与其他的逻辑描述一起使用时,语义网络可能比 FOL 具有更强的描述能力。语义网络方法的扩展包括存在图[126]和概念图[193]。

2.4.3 框架

框架是在多媒体数据挖掘中使用的另外一种知识表示方法,用以描述特定的对象类型或抽象概念,这种知识表示方法是由 Minsky 提出来[152]。框架具有一个名字和若干个可以取值的属性,这些属性称为槽,对于彼此相关的概念可以将一个框架作为另外一个框架的槽值。Minsky 起初对框架的定义和描述如下[152]。

框架是一个表示固定的、静止的环境的数据结构,如身处某一卧室或去参加孩子生日宴会。有几类信息与框架相关,这些信息中的一部分是关于怎样使用框架的,一部分是关于人们可以期待接下来发生什么,一部分是关于如果这些期望没有发生应该做什么。

我们可以将框架看作一个节点和关系的网络,框架的上层是固定不变的,表示关于假定环境的总是取值为真的事物。底层有许多结点——"槽",它们必须被具体的数据实例填充,每个结点可以指定它的参数必须满足的条件(它们自己的赋值通常是较小的"子槽"),简单的条件可以通过标识来指定。这个标识可能是需要赋值给一个人的结点,或者是取众多值的一个对象,或者是某一类型子框架的指针,而更加复杂的条件可以指定赋值给几个结点事物间的关系。

举个例子,我们有"房子"框架来定义和描述房子的概念,而"房子"框架有"建筑风格"、"颜色"、"门"等槽和一些其他由下一层框架描述的槽。例如,"门"槽是由"门框架"子框架来定义的,这个过程还可以进一步递归地定义。"花园"槽可以进一步由"花园框架"子框架来描述,而"花园框架"中的"游泳池"槽可以进一步再由"游泳池框架"子框架来定义。类似地,"地下室"槽由"地下室框架"子框架来描述,它又由许多"装修过的"槽组成,如果"装修过的"槽取值不为空,那么这些槽可以进一步定义为"装修过的地下室框架"子框架。这个完整的"房子"框架使用节点和关系网络可以完全定义一个两层结构房子是什么样的。

房子:

建筑风格:两层

颜色:

门:

窗户:

房间:

花园:

车库:

浴室：

地下室：

门框架：

室外门数：

室内门数：

车库框架：

大小：

有边门：

浴室框架：

全浴室数：3；

半浴室数：2；

窗户框架：

大窗数：3；

小窗数：10；

飘窗数：1；

房间框架：

卧室数：4；

书房数：1；

起居室数：1；

家庭活动室数：1；

工作间数：1；

餐厅数：1；

花园框架：

篱笆：全部；

有风景：是；

有草坪：是；

游泳池：游泳池框架；

树木的个数：3；

以英亩计算的面积：0.2；

地下室框架：
　　　装修过的:装修过的地下室框架；

装修过的地下室框架：
　　　房间数:2；
　　　浴室数:1；
　　　储藏间数:1；
　　　可走出:是；

游泳池框架：
　　　抬高的还是地面上的:地面上的；
　　　以平方英尺计算的面积:150；

　　在多媒体数据库中使用框架进行知识表示的一个典型例子就是 Brink 等[30]提出的系统。该系统框架被非常方便地用来实现图像数据库中图像的文件名、特征和相关属性的封装。

　　文献[100]提出框架知识表示方法与逻辑知识表示方法具有相同的知识描述能力,后来这一观点被证明在某种程度上是对的[194]。

2.4.4　约束

　　约束是一个条件或者条件的集合,这些条件约束了对象和事件的描述。在经典人工智能领域,许多问题都是通过约束来描述的,因此约束满足被看做是解决这些问题的有效方法[182]。在多媒体数据挖掘中,通常有三种类型的约束。

　　（1）属性约束

　　属性约束定义了多媒体对象、多媒体数据项或事件的特征描述。例如,图像中的人脸是一个红头发的男人,图像中红颜色像素的个数不超过 300 个,以及监控视频中下个 5 分钟内移动物体出现的概率大约是 0.3 等。

　　（2）空间约束

　　空间约束是指多媒体数据项或对象间需要满足的空间条件。例如,这幅图像中,约翰史密斯左边的人是哈里布朗,ABC 公司总部位于这幅地图的西北角,以及留意视频中右上角区域等。

　　（3）时间约束

　　时间约束是指多媒体数据项或事件对象需要满足的时间条件。例如,在监控视频中,约翰布朗出现在哈里史密斯前面,在约翰史密斯出现在监控视频的整个时间内,哈里布朗简短出现并马上消失了。

从方法论来讲,约束可以很容易地通过 FOL 语句来表示,如果我们仅考虑一元或者二元变量的约束问题,而这些通常是多媒体数据挖掘中最典型的情况,那么我们也可以使用约束图表示约束的集合。图中每个节点表示一个变量,每条边表示两个变量间的二元约束,一元约束可以表示成图中相关变量节点的属性。

给定一个约束的集合,在这个约束集存在的条件下发现一个可行的解在人工智能领域称为约束满足问题。约束满足问题的求解是人工智能方法的一部分,典型的约束满足问题包括生成测试法、回溯法、正向检测法和约束传播法。生成测试法是完全盲目搜索的方法,思想是首先随机生成整个约束变量集的一个解,然后测试随机生成的解是否满足约束集合,由于搜索的盲目性,这种方法非常慢。回溯是另外一种盲目搜索算法,一般来说,回溯是通过先深搜索[182]实现的,在先深搜索中,如果沿着搜索路径的任一节点不满足约束条件,那么搜索过程就回溯到前一个节点去试探另外一个路径。正向检测也是一个盲目搜索方法。相比回溯,这种方法首先通过对所有约束变量的合法取值进行排序,然后再进行搜索来缩小搜索空间,在搜索过程中,只要不满足约束条件就进行回溯。约束传播也是盲目搜索方法,但是比正向检测更进一步,它通过传播约束获得约束变量的合法取值,有关约束满足问题及其求解可参见文献[205]。

利用约束进行知识表示和多媒体数据挖掘与推理的经典实例是文献[196]提到的 Show80Tell 系统,由于该系统用于挖掘航空图像数据,因此仅使用静态图像和文字等多媒体数据。在知识表示的过程中,只使用属性约束和空间约束,而没有使用时间约束。图 2.9 给出一个用于一次航测中挖掘建筑物的基于约束满足空间

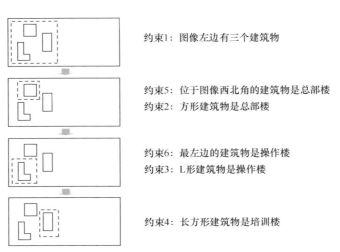

图 2.9　基于约束满足推理方法的挖掘航空图像数据库中建筑物的假设实例
（虚线框表示为当前搜索对象）

推理的实例,图像中的三个建筑物满足如下六个约束,其中约束 2、3 和 4 是属性约束,约束 1、5 和 6 是空间约束。图 2.9 演示了通过基于约束满足的空间推理识别全部三个建筑物的过程,具体来讲,首先约束 1 用来将注意力缩小到图像的左边;然后基于约束 5 和 2,位于图像左上角的方形建筑物被识别为总部楼;接下来基于约束 6 和 3,注意力转向最左边的 L 形建筑物,该建筑物立刻被识别为操作楼;最后利用约束 4,长方形建筑物被识别为培训楼。

    ① 约束 1:在图像的左半部分有三个建筑物。

    ② 约束 2:正方形建筑物是总部楼。

    ③ 约束 3:L 形建筑物是操作楼。

    ④ 约束 4:长方形建筑物是培训楼。

    ⑤ 约束 5:位于西北角的建筑物是总部楼。

    ⑥ 约束 6:最左边的建筑物是操作楼。

2.4.5　不确定性表示

上面介绍的所有知识表示方法都是相对于确定性的知识,但在许多多媒体数据挖掘的实际应用中,很多情况下都存在知识的不确定性问题,因此需要研究怎样表示知识的不确定性。

在多媒体数据挖掘中,两个常用的表示不确定性知识的方法是概率论和模糊逻辑。下面介绍上述两个方法,并就使用上述方法表示不确定性知识给出实例。

1. 基于概率论的不确定性知识表示

如果我们事先知道数据变量的先验概率分布,那么多媒体数据挖掘中的不确定性就可以使用概率方法表示,但是在很多情况下,我们并不知道这个先验知识,这样就必须假定一个先验概率分布(如满足正态分布)。在给定先验概率分布的情况下,知识发现就可以通过多媒体数据相关变量的后验概率来确定,这个过程可以通过贝叶斯推理实现[182],如果含有隐含变量,这个推理过程也可以通过迭代的方法完成(如期望最大化方法[58])。

第 6 章将给出使用概率模型发现图像数据库中隐含语义概念的一个具体应用实例。图 2.10(a)显示的是一幅需要从中学习得到其所包含的语义概念的检索图像 I_m;图 2.10(b)显示的是学习得到的 6 个图像标记 $r_i(i=1,2,\cdots,6)$,具体方法参见第 6 章的内容;图 2.10(c)显示的是在给定图像 I_m 中的六个标记 r_i 下概念"城堡"z_k 的后验概率 $P(z_k|r_i,I_m)$,以及在给定图像 I_m 下概念"城堡"z_k 的后验概率 $P(z_k|I_m)$。

2. 基于模糊逻辑的不确定性知识表示

如果事先知道或者事先假设变量的模糊隶属度函数或模糊相似度函数,那么

(a) 原始查询图像　　　　　　　　　(b) 查询图像的标记图像,
　　　　　　　　　　　　　　　每一个标记用不同颜色表示

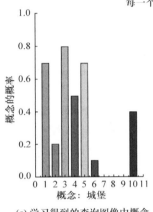

(c) 学习得到的查询图像中概念
"城堡"的后验概率

图 2.10

多媒体数据挖掘中的不确定性就可以使用模糊逻辑来表示。模糊逻辑源于模糊集合论[231]。模糊集合论是用来解决近似或模糊推理,而不是像谓词逻辑中经典的精确推理。

在模糊逻辑中,变量通常通过隶属程度来描述,而这种隶属程度是通过被映射到[0,1]的模糊隶属度函数或相似度函数来表示的[128,260]。隶属程度往往与同样被映射到[0,1]概率的概念相混淆,然而它们是完全不同的概念,模糊真值表示的是在已定义的模糊集上的隶属程度,而确定事件或条件概率表示的是确定的可能性。下面列举一个利用模糊逻辑表示颜色直方图的模糊概念的例子[242]。

如果我们只是抽取用于索引每个区域的一个像素的颜色特征,那么该像素的颜色表示粗糙和不精确的。颜色是用于区分图像的最基本的属性,所以我们应该利用全部有用的颜色信息。鉴于不确定性是由颜色的量化和人视觉的原因引起的,我们提出基于模糊技术的改进颜色直方图方法[163,211]来处理不确定性。

模糊颜色直方图定义如下,假定每种颜色是一个模糊集,而颜色之间的关系可以形式化为不同模糊集间的隶属度函数。定义特征空间 $\mathbf{R}^n$ 上的一个模糊集 F 定

义为映射 $\mu_F:\mathbf{R}^n \rightarrow [0,1]$，这里 μ_F 是隶属度函数，对于任一特征向量 $f \in \mathbf{R}^n$，$\mu_F(f)$ 称为 f 隶属于模糊集 F 的程度（隶属于 F 的程度），$\mu_F(f)$ 越接近于 1，意味着特征向量 f 越隶属于模糊集 F。

一个理想的模糊颜色模型应该具有其相似性反比于颜色间距离的特点，基于这个前提，常用的隶属度函数包括二次曲线函数、梯形函数、B 样条函数、指数函数、柯西函数和对偶 Sigmoid 函数等[104]。我们分别测试了二次曲线函数、梯形函数、指数函数、柯西函数。一般地，指数函数和柯西函数的结果要好于二次曲线函数和梯形函数。考虑计算的复杂度，我们使用柯西函数，因为它计算简单。柯西函数 $C:\mathbf{R}^n \rightarrow [0,1]$ 定义为

$$C(\vec{x}) = \frac{1}{1+\left(\dfrac{\parallel \vec{x} - \vec{v} \parallel}{d}\right)^{\alpha}} \tag{2.15}$$

式中，$\vec{v} \in \mathbf{R}^n$，$d>0$，$\alpha \geqslant 0$；$\vec{v}$ 是模糊集的中心位置（点）；d 表示函数的宽度；α 决定函数的形状或者说光滑度。

结合来说，d 和 α 描述了相应模糊特征的模糊等级。

因此，一个区域内颜色的相似度可以定义为

$$\mu_c(c') = \frac{1}{1+\left(\dfrac{d(c,c')}{\sigma}\right)^{\alpha}} \tag{2.16}$$

其中，d 是颜色 c 和 c' 在 Lab 色彩空间中的欧氏距离；σ 是颜色间的平均距离，计算公式为

$$\sigma = \frac{2}{B(B-1)} \sum_{i=1}^{B-1} \sum_{k=i+1}^{B} d(c_i,c_k') \tag{2.17}$$

式中，B 是颜色划分中桶的个数。

颜色间的平均距离用于近似计算模糊隶属度函数的宽度，实验结果表明给定同样的其他设置，当 α 取值在 $[0.7,1.5]$ 时，平均检索精度变化很小，但是取值在该区间外时，检索精度迅速降低，为了简化计算，设 $\alpha=1$。

依据不确定性原理和视觉相似性，这个模糊颜色模型使我们能够扩大给定颜色对其相邻颜色的影响。这就意味着，每当在图像中发现一个颜色 c，它就会根据与颜色 c 的相似性影响所有被量化的颜色，这一方法可以形式化地描述为

$$h_2(c) = \sum_{c' \in \mu} h_1(c') \mu_c(c') \tag{2.18}$$

式中，μ 是图像的颜色域；$h_1(c')$ 是标准化颜色直方图。

标准化的模糊颜色直方图计算为

$$h(c) = \frac{h_2(c)}{\max\limits_{c' \in \mu} h_2(c')} \tag{2.19}$$

其取值区间为 $[0,1]$。

此模糊直方图计算实际上是标准颜色直方图和模糊颜色模型间的线性卷积，若颜色模型是一个光滑的低通滤波核，那么这一卷积表示直方图滤波，使用柯西函数作为颜色模型生成平滑直方图，这是减少量化误差的一种方式[122]。

在实际原型实现中[242]，使用均匀量化方法将 Lab 色彩空间量化成 96 个桶（L 分成 6 个、a 分成 4 个、b 分成 4 个）。为了减少在线计算量，每个桶 $\mu_c(c')$ 通过事先计算，并以查找表的形式实现。

2.5　小　　结

我们介绍和讨论了在多媒体数据挖掘中常用的一些特征和知识表示方法。具体来讲，在特征表示方面，我们分别讨论了统计特征表示方法，包括直方图、一致矩阵、相关图、变换系数直方图；几何特征表示方法，包括矩、傅里叶描述子和标准化惯性系数，以及元特征表示方法。在知识表示方面，我们分别讨论了逻辑表示方法、语义网络表示方法、框架表示方法、约束表示方法和不确定性表示方法。这些特征和知识表示方法在多媒体数据挖掘中具有广泛应用，第三部分将阐述这些方法在解决不同多媒体数据挖掘问题中的具体应用。

第3章 统计数据挖掘理论与技术

3.1 引　　言

多媒体数据挖掘是一个多学科交叉研究领域。该领域是将通用的数据挖掘理论和技术应用到多媒体数据中,以实现面向多媒体的知识发现任务。本章先介绍最近多媒体数据挖掘领域文献中提出的常用统计学习理论、概念和技术,同时讨论其优缺点,最后给出这些统计学习技术在多媒体领域应用中的基本原理和独特性。

数据挖掘的定义是发现数据集中的隐藏信息。与通常的数据挖掘类似,为了完成不同的任务,多媒体数据挖掘涉及多种不同的算法,所有的算法都试图使用模型去拟合给定的数据。算法首先检查数据,然后确定与检查数据特征最相近的模型,典型的数据挖掘算法可以通过三个方面来描述。

① 模型:算法的目的就是使用一个模型拟合给定的数据。

② 偏好:通过一些评价标准从众多模型中选取一个模型。

③ 搜索:所有的算法都需要搜索数据。

数据挖掘中的模型可以分为预测性模型和描述性模型。预测性模型是通过使用从不同数据源发现的已知结果对一些数据做出预测。描述性模型识别数据的模式或关系。描述性模型与预测性模型不同,描述性模型是对被检验数据特性的描述,不是预测新的特性。

目前,有许多不同的统计方法用于实现多媒体数据挖掘的任务,这些方法不但需要具体的数据结构,而且需要特定类型的算法。本章介绍的统计学习理论和技术是在实际应用中常被使用的或最近文献提出的,它们被用于本书后续章节列举的具体多媒体数据挖掘任务。具体来讲,在多媒体数据挖掘领域,分类和预测是非常普遍的,而数据驱动的统计机器学习理论和方法特别重要。我们研究和介绍了最近多媒体数据挖掘文献中得到广泛使用的两个主要的统计学习领域——生成式模型(generative models)和判别式模型(discriminative models)。在生成式模型中,我们主要关注贝叶斯学习,从经典的朴素贝叶斯学习到贝叶斯信念网络,再到最近提出的图形模型,包括隐含狄利克雷分配、概率潜在语义模型和层次狄利克雷过程。在判别式模型中,我们主要关注支持向量机和有关结构化输出空间最大间隔学习在多媒体数据挖掘方面的最新进展,以及将一系列弱分类器组合成强分类器的 Boosting 理论。考虑到在多媒体数据挖掘领域中典型的应用需求,通常会遇到不确定性和稀疏训练样本的情况,因此我们也介绍了两个最近提出的学习领域,即多示例学习和半监督学习，及其在多媒体数据挖掘领域中的应用。多示例学习阐述的是当存在不确定性时的学习情况，而半监督学习讨论的是当仅有少数训练数据时的训练情况。这两种情况在多媒体数据挖掘中都是非常普遍的，因此有必要包括这两个学习领域。

本章接下来的内容组织如下。3.2节介绍贝叶斯学习，是一项被广泛研究的统计分析技术。3.3节介绍概率潜在语义分析。3.4节介绍另一个相关的统计分析技术，即隐含狄利克雷分配。3.5节介绍隐含狄利克雷分配的最新扩展，称为层次狄利克雷过程的层次学习模型。3.6节介绍多媒体数据挖掘中利用这些生成式潜在话题发现技术的最新文献。此后，一个重要的，也许是最重要的，判别式学习模型支持向量机在3.7节加以介绍。3.8节介绍最新提出的结构化输出空间上的最大间隔学习理论及其在多媒体数据挖掘中的应用。3.9节介绍将弱分类器组合成强分类器的 Boosting 理论。3.10节介绍最近提出的多示例学习理论及其在多媒体数据挖掘上的应用。3.11节介绍另一个最近提出的、具有广泛多媒体数据挖掘应用的学习理论——半监督学习。3.12节本章内容小结。

3.2　贝叶斯学习

贝叶斯推理提供了推理过程的一种概率方法，基于如下假设：兴趣度是由概率分布来支配的，最优的决策是通过这些概率和观察到的数据一起决定的。对贝叶斯方法基本内容的了解是必要的，可以帮助理解和刻画机器学习中许多算法的操作过程。贝叶斯学习方法的特点如下。

① 每个被观察的训练例子都可以渐进减小或增加假设为正确的这一估计概率，相比于当只要有一个例子与假设不一致时就完全推翻假设的方法，贝叶斯学习提供了一个非常灵活的学习方式。

② 先验知识可以与已知数据相结合确定假设的最终概率，在贝叶斯学习中，先验知识通过两个断言来提供，即每个候选假设的先验概率；每一可能假设在已知数据上的概率分布。

③ 贝叶斯方法可以处理做概率预测这样的假设，如"该 email 有 95％的概率是垃圾邮件"的假设。

④ 新的例子可以通过组合多个假设的预测值的概率加权得到分类。

⑤ 即便是在贝叶斯方法计算上不可行的情况下，也可以提供一个所做最优决策的标准，用以衡量其他的实用方法。

3.2.1　贝叶斯定理

在多媒体数据挖掘中，我们通常是对确定在给定已知训练数据 D 条件下的假

设空间 H 中最佳假设感兴趣,确定最佳假设的一种方式就是在给定数据 D 和任何关于 H 中每个假设的先验概率初始知识情况下的最可能的假设。更为精确地,贝叶斯定理提供一种在给定的假设条件下,基于先验概率、已知数据概率,以及已知数据本身概率来计算假设概率的方法。

首先,我们用 $P(h)$ 表示在已知训练数据前,假设 h 为真的初始概率;$P(h)$ 也称为 h 的先验概率,反映已知的有关 $P(h)$ 为正确假设的任何背景知识。如果没有这样的先验知识,我们可以简单地给每一个候选假设一个相同的先验概率。类似地,用 $P(D)$ 表示训练数据集 D 是已知的先验概率(也就是,在没有关于假设为真的任何知识的情况下 D 的概率)。接下来,使用 $P(D|h)$ 表示在假设 h 为真的条件下已知数据 D 的概率。更一般地说,用 $P(x|y)$ 表示在 y 条件下 x 的条件概率。在机器学习问题中,我们感兴趣的是概率 $P(h|D)$,即在给定已知训练数据 D 的情况下,h 为真的概率,$P(h|D)$ 也被称为 h 的后验概率,因为它反映了已知训练数据 D 之后 h 为真的置信程度。后验概率 $P(h|D)$ 反映相比于先验概率 $P(h)$(独立于 D)训练数据 D 对其的影响。

贝叶斯定理是贝叶斯学习方法的基石,因为它提供了一种从先验概率 $P(h)$、$P(D)$ 和 $P(D|h)$ 计算后验概率 $P(h|D)$ 的方法。贝叶斯定理陈述如下。

定理 3. 1

$$P(h|D) = \frac{P(D|h)P(h)}{P(D)} \tag{3.1}$$

正如人们直观所见,根据贝叶斯定理,$P(h|D)$ 随着 $P(h)$ 和 $P(D|h)$ 的增加而增加,随着 $P(D)$ 的减小而增加,因为 D 越独立于 h,D 就越小地证据支持 h。

在许多分类背景下,学习器考虑一个候选假设 H 的集合,设法在已知数据 D 的条件下寻找最可能假设 $h \in H$(或者如果存在几个最可能假设,那么至少找到一个)。任一这样的最大可能假设都被称为最大后验概率(MAP)假设,可以通过使用贝叶斯定理计算每一候选假设的后验概率来确定 MAP 假设。更为精确地,我们说 h_{MAP} 是 MAP 假设,如果

$$h_{\text{MAP}} = \arg \max_{h \in H} P(h|D)$$

$$= \arg \max_{h \in H} \frac{P(D|h)P(h)}{P(D)}$$

$$= \arg \max_{h \in H} P(D|h)P(h) \tag{3.2}$$

注意在上面的最后一步我们去掉了项 $P(D)$,因为它是独立于 h 的常量。

假定 H 中的每一个假设都是等概率的(对于 H 中的所有 h_i 和 h_j,都有 $P(h_i) = P(h_j)$),在这一情况下,我们对式(3.2)进一步简化,仅需要考虑项 $P(D|h)$,从

而找到最大可能假设。$P(D|h)$ 通常称为给定 h 下的数据 D 的似然,任何使 $P(D|h)$ 取最大值的假设都称为极大似然(ML)假设,即

$$h_{ML} = \arg \max_{h \in H} P(D|h) \qquad (3.3)$$

3.2.2　贝叶斯最优分类器

在前面一节,通过考虑在给定训练数据条件下,最可能的假设是什么的问题来介绍贝叶斯定理。实际上,更为重要的、与该问题相关的一个问题是给定训练数据,新例子最可能的类别。

为了直观,假定空间包含三个假设,即 h_1、h_2 和 h_3,它们在给定训练数据上的后验概率分别为 0.4、0.3 和 0.3,从而 h_1 是 MAP 假设。假定有一个新的例子 x,它被 h_1 分类为正例,被 h_2 和 h_3 分类为反例,将所有的假设一起考虑,x 是正例的概率为 0.4(对应于 h_1 的概率),是反例的概率为 0.6。在这种情况下,最可能的分类与由 MAP 假设得到的分类就有所不同。

一般地,一个新例子最可能的分类是通过组合全部假设的加权预测结果得到的,如果新例子可能的分类可以取集合 V 中任一值 v_j,那么新例子被正确分类为 v_j 的概率 $P(v_j|D)$ 为

$$P(v_j \mid D) = \sum_{h_i \in H} P(v_j \mid h_i) P(h_i \mid D)$$

新例子的最优分类是 $P(v_j|D)$ 取最大值时的 v_j 值,因此我们有如下贝叶斯最优分类,即

$$\arg \max_{v_j \in V} \sum_{h_i \in H} P(v_j \mid h_i) P(h_i \mid D) \qquad (3.4)$$

根据式(3.4)对新例子进行分类的任何系统都被称为贝叶斯最优分类器,也称为贝叶斯最优学习器,不存在使用同样的假设空间和先验知识其他分类方法的平均分类效果可以超过本方法。该方法使得在已知数据、假设空间和假设先验概率的条件下,对新例子的正确分类概率最大化。

值得注意的是,贝叶斯最优分类器的一个令人感兴趣的性质,即其所做的预测可以对应于不包含在 H 中的一个假设。设想用式(3.4)对 X 中的每个例子进行分类,以这种方式给出的例子类别标注不需要对应于 H 中任何一个假设 h 对例子的类别标注。对这种情况的一种解释就是贝叶斯最优分类器正在使用的假设空间 H' 与贝叶斯定理使用的假设空间 H 不同。特别地,H' 包含一些假设,这些假设可以实现 H 内的多个假设预测值的线性组合。

3.2.3　Gibbs 抽样算法

虽然贝叶斯最优分类器能够从给定的训练数据中得到最好的结果,然而其应用也是有相当代价的。这一代价是由其对 H 中的每一个假设都计算其后验概率,然后将每一个假设对新例子的分类加以组合。

退而求其次的方法是 Gibbs 抽样算法[161],具体定义如下。

① 根据 H 中的后验概率分布,从 H 中随机选择一个假设 h。

② 使用 h 去预测下一个例子 x 的类别。

给定一个新的要分类的例子,Gibbs 算法简单地根据当前的后验概率分布应用随机抽取出来的假设,令人惊讶的是,在某些条件下,Gibbs 算法的期望错误率至多是贝叶斯最优分类器期望错误率的两倍。更精确地讲,根据学习器假定的先验概率分布,期望值在随机抽取来的目标概念上取值,在这一条件下,Gibbs 算法的错误期望值最坏情况下是贝叶斯最优分类器错误期望值的两倍。

3.2.4　朴素贝叶斯分类器

一个高度实用的贝叶斯学习方法就是朴素贝叶斯学习器,通常也称为朴素贝叶斯分类器。在某些领域,朴素贝叶斯的分类精度已被证明与神经网络和决策树学习方法相当。

朴素贝叶斯分类器可以应用于这样的学习任务,即其每一个例子 x 是通过属性值的合取式来描述的,而目标函数 $f(x)$ 可以取有限集 V 中的任一值。给定目标函数的训练例子集合和一个新的由属性值$(a_1,a_2,\cdots,a_n)$元组描述的例子,学习器被要求去对这个新的例子预测其目标值或类别。

给定用于描述例子的属性值$(a_1,a_2,\cdots,a_n)$,贝叶斯对新例子的分类方法是对该例子赋予一个最可能的目标值 v_{MAP},即

$$v_{\text{MAP}}=\arg\max_{v_j\in V}P(v_j\,|\,a_1,a_2,\cdots,a_n)$$

可以利用贝叶斯定理将该式展开为

$$v_{\text{MAP}}=\arg\max_{v_j\in V}\frac{P(a_1,a_2,\cdots,a_n\,|\,v_j)P(v_j)}{P(a_1,a_2,\cdots,a_n)}$$

$$=\arg\max_{v_j\in V}P(a_1,a_2,\cdots,a_n\,|\,v_j)P(v_j) \tag{3.5}$$

设法根据训练数据估计式(3.5)中的两项,对于估计每一个$P(v_j)$是容易的,可以简单地通过目标值在训练数据中出现的频率来计算。然而,估计不同的 $P(a_1,a_2,\cdots,a_n\,|\,v_j)$项的取值是不可行的,除非我们拥有非常大的一个训练数据集,问题在于这些项的个数等于可能的例子数与目标值个数的乘积,这样我们就需要多次读取例子空间中的每个例子,以便于获得可靠的估计。

朴素贝叶斯分类器基于简单假设,即给定目标值条件下属性值是条件独立的。换句话说,该假设是给定例子目标值 $a_1, a_2, \cdots, a_n$ 的联合概率等于单个属性概率的乘积,即 $P(a_1, a_2, \cdots, a_n \mid v_j) = \prod_i P(a_i \mid v_j)$。用该式替换式(3.5),可以得到该方法,称其为朴素贝叶斯分类器,即

$$v_{\mathrm{NB}} = \arg \max_{v_j \in V} P(v_j) \prod_i P(a_i \mid v_j) \qquad (3.6)$$

式中,v_{NB} 是朴素贝叶斯分类器的目标值输出。

值得注意的是,在朴素贝叶斯分类器中,必须从训练数据估计得到不同的 $P(a_i \mid v_j)$ 的个数等于不同的属性值数乘以不同的目标值数,这与我们以前考虑去估计的 $P(a_1, a_2, \cdots, a_n \mid v_j)$ 相比,数目少了很多。

概括地讲,朴素贝叶斯学习方法涉及一个学习步骤。在该步骤中,$P(v_j)$ 和 $P(a_i \mid v_j)$ 基于它们在训练数据上的频率进行估计,这个估计的集合对应于学习得到的假设。然后,这个假设通过应用式(3.6)中的规则来分类每个新的例子,只要朴素贝叶斯条件独立假设能够得到满足,朴素贝叶斯分类 v_{NB} 就与 MAP 分类相同。

朴素贝叶斯学习方法和其他学习方法的一个显著的不同就在于,朴素贝叶斯学习不存在一个在可能的假设空间中明显的搜索过程(可能的假设空间是不同的 $P(v_j)$ 和 $P(a_i \mid v_j)$ 取值的空间),它不通过搜索便得到假设,简单地通过计算训练例子中各种数据组合的频率来实现。

3.2.5　贝叶斯信念网络

正如前面两节的描述,朴素贝叶斯分类器假设给定目标值 v,属性 $a_1, a_2, \cdots, a_n$ 的取值是相互独立的,这一假设大大降低了学习目标函数的复杂度。当该假设能够得到满足时,朴素贝叶斯分类器输出最优贝叶斯分类,然而在多数情况下,这一条件独立假设明显过于严格。

贝叶斯信念网络描述的是给定条件独立假设集合和条件概率集合的情况下,变量集合的概率分布。相比而言,朴素贝叶斯分类器是假设在给定目标变量值的条件下,所有的变量都是条件独立的。贝叶斯信念网络允许将条件独立假设应用到一个变量集合上,因此贝叶斯信念网络提供了一个折中的方法。该折中方法比朴素贝叶斯分类器做出的全部条件独立假设具有更少的限制,但是比完全避免条件独立假设更为可行。下面介绍一些关键的概念和贝叶斯信念网络的表示方法。

通常贝叶斯信念网络描述的是变量集合的概率分布,考虑随机变量 Y_1, $Y_2, \cdots, Y_n$ 的任一集合,其中每个变量 Y_i 在可能的取值集合 $V(Y_i)$ 上取值。定义变量集合 Y 上的联合空间是它们的叉积 $V(Y_1) \times V(Y_2) \times \cdots \times V(Y_n)$。换句话说,在联合空间的每一项对应于变量元组 $(Y_1, Y_2, \cdots, Y_n)$ 的可能取值,贝叶斯信念

网络描述的是变量集合上的联合概率分布。

设 X、Y 和 Z 是三个取离散值的随机变量,我们说在条件 Z 下 X 是条件独立于 Y 的,如果在给定 Z 任一取值条件下 X 的概率分布都独立于 Y 的取值,如果

$$(\forall x_i, y_j, z_k) P(X = x_i | Y = y_j, Z = z_k) = P(X = x_i | Z = z_k)$$

其中,$x_i \in V(X)$,$y_j \in V(Y)$,$z_k \in V(Z)$,通常将上式缩写为 $P(X|Y, Z) = P(X|Z)$,这样条件独立性的定义也被扩展到变量的集合。

我们说,变量集合 $X_1, X_2, \cdots, X_l$ 在给定变量集合 $Z_1, Z_2, \cdots, Z_n$ 下的条件独立于变量集合 $Y_1, Y_2, \cdots, Y_m$,如果 $P(X_1, X_2, \cdots, X_l | Y_1, Y_2, \cdots, Y_m, Z_1, Z_2, \cdots, Z_n) = P(X_1, X_2, \cdots, X_l | Z_1, Z_2, \cdots, Z_n)$。

这里的定义与我们在朴素贝叶斯分类器的定义中使用的条件独立间的对应关系。朴素贝叶斯分类器假设例子属性 A_1 在给定目标值 V 下的条件独立于例子属性 A_2,这允许朴素贝叶斯分类器以式(3.6)计算 $P(A_1, A_2 | V)$,即

$$P(A_1, A_2 | V) = P(A_1 | A_2, V) P(A_2 | V)$$
$$= P(A_1 | V) P(A_2 | V) \tag{3.7}$$

贝叶斯信念网络表示的是变量集的联合概率分布。贝叶斯网络通过指定条件独立假设集合和局部条件概率集合来表示联合概率分布(使用有向无环图表示)。在联合空间,每一个变量表示为贝叶斯网络中的一个结点,对于每一个变量,指定有两类信息。第一,网络的弧表示给定网络中的直接前驱变量条件独立于其非后继结点的断言。我们说 X 是 Y 的后继,如果有一个从 Y 到 X 的直接弧。第二,给定每一个变量的条件概率表,该表用于描述在给定其直接前驱值条件下,该变量的概率分布。贝叶斯信念网络变量元组 $(Y_1, Y_2, \cdots, Y_n)$ 的值 $(y_1, y_2, \cdots, y_n)$ 的任何期望赋值的联合概率可以通过下式计算,即

$$P(y_1, y_2, \cdots, y_n) = \prod_{i=1}^{n} P(y_i \mid \text{Parents}(Y_i))$$

其中,$\text{Parents}(Y_i)$ 表示网络中 Y_i 直接前驱的集合。

图 3.1 给出了贝叶斯网络的一个例子,与每个结点关联的是条件概率分布集合。例如,"警报"结点可能具有如表 3.1 所示的概率分布。

我们可能希望在给定其他变量已知值的条件下,使用贝叶斯网络推导目标变量的值。当然,给定正在处理的随机变量,赋予目标变量一个单一的确定值通常是不正确的,我们真正希望推导出的是目标变量的概率分布,即在给定其他变量已知值的条件下,目标变量将取得每一个可能取值的概率,如网络中其他变量的所有取值正好是已知的情况下,这一推理过程可以是直截了当的。在多数情况下,我们可能只是已知其他变量的子集取值来推导一些变量的概率分布。一般来讲,贝叶斯网络可以用来计算任意网络变量子集的概率分布,只要剩下的其他变量的任意子集的分布或取值已经给定。

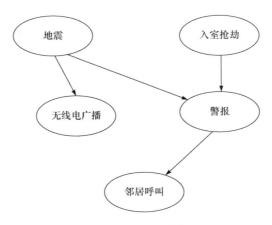

图 3.1　　贝叶斯网络例子

表 3.1　　图 3.1 中与结点"警报"相关的条件概率

E	B	$P(A\|E,B)$	$P(\neg A\|E,B)$
E	B	0.90	0.10
E	$\neg B$	0.20	0.80
$\neg E$	B	0.90	0.10
$\neg E$	$\neg B$	0.01	0.99

我们知道,对于任一贝叶斯网络的精确概率推理是 NP-难的[51],目前已经提出许多贝叶斯网络概率推理的方法,包括精确推理方法、牺牲精度获取效率的近似推理方法。例如,蒙特卡罗方法通过随机抽样未知变量的概率分布提供了一个近似解[170]。理论上,甚至贝叶斯网络的近似解都是 NP-难的[54],幸运的是,在实际应用中,近似的方法在许多情况下被证明是有用的。

在网络结构事先给定和训练例子变量完全已知的情况下,学习条件概率表是简单明了的,我们只需要简单地像朴素贝叶斯分类器那样估计条件概率表项的取值。在网络结构已知,训练例子部分变量已知的情况下,学习问题变得相对困难些,这一问题有点儿类似于学习人工神经网络隐层单元的权值。在人工神经网络中,输入和输出结点的值是给定的,但隐层结点的值是未知的。文献[182]已经提出类似的学习条件概率表项取值的梯度上升法。梯度上升法在整个假设空间进行搜索,而假设空间对应于条件概率表中所有可能取值的集合,在梯度上升过程中,最大化的目标函数是给定假设 h 下已知训练数据 D 的条件概率 $P(D|h)$。根据定义,这等价于对条件概率表项寻找极大似然假设。

当网络结构事先未知的时候去学习贝叶斯网络也是困难的,Cooper 和 Herskovits[52]提出贝叶斯评分准则在多个网络中选择,他们也给出了一个启发式的搜索算法,用于在数据完全已知的情况下学习网络结构。算法实现贪心搜索,在给定训练集上对网络复杂度和精度之间加以权衡,也提出一些基于限制的贝叶斯网络结构学习方法[195],这些方法从数据中推导出依赖和独立关系,然后用这些关系构建贝叶斯网络。

3.3 概率潜在语义分析

文本和多媒体数据挖掘的一个基本问题就是学习在数据驱动方式下数据对象的含义和使用。例如,从给定的图像或视频关键帧,可能没有进一步的先验知识,机器学习系统不得不面对的一个主要挑战是区分在多媒体数据单元中"实际显示的是什么"这样的语法层和"目的是什么或指的是什么"这样的语义层之间的差异。导致这样的问题有两个方面。

① 多义性,如一个单元在不同语境下可能有多种含义和多种用途。

② 同义性和语义相关单元,如不同的单元可能有相似的含义,它们可能表示相同的概念或相同的主题,至少在某些语境中是这样的。

潜在语义分析(latent semantic analysis,LSA)[56]是一个非常著名的、部分地阐述这一问题的技术。该技术的主要思想是将高维计数向量,如多媒体单元向量空间表示,映射到低维潜在语义空间表示。潜在语义分析的目标就是寻找一个能够较好提供超出语法层面来揭示感兴趣实体间语义关系的数据映射。由于其广泛适用性,潜在语义分析已经被证明是一个具有广泛应用领域的有价值的分析工具。尽管潜在语义分析是成功的,但是也有一些不足,其方法的理论基础在很大程度上仍不是令人满意和完备的,潜在语义分析起初的动机是源于线性代数,是基于奇异值分解方法(singular value decomposition,SVD)的单元计数矩阵的 L_2 最优近似。尽管奇异值分解方法本身是一个易于理解和原理性的方法,但是在潜在语义分析中计数数据的应用仍然有些特别。从统计学的观点来讲,L_2 范数近似原理的使用让人们联想到高斯噪声假设,而高斯噪声假设在计数变量背景下是难以证明的。从更深层次的概念层次来讲,潜在语义分析得到的表示不能处理多义性。例如,很容易证明,在潜在语义分析中隐含空间中词的坐标可以写为包含该词的文档坐标的线性叠加,而叠加原理明显不能解决词(如单元)的多种含义问题,它也没有考虑每个单元的出现在某一时间点通常意味着同一个含义。

概率潜在语义分析(probabilistic latent semantic analysis,pLSA),在有些文献中也称为概率潜在语义索引(probabilistic latent semantic indexing,pLSI),起源于潜在语义分析的统计角度。相比标准的潜在语义分析,概率潜在语义分析定义了一个正确的生成式数据模型。该模型具有如下优点:从广义上讲,它表明统计学中的基本技术可以应用于模型拟合、模型选择和复杂性控制。例如,我们可以通过度量概率潜在语义分析模型的预测能力(如在交叉验证的辅助下)来评估概率潜在语义分析模型的质量。从狭义上讲,概率潜在语义分析将一个隐含的环境变量与每个单元出现相关联,这显然考虑了多义性。

3.3.1　潜在语义分析

潜在语义分析可以应用到任意类型离散二值领域(称为双模式数据)中的计数数据上,然而由于潜在语义分析最突出的一个应用是在文本文档分析和检索上,因此出于介绍的目的,我们主要讨论文本分析和计算的问题。给定一个文本文档的集合 $D=d_1,d_2,\cdots,d_N$,其中词来源于词汇表 $W=w_1,w_2,\cdots,w_M$。通过忽略每个词在文档中出现的顺序,我们可以统计汇总得到一个矩形的 $N\times M$ 共现计数表的数据 $\boldsymbol{N}=(n(d_i,w_j))_{ij}$,其中 $n(d_i,w_j)$ 表示词 w_j 在文档 d_i 中出现的次数。在这一特定情况下,$\boldsymbol{N}$ 也称为词-文档矩阵,$\boldsymbol{N}$ 的行和列分别表示文档和词向量。其关键的假设就是简化后文档的词袋或向量空间表示在多数情况下保留了文档大部分相关信息,如基于关键词的文本检索。

共现表表示方法会引出数据稀疏的问题,也称为零频度问题。通常对于短文、文章概要或摘要等词-文档矩阵可能仅有少数几个非零取值。这实际上反映了词汇表中仅有的不多几个词在任一文档中被使用,这就产生了一个问题。例如,在基于匹配的文档查询或基于比较文档间共同词汇来计算相似度的应用中,甚至是在十分相关的文章中寻找许多共同词汇的可能性也是非常小的,这是因为它们可能没有使用完全相同的词。例如,多数匹配函数都是基于相似函数的,这些相似函数依赖于文档向量对间的内积,这就遇到两方面的问题:一方面,为了不低估文档间真实的相似度,我们不得不考虑同义词问题;另一方面,为了避免高估文档间的真实相似性,我们不得不处理多义性问题。多义性问题可以通过对以不同含义使用的常用词进行计数来实现。这些问题都可能导致不合适的语法匹配评分,而这不能反映隐含在词语语义间的真实相似性。

正如前面提到的,潜在语义分析的核心思想是将文档——与其对应的就是词语——映射到一个被约简维度的向量空间,即潜在语义空间。在文档索引这样典型的应用中,选取该空间的维度为 100~300。文档/词语向量到它们对应的潜在空间表示的映射被限制为线性的,而这一映射是基于共现矩阵 $\boldsymbol{N}$ 的奇异值分解。我们可以从标准的奇异值分解开始,定义为

$$\boldsymbol{N}=\boldsymbol{USV}^{\mathrm{T}}\tag{3.8}$$

式中,$\boldsymbol{U}$ 和 $\boldsymbol{V}$ 都是列正交矩阵 $\boldsymbol{U}^{\mathrm{T}}\boldsymbol{U}=\boldsymbol{V}^{\mathrm{T}}\boldsymbol{V}=\boldsymbol{I}$,且对角阵 $\boldsymbol{S}$ 包含 $\boldsymbol{N}$ 的奇异值;$\boldsymbol{N}$ 的潜在语义分析近似可以通过将除了 $\boldsymbol{S}$ 中前 K 个大的奇异值外的所有值设置为

$0(=\tilde{S})$ 来计算,这便是在线性代数中著名的在 L_2 矩阵或者 F 范式意义上的 K 阶最优,即

$$\tilde{N} = U\tilde{S}V^T \approx USV^T = N \tag{3.9}$$

如果想通过式(3.9)计算文档与文档间的内积,我们将得到 $\tilde{N}\,\tilde{N}^T = U\,\tilde{S}^2 U^T$,这样便可以将 $U\tilde{S}$ 的行看作潜在空间中文档的坐标。当原始高维向量稀疏时,这意味着计算文档对间有含义的关联值是可能的,即便在文档间并没有任何公共的词。我们希望得到的是具有共同含义的词大体能够映射到语义空间中相同的方向。

3.3.2　潜在语义分析概率扩展

概率潜在语义分析[101]的出发点是一个统计模型,该模型被称为层面模型。在统计领域相似的模型被用于列联表分析,另外一个紧密相关的被提出来的技术是非负矩阵分解技术[135]。层面模型是一个用于共现数据的潜在变量模型。共现数据是指将一个未观察到的类变量 $z_k \in \{z_1, z_2, \cdots, z_K\}$ 与每一个观察数据相关联的数据,一个观察是指在特定的文档中一个词的出现。在概率潜在语义分析中引入如下概率: $P(d_i)$ 用来表示在特定的文档 d_i 中观察到一个词出现的概率; $P(w_j | z_k)$ 表示在一个未观察到的类变量 z_k 条件下特定词的类条件概率; $P(z_k | d_i)$ 表示在潜在变量空间上特定文档的概率分布。利用这些定义,我们可以以文献[161]的方式定义一个词/文档共现生成式模型。

① 以概率 $P(d_i)$ 选取一个文档。

② 以概率 $P(z_k | d_i)$ 选取一个潜在类别 z_k。

③ 以概率 $P(w_j | z_k)$ 生成一个词 w_j。

我们可以得到一个观察对 (d_i, w_j),其中丢掉潜在类变量 z_k,将数据生成过程转换成联合概率模型,得到如下表达式,即

$$P(d_i, w_j) = P(d_i)P(w_j | d_i) \tag{3.10}$$

$$P(w_j | d_i) = \sum_{k=1}^{K} P(w_j | z_k)P(z_k | d_i) \tag{3.11}$$

为了得到式(3.11),我们不得不对 z_k 的所有可能取值进行求和,通过 z_k 一个观察可以被产生。与几乎所有的统计潜在变量模型一样,层面模型引入一个条件独立假设,即 d_i 和 w_j 在相关的潜在变量条件下是独立的。对于层面模型的一个直观解释可以通过条件概率分布 $P(w_j | d_i)$ 的直接观察得到, $P(w_j | d_i)$ 可以看做是 k 类条件或者是切面 $P(w_j | z_k)$ 的凸组合。不严格地讲,建模的目标就是确定条件概率质量函数 $P(w_j | z_k)$,使特定文档词的分布尽可能准确地被这些切面凸组合近似描述。更形式地讲,我们可以使用学习问题的最大似然公式,也就是我们必须使下式最大化,即

$$
\begin{aligned}
\ell &= \sum_{i=1}^{N} \sum_{j=1}^{M} n(d_i, w_j) \log P(d_i, w_j) \\
&= \sum_{i=1}^{N} n(d_i) \Big[\log P(d_i) + \sum_{j=1}^{M} \frac{n(d_i, w_j)}{n(d_i)} \log \sum_{k=1}^{K} P(w_j \mid z_k) P(z_k \mid d_i) \Big]
\end{aligned} \quad (3.12)
$$

对于所有的概率质量函数。$n(d_i) = \sum_j n(d_i, w_j)$ 指的是文档的长度。由于潜在变量空间的势通常比集合中文档的数量或者词的数量要小,即 $K \ll \min(N, M)$,它在预测词中起着瓶颈变量的作用。值得注意的是,式(3.11)中联合概率的等价参数化方法可以通过下式得到,即

$$
P(d_i, w_j) = \sum_{k=1}^{K} P(z_k) P(d_i \mid z_k) P(w_j \mid z_k) \quad (3.13)
$$

对于两个对象,文档和词是完全对称的。

3.3.3　基于期望最大化的模型拟合

在隐变量模型中,极大似然估计的标准过程是期望最大化(expectation-maximization,EM)算法。期望最大化算法包括如下两步交替过程。

① E 步,根据当前参数估计,计算隐变量的后验概率。

② M 步,根据在 E 步计算的后验概率的被称为完全数据 log 似然的期望来更新参数。

对于 E 步,我们简单地利用贝叶斯公式,即式(3.11)中的参数化方法,可以得到

$$
P(z_k \mid d_i, w_j) = \frac{P(w_j \mid z_k) P(z_k \mid d_i)}{\sum_{l=1}^{K} P(w_j \mid z_l) P(z_l \mid d_i)} \quad (3.14)
$$

在 M 步,我们必须计算完全数据 log 似然的期望最大值 $E[\ell^c]$。由于平凡估计 $P(d_i) \propto n(d_i)$ 可以独立进行,因此相关部分可以根据下式给定,即

$$
E[\ell^c] = \sum_{i=1}^{N} \sum_{j=1}^{M} n(d_i, w_j) \sum_{k=1}^{K} P(z_k \mid d_i, w_j) \log [P(w_j \mid z_k) P(z_k \mid d_i)]
$$

$$
(3.15)
$$

考虑标准化限制条件,式(3.15)必须增加相应的拉格朗日乘子 τ_k 和 ρ_i,即

$$
H = E[\ell^c] + \sum_{k=1}^{K} \tau_k \Big(1 - \sum_{j=1}^{M} P(w_j \mid z_k) \Big) + \sum_{i=1}^{N} \rho_i \Big(1 - \sum_{k=1}^{K} P(z_k \mid d_i) \Big)
$$

$$
(3.16)
$$

H 关于概率质量函数的最大值可以引出如下平稳方程集合,即

$$\sum_{i=1}^{N} n(d_i, w_j) P(z_k \mid d_i, w_j) - \tau_k P(w_j \mid z_k) = 0, \quad 1 \leqslant j \leqslant M, \quad 1 \leqslant k \leqslant K$$

$$(3.17)$$

$$\sum_{j=1}^{M} n(d_i, w_j) P(z_k \mid d_i, w_j) - \rho_i P(z_k \mid d_i) = 0, \quad 1 \leqslant i \leqslant N, \quad 1 \leqslant k \leqslant K$$

$$(3.18)$$

在消除拉格朗日乘子之后,可以得到 M 步的再估计方程,即

$$P(w_j \mid z_k) = \frac{\displaystyle\sum_{i=1}^{N} n(d_i, w_j) P(z_k \mid d_i, w_j)}{\displaystyle\sum_{m=1}^{M} \sum_{i=1}^{N} n(d_i, w_m) P(z_k \mid d_i, w_m)} \quad (3.19)$$

$$P(z_k \mid d_i) = \frac{\displaystyle\sum_{j=1}^{M} n(d_i, w_j) P(z_k \mid d_i, w_j)}{n(d_i)} \quad (3.20)$$

E 步和 M 步的方程交替执行直到满足终止条件。终止条件可以是收敛条件,也可以使用称为提前终止的技术。在提前终止技术中,我们并不需要优化算法,而是一旦在保留数据上的性能没有得到改善,就可以停止更新过程。这一过程是在许多迭代拟合方法中避免过拟合的常被使用的标准过程,期望最大化算法只是这些迭代拟合方法的一个特例。

3.3.4 潜在概率空间与概率潜在语义分析

考虑词汇表 W 上的类条件概率质量函数 $P(\bullet \mid z_k)$,可以表示为 W 上所有概率质量函数的 $M-1$ 维单纯形上的点,通过它的凸包,这 K 个点的集合定义了单纯形上的一个 $k-1$ 维的凸区域 $R \equiv \mathrm{conv}(P(\bullet \mid z_1), \cdots, P(\bullet \mid z_k))$,式(3.11)表示的模型假设是所有的条件概率 $P(\bullet \mid d_i)$,$1 \leqslant i \leqslant N$ 都可以通过 K 个概率质量函数 $P(\bullet \mid z_k)$ 的凸组合来近似,混合权值 $P(z_k \mid d_i)$ 是关于每一个文档在凸区域 R 中定义的唯一一个点的坐标。这表明,尽管引入的隐含变量是离散的,但我们得到了要在 W 上的所有概率质量函数空间内的一个连续隐含变量。由于凸区域 R 的维度是 $K-1$ 维,而相应的概率单纯形的维度是 $M-1$ 维,这也可以看做是对词的降维,R 可以看做是一个概率潜在语义空间。空间的每一个"方向"对应于取值为 $P(\bullet \mid z_k)$ 特定的上下文,而在每一个上下文中的文档 d_i 取一个具体的小数 $P(z_k \mid d_i)$。由于层面模型关于词和文档是对称的,将词和文档进行交换,我们可以得到一个在 D 上所有概率质量函数的单纯形内的对应区域 R',这里每个词 w_j 以 $P(z_k \mid w_j)$ 取值出现在上下文中,即 w_j 作为上下文 z_k 的一部分出现的概率。

为了强调这一点,阐述与潜在语义分析的关系,式(3.13)描述的层面模型可以重写为矩阵形式。因此,定义矩阵 $\hat{U}=(P(d_i|z_k))_{i,k}$、$V=(P(w_j|z_k))_{j,k}$ 和 $\hat{S}=\mathrm{diag}\,(P(z_k))_k$,联合概率模型 P 可以写为矩阵的乘积 $P=\hat{U}\hat{S}\hat{V}^\mathrm{T}$。比较潜在语义分析和奇异值分解的分解过程,我们能够得出下面线性代数中概念的解释。

① 在 U 和 $\hat{V}$ 行间的外积加权和反映概率潜在语义分析中的条件独立性。

② K 个因子可以看作对应于层面模型的混合分量。

③ 概率潜在语义分析中的混合比例替代了潜在语义分析中的奇异值分解。

概率潜在语义分析和潜在语义分析的关键不同点是确定最优分解/近似的目标函数。在潜在语义分析中,目标函数是 L_2 范数或 Frobenius 范数,这对应于(可能是转换后的)计数上隐式加性高斯噪声假设。相比之下,概率潜在语义分析依赖于多项式抽样的似然函数,目标是在经验分布和模型间 Kullback-Leibler 收敛交叉熵的显式最大值,这不同于任何类型的方差。在模型方面,具有很大的优势,例如共现表的混合近似 P 是一个具有明确定义的概率分布,而且就混合分量概率分布而言,因子具有明显的概率含义。另一方面,潜在语义分析并没有给出一个正确的标准概率分布,甚至更差,因为 $\hat{N}$ 可能包含负数。此外,概率方法使用具有较好理论基础的统计理论用于模型的选择和复杂度控制,如确定潜在空间维度的最优大小。

3.3.5 模型过拟合与强化的期望最大化算法

期望最大化算法的原始模型拟合技术存在过拟合问题。换句话说,它的泛化能力是弱的。即便在训练数据上的性能是令人满意的,但是在测试数据上的性能也可能变得很差。评估模型泛化能力的一种度量就是困惑度。困惑度是在语言模型中经常使用的一种度量,定义为未观察数据上的 log 平均逆概率,即

$$P = \exp\left[-\frac{\sum_{i,j} n'(d_i,w_j)\log P(w_j \mid d_i)}{\sum_{i,j} n'(d_i,w_j)}\right] \tag{3.21}$$

其中,$n'(d_i,w_j)$ 表示在保留或者测试数据上的计数。

未观察数据上的泛化能力可以得到确保的条件实际上是统计学习理论的一个基本问题。对于混合模型,最大似然的一种泛化方法称为退火,是基于熵正则项的,称为强化的期望最大化方法(tempered expectation-maximization,TEM)。TEM 与确定性退火技术紧密相关,确定性退火与期望最大化算法的结合是 TEM 的基础。

TEM 的出发点是基于最优化原理的 E 步改进,潜在变量模型的期望最大化过程是通过使常用的目标函数自由能量最小化得到的。该函数由下式给定,即

$$F_\beta = -\beta \sum_{i=1}^{N} \sum_{j=1}^{M} n(d_i, w_j) \sum_{k=1}^{K} \widetilde{P}(z_k; d_i, w_j) \log[P(d_i \mid z_k) P(w_j \mid z_k) P(z_k)]$$

$$+ \sum_{i=1}^{N} n(d_i) \sum_{k=1}^{K} \widetilde{P}(z_k; d_i, w_j) \log \widetilde{P}(z_k; d_i, w_j) \qquad (3.22)$$

式中, $\widetilde{P}(z_k; d_i, w_j)$ 是定义在 $z_1, z_2, \cdots, z_K$ 上的类条件概率分布的变分参数; β 类比于物理系统, 称为逆计算温度的参数。

因此, 在 $\widetilde{P}(z_k; d_i, w_j) = P(z_k \mid d_i, w_j)$ 的情况下, 相对于定义 $P(d_i, w_j \mid z_k)$ 的参数, 使 F 取最小值就演变为期望最大化算法中标准的 M 步。实际上, 验证通过当 $\beta=1$ 时关于 $\widetilde{P}$ 的 F 的最小值得到后验概率是非常容易的, 通常 $\widetilde{P}$ 由下式确定, 即

$$\widetilde{P}(z_k; d_i, w_j) = \frac{[P(z_k) P(d_i \mid z_k) P(w_j \mid z_k)]^\beta}{\sum_l [P(z_l) P(d_i \mid z_l) P(w_j \mid z_l)]^\beta} = \frac{[P(z_k \mid d_i) P(w_j \mid z_k)]^\beta}{\sum_l [P(z_l \mid d_i) P(w_j \mid z_l)]^\beta}$$

$$(3.23)$$

当 $\beta < 1$ 时, 熵的作用是去减小后验概率, 使其随着 β 的减小更加接近均匀分布。

与退火方法的思想相反, 逆退火方法首先执行期望最大化迭代过程, 然后减小 β, 直到在保留数据上的性能变差。与退火方法相比, 逆退火方法可以大幅度地提高模型的拟合过程, TEM 算法可以用下面的方式实现。

① 设 $\beta \leftarrow 1$, 并执行带提前终止的期望最大化算法。

② 减小 $\beta \leftarrow \eta\beta$, 其中 $\beta < 1$, 并执行一次 TEM 迭代过程。

③ 只要保留数据的性能能够得到改善 (非微小地), 就在原 β 取值上继续 TEM 迭代过程; 否则, 返回步骤 2。

④ 停止 β 减小过程, 即当减小 β 不能进一步改善时, 停止算法执行。

3.4　用于离散数据分析的隐含狄利克雷分配模型

隐含狄利克雷分配 (latent Dirichlet allocation, LDA) 是一个用于分析离散数据的统计模型, 起初用于文档分析。它提供了一个用于理解为什么某些词倾向于一起出现的框架, 也就是说, 该模型假定 (以简单的形式) 每个文档是小数量的主题的混合, 而且每个词的出现归属于文档中的某一个主题。它是一个由 Blei、Ng 和 Jordan 于 2003 年提出的用于主题发现的图形模型[23]。

隐含狄利克雷分配是一个产生式语言模型。该模型设法学习得到一个主题的集合, 以及与每个主题相关的词的集合, 以便每个文档可以看作不同主题的混合。这类似于概率潜在语义分析, 除了在隐含狄利克雷分配中主题分布被假定为具有狄利克雷先验知识。在实际使用中, 这会得到更加合理的文档中主题的混合, 然而值得注意的是在均匀狄利克雷先验分布条件下, 概率潜在语义分析模型与隐含狄

利克雷分配模型是等价的[89]。

例如,隐含狄利克雷分配模型可能有主题"猫"和"狗"。"猫"主题有产生不同词的概率,如词"斑猫"、"小猫",当然还有"猫",在这些主题下都具有较高的概率。主题"狗"同样有产生不同词的概率,其中"小狗"和"腊肠犬"的概率可能较高。没有特别关联度的词,如冠词,在类别之间大体上会具有均等的概率(或者可以被放入一个单独的类别,甚至是过滤掉)。

一个文档是遵循主题上的概率分布产生的,例如多数是关于"狗"的,多数是关于"猫"的,或者是两者兼而有之的,并且在给定这一概率分布的情况下,每个特定的词是遵循一个主题,然后在主题下产生这些词。在给定主题的情况下,词与词之间被认为是独立的,这是标准的"词袋"假设,单个词之间可以互换。

学习各种概率分布(主题集合概率分布、相关词的概率分布、每个词的主题概率分布和每个文档的特定主题混合概率分布等)是贝叶斯推理的一个问题,可以使用变分方法、马尔可夫链、蒙特卡罗方法来实现[23]。隐含狄利克雷分配通常用于信息检索中的语言模型。

3.4.1　隐含狄利克雷分配模型

尽管概率潜在语义分析对于多媒体数据单元的概率建模是非常有用的,然而一个备受争论的问题就是它并不是完备的,因为它没有在文档层次上提供概率模型。在概率潜在语义分析中,每一个文档可以表示一列数字(主题的混合比例),可是对这些数字没有生成式概率模型。这导致两个重要问题。

① 模型中参数的数量随着语料库的大小线性增长,这导致严重的过拟合问题。

② 怎样对训练集合外的文档赋予一个概率值并不明确。

隐含狄利克雷分配是一个真正的生成式概率模型,它不仅对训练集中的文档赋予一个概率值,而且对其他没在训练集中的文档也赋予一个概率值。其基本思想是把文档表示成隐主题的随机混合,其中每个主题都被描述为词上的概率分布。对语料库 D 中的每个文档 w,隐含狄利克雷分配假定如下生成过程。

① 抽样 $N \sim \mathrm{Poisson}(\xi)$。

② 抽样 $\theta \sim \mathrm{Dir}(\alpha)$。

③ 对于 N 个词 w_n 中的每一个词,从多项式分布 $\mathrm{Multinomial}(\theta)$ 中抽样一个主题 $z_n \sim \mathrm{Multinomial}(\theta)$;从主题 z_n 的多项式条件概率 $P(w_n | z_n, \beta)$ 中抽样一个词 w_n,其中 $\mathrm{Poisson}(\xi)$、$\mathrm{Dir}(\alpha)$ 和 $\mathrm{Multinomial}(\theta)$ 分别表示参数为 ξ、α 和 θ 的泊松、狄利克雷和多项式分布。

对这个基本模型做如下假设。首先,假定狄利克雷分布的维度 k(也就是主题变量 z 的维度)是已知且是固定不变的。其次,词的概率参数化为一个 $k×V$ 的矩阵 $\boldsymbol{\beta}$,其中 $\beta_{ij}=P(w^i=1|z^i=1)$ 参数化词的概率被认为是一个需要去估计的固定的量。最后,泊松分布对于建模并不是决定性的,如果需要可以使用更加实际的文档长度概率分布。因此,值得注意的是,N 是独立于所有其他数据生成变量的(θ 和 z),它是一个辅助变量。

一个 k 维狄利克雷随机变量 θ 可以在 $k-1$ 维的单纯形上取值(如果 $\theta_j \geqslant 0$,$\sum_{j=1}^{k}\theta_j=1$,那么 k 维向量 θ 位于 $k-1$ 维单纯形内),且该单纯形具有如下的密度,即

$$P(\theta \mid \boldsymbol{\alpha}) = \frac{\Gamma(\sum_{i=1}^{k}\alpha_i)}{\prod_{i=1}^{k}\Gamma(\alpha_i)}\theta_1^{\alpha_1-1}\cdots\theta_k^{\alpha_k-1} \tag{3.24}$$

其中,参数 $\boldsymbol{\alpha}$ 是一个 k 维的向量,$\alpha_i>0$;$\Gamma(x)$ 是一个伽马函数。

狄利克雷是一个在单纯形上的方便分布,是一个指数分布,且是有限维充分统计量,且服从多项式分布。这一性质方便了隐含狄利克雷分配模型的推理和参数估计算法的设计。

给定参数 $\boldsymbol{\alpha}$ 和 $\boldsymbol{\beta}$,关于主题混合模型 θ 的 N 个主题的集合 z 和 N 个词的集合 w 的联合概率分布可以定义为

$$P(\theta,z,w \mid \boldsymbol{\alpha},\boldsymbol{\beta}) = P(\theta \mid \boldsymbol{\alpha})\prod_{n=1}^{N}P(z_n \mid \theta)P(w_n \mid z_n,\boldsymbol{\beta}) \tag{3.25}$$

其中,对于每一个唯一的 i,$P(z_n|\theta)$ 可设置为 θ_i,使得 $z_n^i=1$。

对 θ 进行整合,并对 z 进行求和,可以得到文档的间隔概率分布,即

$$P(w \mid \boldsymbol{\alpha},\boldsymbol{\beta}) = \int P(\theta \mid \boldsymbol{\alpha})(\prod_{n=1}^{N}\sum_{z_n}P(z_n \mid \theta)P(w_n \mid z_n,\boldsymbol{\beta}))\mathrm{d}\theta \tag{3.26}$$

最后,取单一文档 d 的间隔概率的乘积,可以得到 M 个文档的集合 D 的概率,即

$$P(D \mid \boldsymbol{\alpha},\boldsymbol{\beta}) = \prod_{d=1}^{M}\int P(\theta_d \mid \boldsymbol{\alpha})(\prod_{n=1}^{N_d}\sum_{z_{dn}}P(z_{dn} \mid \theta_d)P(w_{dn} \mid z_{dn},\boldsymbol{\beta}))\mathrm{d}\theta_d \tag{3.27}$$

隐含狄利克雷分配模型可以表示为如图 3.2 所示的概率图形模型。正如图中明确指出的,隐含狄利克雷分配模型表示具有三层,参数 $\boldsymbol{\alpha}$ 和 $\boldsymbol{\beta}$ 是语料库层参数,假定在生成语料库过程中抽样一次。变量 θ_d 是文档层变量,每个文档抽样一次。最后,变量 z_{dn} 和 w_{dn} 是词层次的变量,在每个文档中每个词只抽样一次。

图中的箱子是表示重复的"盒子",外围的盒子表示文档,内层的盒子表示文档内主题和词的重复的选择。

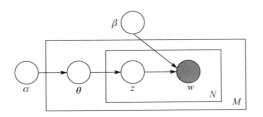

图 3.2　隐含狄利克雷分配模型的图形表示

我们有必要区分隐含狄利克雷分配与一些简单的狄利克雷多项式聚类模型。经典的聚类模型涉及两层模型,对于语料库,狄利克雷被抽样一次;对于语料库中的每一个文档,多项式聚类变量被选择一次;对于聚类变量条件下的文档,选择一个词的集合。正如其他聚类模型,这样的模型限制文档只能是与一个单一的主题关联。隐含狄利克雷分配涉及三个层次,文档内主题的结点可以重复地抽样。在这个模型下,文档可以与多个主题关联。

3.4.2　与其他隐变量模型关系

本节就隐含狄利克雷分配与其他隐变量模型——一元语法模型、一元混合模型和概率潜在语义分析模型进行比较。下面先给出这些模型的统一几何解释,以突出它们的特点。

1. 一元语法模型

在一元语法模型中,每个文档的词都是独立地从单一的多项式分布中抽样出来的,即

$$P(w) = \prod_{n=1}^{N} P(w_n)$$

其图形模式的描述如图 3.3 所示。

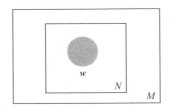

图 3.3　离散数据一元语法模型

2. 一元混合模型

如果在一元语法模型中增加一个离散的随机主题变量 z(图 3.4),就可以得到

一个一元模型的混合模型。在该混合模型中,每个文档首先通过抽样一个主题 z 生成,然后从条件多项式分布 $P(w|z)$ 中独立生成 N 个词。文档的概率为

$$P(w) = \sum_z P(z) \prod_{n=1}^{N} P(w_n \mid z)$$

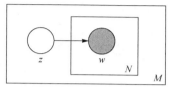

图 3.4　离散数据的一元混合模型的图形模型表示

当从语料库估计时,词的分布可以看作每个文档正好代表一个主题假设下的表示。这一假设通常具有局限性,以至于不能有效地对大规模文档集合进行建模。相比之下,隐含狄利克雷分配模型在不同程度上允许文档表示不同的主题,这是通过新增一个参数为代价取得的。相比隐含狄利克雷分配中与 $P(\theta|\boldsymbol{\alpha})$ 相关的 k 个参数,一元混合模型具有与 $P(z)$ 相关的 $k-1$ 个参数。

3. 概率潜在语义分析

概率潜在语义分析是另外一个被广泛使用的文档模型,如图 3.5 所示。概率潜在语义分析模型假定文档标记 d 和词 w_n 在给定未观察到的主题 z 情况下是条件独立的,即

$$P(d, w_n) = P(d) \sum_z P(w_n \mid z) P(z \mid d)$$

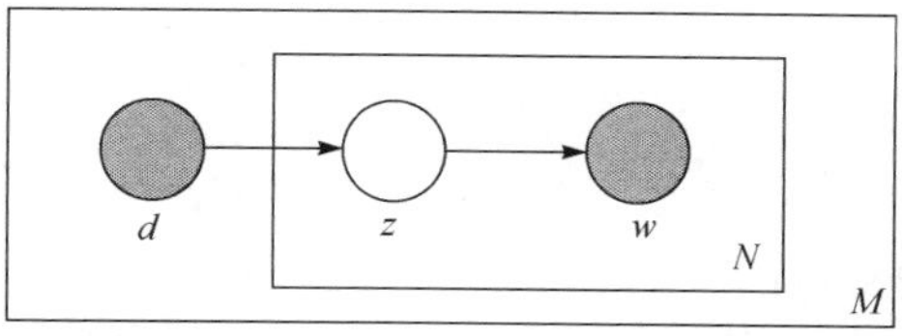

图 3.5　离散数据的概率潜在语义索引/层面模型的图形模型表示

概率潜在语义分析模型设法去放宽在一元混合模型中所做的文档仅是从一个主题生成的这一简化假设。某种意义上,并没有考虑文档可能包含多个主题的可能,因为 $P(z|d)$ 对于特定的文档 d 是作为多个主题权值的混合。然而,值得指出的是 d 是训练集中一系列文档的索引,因此 d 是具有和训练文档一样多可能取值的多项式随机变量,而且模型学习主题混合概率 $P(z|d)$ 的过程仅是建立在提供给它的训练文档之上的。出于这一原因,概率潜在语义分析并不是一个定义明确的文档生成式模型,不存在一个自然的方式对以前未观察到的文档赋予一个概率。

概率潜在语义分析存在的另外一个问题是必须估计参数的个数是随着训练文档的个数线性增加的。一个 k 个主题的概率潜在语义分析模型的参数是 k 个隐含主题上的大小为 V 和 M 混合的 k 多项式概率分布，包含 $kV+kM$ 个参数。参数的线性增长表明，模型易于过拟合，而且经验上，过拟合实际上是一个严重的问题。在实际使用中，为了得到可接受的预测效果，使用强化的启发式算法去平滑模型的参数，然而已经证明，即便使用强化的方法也会出现过拟合问题。隐含狄利克雷分配通过将主题权值的混合看做是 k 参数的隐含随机变量，而不是与训练集合关联的单个参数的大集合来克服这两个问题。在有 k 个主题的隐含狄利克雷分配模型中，$k+kV$ 个参数并不随训练集的增大而增加，因此隐含狄利克雷分配并不会遭遇概率潜在语义分析那样的问题。

3.4.3　隐含狄利克雷分配模型推理

我们已经描述了隐含狄利克雷分配模型的思想，同时解释了它在概念上相比其他隐含主题模型的优点。本节将注意力转移到隐含狄利克雷分配的推理方法和参数估计过程。

为了使用隐含狄利克雷分配，我们需要解决的主要推理问题就是计算在给定文档的情况下隐含变量的后验概率分布，即

$$P(\theta, z \mid w, \boldsymbol{\alpha}, \boldsymbol{\beta}) = \frac{P(\theta, z, w \mid \boldsymbol{\alpha}, \boldsymbol{\beta})}{P(w \mid \boldsymbol{\alpha}, \boldsymbol{\beta})}$$

这通常是无法计算的。实际上，为了实现均匀分布，需要在隐含变量上进行边缘化，并根据模型参数重写式(3.26)，即

$$P(w \mid \boldsymbol{\alpha}, \boldsymbol{\beta}) = \frac{\Gamma\left(\sum_i \alpha_i\right)}{\prod_i \Gamma(\alpha_i)} \int \left(\prod_{i=1}^{k} \theta_i^{\alpha_i - 1}\right) \left(\prod_{n=1}^{N} \sum_{i=1}^{k} \prod_{j=1}^{V} (\theta_i \beta_{ij})^{w_n^j}\right) \mathrm{d}\theta$$

函数不可计算是由于在隐含主题求和过程中 θ 和 $\boldsymbol{\beta}$ 合在一起。该函数是特定狄利克雷分布扩展条件下的一个期望，狄利克雷分布的扩展可以用一个特定的超几何分布函数来表示，它已经被用在离散传感数据的贝叶斯模型中，用来表示关于参数 θ 的后验概率，在该设置中是一个随机参数。

虽然对于精确推理后验概率是无法计算的，但可以考虑隐含狄利克雷分配的一些近似推理方法，包括拉普拉斯近似、变分近似和马尔可夫链、蒙特卡罗方法。下面描述一个简单的基于凸面的变分方法，并用于隐含狄利克雷分配推理。

基于凸面变分推理的基本思想是得到一个关于 log 似然的可调整下界，本质上，我们考虑一组下界，而这些下界是通过变分参数集合索引得到的。这些变分参数可以通过设法寻找最接近于可能下界的最优化方法去选取。

一个简单的获取一组可行下界的方法是考虑原始图形模型的简单改进，其中

删除一些边和结点。θ 和 β 间存在是由于 θ、z 和 w 间的边而导致的,通过去掉这些边和 w 个结点,可以得到具有自由变分参数的简化后的图形模型,同时可以得到一组关于隐含变量的概率分布。这一组概率分布可以用下面的变分概率分布来刻画,即

$$P(\theta, z \mid \gamma, \phi) = P(\theta \mid \gamma) \prod_{n=1}^{N} P(z_n \mid \phi_n) \tag{3.28}$$

其中,狄利克雷参数 γ 和多项式参数 $(\phi_1, \phi_2, \cdots, \phi_N)$ 是自由变分参数。

我们将变分推理过程总结在算法 1 中,设置一个合适的 γ 和 ϕ_n 初始点。从伪代码中可以看出,隐含狄利克雷分配变分推理的每一次迭代都需要 $O((N+1)k)$ 次操作,对于单个文档迭代的次数是文档中词数量这一规模级别,这就导致总共大约 $N^2 k$ 这一个规模的操作次数。

算法 1:隐含狄利克雷分配的变分推理方法

输入:具有 N 个词 w_n 和 k 个主题(或者是聚类)的文档集合

输出:参数 ϕ 和 γ

方法:

1: 初始化 $t=0$

2: 对于所有的 i 和 n,初始化 $\phi_{ni}^t = \dfrac{1}{k}$

3: 对于所有的 i,初始化 $\gamma_i^t = \alpha_i + \dfrac{N}{k}$

4: **repeat**

5:    **for** $n=1$ to N **do**

6:       **for** $i=1$ to k **do**

7:          $\phi_{ni}^{t+1} = \beta_{iw_n} \exp(\Phi(\gamma_i))$

8:       **end for**

9:    将 ϕ_n^{t+1} 归一化为总和为 1

10:    **end for**

11:    $\gamma^{t+1} = \alpha + \displaystyle\sum_{n=1}^{N} \phi_n^{t+1}$

12:    $t=t+1$

13: **until** 收敛

3.4.4 隐含狄利克雷分配模型参数估计

本节给出一个经验贝叶斯方法用于隐含狄利克雷分配模型的参数估计。特别地,给定一个文档的集合 $D=\{w_1,w_2,\cdots,w_M\}$,我们希望去寻找使数据的 log 似然取最大值的参数 α 和 β,即

$$L(\alpha,\beta) = \sum_{d=1}^{M} \log P(w_d \mid \alpha,\beta)$$

正如前面所述,$P(w|\alpha,\beta)$ 无法计算。变分推理方法提供给我们一种 log 似然的可计算下界,可以取关于 α 和 β 的最大值的一个边界。通过交替执行变分期望最大化过程寻找隐含狄利克雷分配模型的近似经验贝叶斯估计,该变分期望最大化过程取关于变分参数 γ 和 ϕ 的最大值,然后对这个固定的变分参数取值,取其关于模型参数 α 和 β 下界的最大值。

在文献[23]中有关于变分期望最大化算法的详细改进算法,该算法是下面的一个迭代算法。

① (E 步)对于每一个文档,寻找变分参数 $\{\gamma_d^*,\phi_d^*:d \in D\}$ 的最优解,这一过程可以通过前面章节描述的方法来实现。

② (M 步)求关于模型参数 α 和 β 的 log 似然的下界最大值,这相当于寻找在 E 步中计算的近似后验概率条件下的每个文档的充分统计期望最大似然估计。

这两步过程重复执行,直到 log 似然的下界收敛。此外,条件多项式参数 β 的 M 步更新可以写成如下解析式,即

$$\beta_{ij} = \sum_{d=1}^{M} \sum_{n=1}^{N_d} \phi_{dni}^* w_{dn}^j$$

此外,对于狄利克雷参数 α 的 M 步更新过程,可以使用一个有效的牛顿-拉夫逊方法来实现。在该方法中,海瑟矩阵是以线性时间求逆的。

3.5 层次狄利克雷过程

目前介绍的语言模型都是基于一个基本的假设,即数据集中的主题数目必须是事先给定的。我们已知的贝叶斯模型都可以转化为一个层次模型,最近 Teh 等提出一个非参数化的层次贝叶斯模型,称为层次狄利克雷过程,缩写为 HDP[203]。与现有的隐模型相比,层次狄利克雷过程的优点是能够自动确定主题或聚类的数目,而且在不同主题间共享混合模型分量。

具体来讲,层次狄利克雷过程是基于狄利克雷过程的混合模型,其中假定数据集分成不同的组,且每组与一个混合模型相关,而所有的组共享同一个混合模型分量集合。基于这一假设,聚类的数目可以没有固定的限制,而当仅有一个组时,层

次狄利克雷过程就退化为隐含狄利克雷分配。图 3.6 给出了层次狄利克雷过程的图形表示,对应的生成过程描述如下。

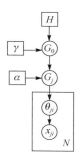

图 3.6 离散数据的层次狄利克雷过程的图形模型表示

① 一个随机测度 G_0 满足由集中参数 α 和基概率测度 H 确定的狄利克雷过程 DP[24,258,158],即

$$G_0 \mid \gamma, H \sim \mathrm{DP}(\gamma, H) \tag{3.29}$$

G_0 可以通过截棍(stick-breaking)过程[77,19]来构建,即

$$G_0 = \sum_{k=1}^{\infty} \pi_k \delta_{\phi_k}$$
$$\pi_k' \mid \gamma, H \sim \mathrm{Beta}(1, \gamma)$$
$$\phi_k \mid \gamma, H \sim H \tag{3.30}$$
$$\pi_k = \pi_k' \prod_{l=1}^{k-1} (1 - \pi_l')$$
$$G_0 = \sum_{k=1}^{\infty} \pi_k \delta_{\phi_k}$$

其中,δ_ϕ 表示集中在 ϕ 上的概率测度;π 是权值集合 $\{\pi_k\}_{k=1}^{\infty}$;Beta 是贝塔分布。

② 对于每一个文档 j 的随机概率测度 G_j^d 都服从由集中参数 α 和基概率测度 G_0 所确定的狄利克雷过程,即

$$G_j^d \mid \alpha, G_0 \sim \mathrm{DP}(\alpha, G_0) \tag{3.31}$$

在这一条件下,文档 j 中所有词的先验概率分布 G_j^d 与 G_0 共享混合模型分量 $\{\phi_k\}_{k=1}^{\infty}$,也就是说,$G_j^d$ 可以写为 $G_j^d = \sum_{k=1}^{\infty} \pi_{jk} \delta_{\phi_k}$。

③ 文档 j 中每个词 i 的主题 θ_{ji} 服从 G_j^d 分布,使 θ_{ji} 被抽样为 $\{\phi_k\}_{k=1}^{\infty}$ 中的一个。

④ 文档 j 中的每一个词 i,即 x_{ji} 服从似然概率分布 $F(x_{ji} \mid \theta_{ji})$。

3.6　多媒体数据挖掘中的应用

自从由隐含狄利克雷分配[23]、层次狄利克雷过程[203]，以及相关的概率潜在语义分析[101]体现的从文本语料库中潜在话题(或潜在概念)发现的思想发表后，这些语言模型就十分成功地应用于文本信息检索。出于这一成功，这些语言模型在多媒体数据挖掘方面的许多应用在相关文献中也有一些报道，包括使用隐含狄利克雷分配发现图像库中的对象[191,181,33,213]、使用概率潜在语义索引发现图像库中的语义概念[240,243]、使用隐含狄利克雷分配分类场景图像类别[73,74,76]、使用概率潜在语义索引学习图像语义标注[155,245,246]和使用隐含狄利克雷分配理解监控视频中的活动[214]。

由于隐含狄利克雷分配、概率潜在语义索引和层次狄利克雷过程模型起初是为文本检索提出的，这些语言模型在应用于多媒体数据挖掘时会产生两个不同，但相关的问题。第一个问题是，在文本数据中，每一个词在词汇表中都是自然的、相互分开的表示，每个文档也是由一组词清晰表示的，然而在多媒体数据中却没有一个清楚与之对应的词和文档的概念，因此如何恰当地表示多媒体数据中的多媒体词和/或多媒体文档便成为一个非常重要的问题。在当前的多媒体数据挖掘文献中，多媒体词通常可以表示为原始多媒体数据空间中的一个分隔单元(如图像分割后的图像块[213])或者是转换后的特征空间中的一个分割单元(如量化后的运动特征空间单元[214])。类似地，多媒体文档也可以表示为多媒体数据的某种分隔，如图像的一部分[213]、图像[191]、视频片段[214]。

第二个问题是原始语言模型基于如下基本假设，即文本是一个词袋，然而在多媒体数据中，通常在多媒体文档中多媒体词间存在强空间关系，如图像中相邻的像素或区域，或视频流中相关的视频帧。为了使这些语言模型更加有效，我们必须将空间信息融入这些模型，因此在最近的文献中，特别针对具体的多媒体数据挖掘应用，提出这些语言模型的改进方法。例如，Cao 和 Fei-Fei 提出空间连贯潜在主题模型[33]，Wang 和 Grimson 提出空间潜在狄利克雷分配[213]。为了进一步构建时间数据或时序数据的时序关系模型，Teh 等[203]进一步提出层次贝叶斯模型，该模型将层次狄利克雷过程模型和隐马尔可夫模型相结合，称为 HDP-HMM 用于自动主题发现和聚类，并且证明 HDP-HMM 模型与基于耦合罐子模型的无限隐马尔可夫模型(iHMM)等价。

3.7　支持向量机

支持向量机(support vector machine, SVM)是一个经典的用于分类与回归的监督学习方法，它通过最大化几何间隔设法使分类错误最小，从这个意义上讲，支持向量机也被称为最大间隔分类器。

作为分类的经典表示,数据点被表示为特征空间中的特征向量。支持向量机将这些输入向量映射到一个高维的空间,使其可以在两个类别间构建一个分隔超平面。该分隔超平面可以以这样的方式构建,在超平面的每一边分别构建一个平行于它的边界超平面,分隔该超平面,并使这两个边界超平面间的距离最大。每个边界超平面是至少通过该类一个数据点的超平面,且所有的该类中的其他数据点都位于通过平行分隔超平面的边界超平面的一侧,从而分隔超平面是使两个平行边界超平面距离最大的超平面。总体而言,两个边界超平面间的间隔或距离越大,分类器的泛化错误越好。

让我们首先关注最简单的分类情况——二元分类。每一个数据点都可以表示为 p 维欧氏特征空间中的一个 p 维向量,每一个数据点仅属于两个类别中的一个类别,我们感兴趣的是能否使用 $p-1$ 维的超平面将两类中的数据点分开,这是一个标准的线性分类问题,存在许多线性分类器可以作为这一问题的解。然而,我们特别感兴趣的是,是否可以得到两个类别间的最大分隔(最大间隔)。所谓的最大间隔是确定两个类别间的分隔超平面,使分隔超平面到类别中最近数据点的距离最大化,这相当于使得两个平行边界超平面到分隔超平面间的距离最大化。如果存在这样的一个超平面,它就是我们感兴趣的最大间隔超平面。相应地,这样的一个线性分类器称为最大间隔分类器。图 3.7 描述了两个类别数据集上的不同分隔超平面。

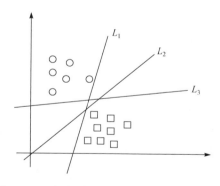

图 3.7　两个类别数据集上的不同分隔超平面

考虑数据点形式为 $\{(x_1, c_1), (x_2, c_2), \cdots, (x_n, c_n)\}$,其中 c_i 是常量,取值为 1 或者 -1,表示 x_i 所属的类别。每一个数据点是一个 p 维实数向量,可以标准化为 $[0,1]$ 或者 $[-1,1]$,尺度缩放对于避免具有较大方差的变量主导分类过程是必要的。目前,我们将该数据集看作训练集,训练集表示我们希望支持向量机最终能够正确分类的数据集合。就使用一个超平面去分开给定数据而言,有

$$\boldsymbol{w} \cdot \boldsymbol{x} - \boldsymbol{b} = 0$$

向量 w 正交于分隔超平面,加上了一个偏移量 b,这样允许去增加间隔,否则,超平面必须通过原点。由于我们感兴趣的是最大间隔,所以对接近或通过平行于两个类别间分隔超平面的边界超平面的数据点感兴趣。容易证明,这样的平行超平面可以通过 $w\cdot x-b=1$ 和 $w\cdot x-b=-1$ 来描述。如果训练集是线性可分的,那么我们选择这两个超平面,使它们之间没有数据点,并设法使它们之间的距离最大化。从几何角度来讲,我们发现的两个超平面间的距离是 $2/|w|$(图 3.8)。因此,设法使 $|w|$ 最小,为了排除位于两个平行边界超平面的任一数据点,我们必须确保对于所有的 i,或者 $w\cdot x-b\geqslant1$,或者 $w\cdot x-b\leqslant-1$,这可以重写为

$$c_i(w\cdot x_i-b)\geqslant1,\quad 1\leqslant i\leqslant n \tag{3.32}$$

其中,使式(3.32)等号成立的数据点 x 被称为支持向量。

从几何上来讲,支持向量就是这样的一些点,它们位于两个平行边界超平面中的一个。

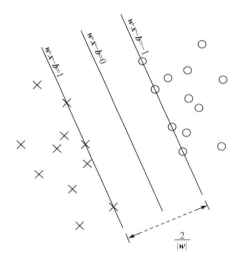

图 3.8　在两个类别样本上训练的支持向量机最大间隔超平面,
在边界超平面上的样本被称为支持向量

现在的问题就是在式(3.32)的约束条件下使 $|w|$ 最小,这是一个二次规划优化问题,进而问题转化为在式(3.32)约束条件下,使得 $\|w\|^2/2$ 最小。将这一分类问题写成其对偶形式表明,分类问题的解仅是由支持向量决定的,即位于间隔上的训练数据,支持向量机的对偶为

$$\max\sum_{i=1}^{n}\alpha_i-\sum_{i,j}\alpha_i\alpha_j c_i c_j x_i^{\mathrm{T}}x_j \tag{3.33}$$

在 $\alpha_i\geqslant0$ 的限制条件下,α 项组成了相对训练集而言的权向量对偶表示,即

$$\boldsymbol{w} = \sum_{i}^{n} \alpha_i c_i \boldsymbol{x}_i \qquad (3.34)$$

假定在给定的两个类别训练样本间总是存在一个分隔超平面,那么如果在训练数据中存在错误,使得不存在这样一个完美的分隔超平面,那么又该如何实现分类呢? Cortes 和 Vapnik[53]考虑错误标注的例子,提出一个改进的最大间隔方法。如果不存在能够将+1 和-1 例子分开的超平面,那么选择一个能够将例子尽可能分开的超平面,这一工作进一步促进了人们对支持向量机的理解,该方法称为软间隔支持向量机。软间隔支持向量机引入一个松弛因子 ξ_i,度量了数据 x_i 被错误分类的程度,即

$$c_i(\boldsymbol{w} \cdot \boldsymbol{x}_i - \boldsymbol{b}) \geqslant 1 - \xi_i, \quad 1 \leqslant i \leqslant n \qquad (3.35)$$

目标函数然后增加了一个函数,用于惩罚非零的 ξ_i,优化问题变成最大间隔和最小错误惩罚间的权衡问题。如果惩罚函数是线性的,那么目标函数变为

$$\min \ \| w \|^2 + C \sum_{i}^{n} \xi_i \qquad (3.36)$$

使得约束式(3.35)为真,式(3.36)的最小化可以通过拉格朗日乘子解决。线性惩罚函数的一个明显优点就是松弛因子从对偶问题中消失了,随之仅有的常量 C 作为一个额外的拉格朗日乘子的限制出现了。非线性惩罚函数在文献中也有使用,特别是减小特异点对分类器的影响,然而很明显问题变成了非凸问题,使得寻找全局最优解变得相当困难。

由 Vapnik 和 Lerner[208]提出的原始最优超平面算法是一个线性分类器,之后 Boser、Guyon 和 Vapnik 将核函数(原来由 Aizerman 等[7]提出的)应用到最大间隔超平面提出非线性分类器[27],除了每一个内积都由非线性核函数代替,结果算法形式上类似于线性解,这使算法适合变换后的特征空间中的最大间隔分隔超平面。变换过程可以是非线性的,变换空间可以是高维的,因此分类器变成了高维特征空间中的一个分隔超平面,但它在原来特征空间中是非线性的。

如果使用的是高斯径向基核函数,相应的特征空间就是无限维的希尔伯特空间,最大间隔分类器可以较好地规范化,因此无限维并没有使结果变坏。

常用的核函数如下。

① 齐次多项式, $k(x.x') = (x \cdot x')^d$。

② 非齐次多项式, $k(x.x') = (x \cdot x' + 1)^d$。

③ 径向基函数, $k(x.x') = \exp(-\gamma \| x - x' \|^2)$,对于 $\gamma > 0$。

④ 高斯径向基函数, $k(x.x') = \exp\left(\dfrac{\| x - x' \|^2}{2\sigma^2} \right)$。

⑤ Sigmoid 函数, $k(x.x') = \tanh(kx \cdot x' + c)$,对于某些 $k > 0$,且 $c < 0$。

Vapnik 提出将支持向量机应用于回归问题[65],这时称其为支持向量回归

(SVR)。经典的支持向量分类仅依赖于训练数据的一个子集，即支持向量，因为代价函数完全不关心位于间隔外的训练数据。相应地，支持向量机仅依赖于训练数据的子集，因为代价函数也忽略了接近于(阈值 ε 内)模型预测的任何训练数据。

最大间隔超平面的参数是通过求解最优化问题得到的，在文献中有几个专门用于快速解决支持向量机引出的最优化问题的算法，大多数解决方法都是使用启发式将问题分解为更小的、更加易于解决的子问题。一种常用于解决最优化问题的方法就是 Platt 的 SMO 算法[169]。该算法将原问题分解为二维子问题，这些子问题可以分析解决，消除数值最优化算法，如共轭梯度方法的需求。最近的工作包括支持向量机快速训练，如 Joachims[120] 也给出了训练支持向量机的切削平面算法。该算法是第一个将传统的铰链损失支持向量机模型优化在训练数据大小的线性时间范围内的算法(训练数据表示成并不包含零值的稀疏形式)。软件在 SVM-Perf 中可以得到，SVMPerf 是一个免费的、可下载的即用软件包[3]。

对于多类分类的情况，有 4 种常用的方法将前面介绍的两类支持向量机分类方法扩展到多类支持向量机，假设在原始的 n 类分类问题中有 n 个类别，且 n 个类别中每个类别有 N 个数据样本，下面使用 $O(a,b)$ 表示两个类别的支持向量机训练复杂度，其中两个类别中的样本数分别为 a 和 b。

① 一对一。这是一个最直接的解决方法。对于 n 个类别中的任意两个类别，我们使用两类的支持向量机，然后同时求解 $\dfrac{n(n-1)}{2}$ 个两类分类问题，最终的结果可以通过统计投票方式获得。对于这一方法，总的训练复杂度为 $\dfrac{n(n-1)}{2}O(N,N)$，且总共需要 $\dfrac{n(n-1)}{2}$ 次测试。

② 一对多。在这一方法中，n 个类别中的每一个类别被用来与其余的 $n-1$ 个类别进行分类，然后解决 n 个 2 分类问题，最终结果可以通过统计投票方法解决。这样，对于这一方法，总训练复杂度为 $nO(N,(n-1)N)$，且总共需要 $n-1$ 次测试。

③ 自顶向下的二叉树。该方法首先将所有的 n 个类别看作一个组，递归地对该组进行划分，并将该组划分为两个类别；然后使用两类的支持向量机直到测试样本被分到最终的类别。这样，该方法总的训练复杂度为 $\sum\limits_{i=1}^{\log_2 n} 2^{i-1} O\left(\dfrac{nN}{2},\dfrac{nN}{2}\right)$，总的测试次数为 $n-1$ 次。

④ 自低向上的二叉树。该方法首先将所有的 n 个类别看作一个组，然后将该组递归地划分成两类，并在其上应用支持向量机分类器，直到所有的测试样本被分类到最终的类别。这样，该方法总的训练复杂度为 $\dfrac{n(n-1)}{2}O(N,N)$，总的测试次

数为 $n-1$ 次。

有关多类支持向量机求解方法的更加广泛的讨论可参见文献[148]。

3.8　面向结构化输出空间的最大间隔学习

作为最大间隔分类器,支持向量机最初用于解决经典分类问题。对于经典分类问题,输出空间具有如下特点:第一,类别数是有限的,这个数目通常是一个有限的整数;第二,也是最重要的,类别之间是互斥的,对于每一个输入数据对象,有且仅有一个输出类别与输入数据对象对应。然而,在许多多媒体数据挖掘应用中,输出空间不再满足这两个特点。换句话说,在输出空间中,类别不再是互相排斥的,而是在类别之间存在一定的依赖关系,使输入数据对象可能属于多个类别,而输出类别的数目可能也不再是一个有限的整数。我们称这种输出空间为结构化空间,具有结构化输出空间的分类问题的例子包括机器翻译、学习语法分析树和图像语义标注问题。在机器翻译中,输入空间和输出空间都是具体语言词汇表空间,该词汇表空间是结构化空间,因为词在被翻译后的含义中具有依赖性,这就使得一个输入词可能对应输出空间中的不同词。在学习语法分析树中,输入空间是语言词汇表空间,而输出空间是语法分析树,是另外一个结构化空间。在图像语义标注问题中,输入空间是图像的集合,而输出空间是语言词汇表空间。该语言词汇表空间也是结构化空间。

为了探究结构化空间的依赖关系,我们需要学习各种依赖间的关系。作为一个结构,给定域 X、Y 和一个输入 $x \in X$,以及一个输出 $y \in Y$,因此学习的问题可以形式化为寻找一个函数 $f : X \times Y \rightarrow R$,使得

$$\hat{y} = \arg \max_{y \in Y} f(x, y) \tag{3.37}$$

是输入 x 的期望输出。

为了介绍如何求解结构化输出空间中的最大间隔学习问题,我们以图像语义标注问题为例[95]。假定图像数据库由示例的集合 $S = \{(I_i, W_i)\}_{i=1}^{L}$ 组成,其中每个示例由图像对象 I_i 和对应的语义词集合 W_i 组成。由于输出空间是一个结构化空间,输入示例(图像对象)可能映射到多个语义词,而不是单一、唯一的类别(语义词)。假定每幅图都被划分成图像块,我们用每个图像块表示一个图像对象,那么图像就可以表示为这些图像块的集合。进一步,每个图像块使用图像特征空间中的特征向量来表示,这样一幅图像就可以表示为特征空间中特征向量的集合。然后,使用聚类算法将整个特征空间中相似的特征向量聚类到一起,每个聚类的中心点表示图像空间中的视觉代表对象(可以表示为 VRep)。图 3.9 中有两个视觉代表对象,即水和水中的鸭子。对于每一个视觉代表对象,相应语义词的集合很容易得到,因此图像数据库便转变为视觉代表对象-语义词对 $S = \{(x_i, y_i)\}_{i=1}^{n}$,其中

n 是聚类数目,x_i 是视觉代表对象,而 y_i 是对应于这个视觉代表对象的语义标注词集合。另外,一个获取视觉代表对象-语义词对的简单方法是我们从图像数据库中随机选取一些图像,然后将每幅图像看作一个视觉代表对象。

假设共有 W 个不同的语义标注词,任一语义标注词的子集可以表示为一个二元向量 $\bar{y}$,该向量的长度为 W;如果第 j 个词出现在这个子集中,那么第 j 个分量 $\bar{y}_i=1$,否则为 0。所有可能的二元向量形成语义词空间 Y,我们用 w_j 表示整个语义词集合中的第 j 个语义词,用 x 表示特征空间中的任一向量。图 3.9 给出了一个图示例子,原始图像被标注为鸭子和水,其中鸭子和水通过二元向量的形式表示,在聚类后,存在两个视觉代表对象,每一个具有不同的语义标注。在语义词空间中,某个语义词可以与其他语义词是相关的。例如,鸭子和水彼此是相关的,因为当鸭子是一个语义标注词的时候,水这个语义标注词更可能出现。因此,语义标注词空间是一个结构化的输出空间,其中的元素是相互依赖的。

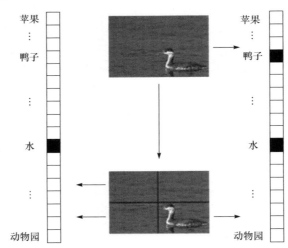

图 3.9　用于最大间隔学习的图像划分和结构化输出语义词空间的一个图例

输入例子视觉代表对象 x 和任一输出 $\bar{y}$ 之间的关系可以表示为联合特征映射 $\Phi(x,\bar{y})$,$\Phi: X \times Y \rightarrow R^d$,其中 d 是联合特征空间的维度,可以表示为 x 和所有单位向量间的联合特征映射的线性组合形式,即

$$\Phi(x,\bar{y}) = \sum_{j=1}^{w} \bar{y}_j \Phi(x,e_j)$$

其中,e_j 是第 j 个单位向量;x 和 $\bar{y}$ 的评分可以表示为联合特征表示的每一分量的线性组合 $f(x,y)=<\alpha, \Phi(x,\bar{y})>$,那么学习任务就是寻找最优的权向量 α,使所有的训练示例预测错误率最小,即

$$\arg\max_{\bar{y} \in Y_i} f(x_i,\bar{y}) \approx y_i, \quad i=1,2,\cdots,n$$

式中，$Y_i = \{\bar{y} \mid \sum_{j=1}^{W} \bar{y}_j = \sum_{j=1}^{W} y_{ij}\}$。

我们使用 $\Phi_i(\bar{y})$ 表示 $\Phi(x_i, \bar{y})$，为了使分类是真正的输出 y_i，必须满足下式，即

$$\alpha^{\mathrm{T}} \Phi_i(y_i) \geqslant \alpha^{\mathrm{T}} \Phi_i(\bar{y}), \quad \bar{y} \in Y_i \backslash \{y_i\}$$

其中，$Y_i \backslash \{y_i\}$ 表示从集合 Y_i 中删除元素 y_i。

为了对训练例子也容忍一定的分类错误，我们引入松弛因子 ξ_i，那么上述约束条件变为

$$\alpha^{\mathrm{T}} \Phi_i(y_i) \geqslant \alpha^{\mathrm{T}} \Phi_i(\bar{y}) - \xi_i, \quad \xi_i \geqslant 0, \bar{y} \in Y_i \backslash \{y_i\}$$

可以使用损失函数度量训练示例上的分类错误。损失函数是真正输出 y_i 和预测 $\bar{y}$ 间的距离。损失函数度量了学习模型的好坏，标准的 0-1 分类损失并不适合结构化输出空间。定义损失函数 $l(y, y_i)$ 为两个向量中不同项的个数，将其加入 Taskar 等[200] 提出的约束条件中，即

$$\alpha^{\mathrm{T}} \Phi_i(y_i) \geqslant \alpha^{\mathrm{T}} \Phi_i(\bar{y}) + l(\bar{y}, y_i) - \xi_i$$

我们将 $\frac{1}{\|\alpha\|} \alpha^{\mathrm{T}} [\Phi_i(y_i) - \Phi_i(\bar{y})]$ 解释为 y_i 到 $\bar{y} \in Y^{(i)}$ 的间隔，然后重写上述约束条件为 $\frac{1}{\|\alpha\|} \alpha^{\mathrm{T}} [\Phi_i(y_i) - \Phi_i(\bar{y})] \geqslant \frac{1}{\|\alpha\|} [l(\bar{y}, y_i) - \xi_i]$，因此 $\|\alpha\|$ 的最小化使得这一间隔最大化。

现在的目标就是求解最优化问题，即

$$\min \frac{1}{2} \|\alpha\|^2 + C \sum_{i=1}^{n} \xi_i^r \qquad (3.38)$$

$$\text{s. t. } \alpha^{\mathrm{T}} \Phi_i(y_i) \geqslant \alpha^{\mathrm{T}} \Phi_i(\bar{y}) + l(\bar{y}, y_i) - \xi_i$$

$$\bar{y} \in Y_i \backslash \{y_i\}, \quad \xi_i \geqslant 0, \quad i = 1, 2, \cdots, n$$

其中，$r = 1, 2$ 对应于线性或者二次方程松弛因子惩罚；$C > 0$ 是常量，用于控制训练错误最小化和间隔最大化间的权衡。

在上面的公式中，我们并没有在语义词空间中引入不同词的关系，但是不同语义词间的关系已经被隐含地包含在视觉代表对象-语义词对中，因为相关的语义词更可能一起出现，所以式(3.38)实际上是一个结构化优化问题。

最大间隔学习问题最近几年已经在机器学习领域由于重要的多媒体数据挖掘的应用得到了广泛研究[55,206,201,9]。对于结构化输出变量的学习的挑战是结构的数量是指数的，因此如果将每个结构看作为一个独立的类别，那么问题就无法得到解决。经典的多类方法并不适合结构化输出变量的学习。

作为该问题的一个有效方法，最大间隔原理受到大量的关注[207]。此外，感知器算法也被用于实现最大间隔分类[84]，Taskar 等[200] 通过考虑损失增强问题的对

偶问题来减少约束条件的数量,然而对于大的结构化输出空间和训练数据集而言,在该方法中约束条件的数量仍然是巨大的。

对于结构化输出变量的学习问题,Tsochantaridis 等[206]提出割平面算法。该算法寻找活跃约束条件的一个小的子集,存在的问题是需要计算最相背的约束条件,而这些约束条件会涉及输出空间中的另一个优化问题。最近,Guo 等提出增强的最大间隔学习空间(EMML)[95]。在 EMML 中,不是选择最相悖的约束条件,而是随机选取那些违背优化问题中最优条件的约束条件,因此约束条件的选择并不涉及任何优化问题。Osuma 等[162]提出支持向量机的分解算法,EMML 方法用来将该思想扩展到结构化输出空间的学习问题。

我们可以在参数 α 空间求解式(3.38)的优化问题。实际上,当结构化输出空间足够大的时候是没有办法处理的,因为就输出空间而言,约束条件的数量是指数级的。正如传统的支持向量机,问题的解可以通过求解在其对偶空间——拉格朗日乘子空间中的二次方程优化问题得到,Vapnik[207]、Boyd 与 Vandenberghe[28]给出了一个很好的有关优化问题的综述。

对偶问题的形式较其原来的问题有一个重要的优势,仅依赖 Φ 定义的联合特征表示的内积,这就允许使用核函数。我们将拉格朗日乘子 $\mu_{i,\bar{y}}$ 引入每个约束条件中,形成拉格朗日算子,定义 $\Phi_{i,y_i,\bar{y}} = \Phi_i(y_i) - \Phi_i(\bar{y})$,且核函数 $K((x_i,\bar{y}),(x_j,\bar{y})) = <\Phi_{i,y_i,\bar{y}}, \Phi_{j,y_j,\bar{y}}>$。拉格朗日算子关于 α 和 ξ_i 的导数应该等于 0,将该条件代入拉格朗日乘子,我们可以得到如下拉格朗日对偶问题,即

$$\min \frac{1}{2} \sum_{\substack{i,j \\ \bar{y} \neq y_i \\ \bar{y} \neq y_j}} \mu_{i,\bar{y}} \mu_{j,\bar{y}} K((x_i,\bar{y}),(x_j,\bar{y})) \sum_{y_i \neq \bar{y}} \mu_{i,\bar{y}} l(\bar{y},y_i) \qquad (3.39)$$

$$\text{s. t.} \quad \sum_{\bar{y} \neq y_i} \mu_{i,\bar{y}} \leqslant C, \mu_{i,\bar{y}} \geqslant 0, \quad i = 1,2,\cdots,n$$

对偶问题求解后,我们有 $\alpha = \sum_{i,\bar{y}} \mu_{i,\bar{y}} \Phi_{i,y_i,\bar{y}}$。

对于每一个训练例子都存在与其相关的一些约束条件,我们使用下标 i 表示与矩阵第 i 个例子相关的部分。例如,设 $\boldsymbol{\mu}_i$ 是具有分量 $\mu_{i,y}$ 的向量,将 $\boldsymbol{\mu}_i$ 组合在一起形成向量 $\boldsymbol{\mu}$,即 $\boldsymbol{\mu} = [\boldsymbol{\mu}_1^T, \boldsymbol{\mu}_2^T, \cdots, \boldsymbol{\mu}_n^T]^T$。类似地,设 $\boldsymbol{S}_i$ 是具有分量 $l(\bar{y},y_i)$ 的一个向量,我们将 $\boldsymbol{S}_i$ 组合在一起形成向量 $\boldsymbol{S}$,即 $\boldsymbol{S} = [\boldsymbol{S}_1^T, \boldsymbol{S}_2^T, \cdots, \boldsymbol{S}_n^T]^T$。$\boldsymbol{\mu}$ 和 $\boldsymbol{S}$ 的长度是相同的,定义 $\boldsymbol{A}_i$ 是与向量 $\boldsymbol{\mu}$ 具有相同长度的一个向量,且对于 $i \neq j$,有 $A_{i,\bar{y}} = 1, A_{j,\bar{y}} = 0$。设 $\boldsymbol{A} = [\boldsymbol{A}_1, \boldsymbol{A}_2, \cdots, \boldsymbol{A}_n]^T$,矩阵 $\boldsymbol{D}$ 表示核矩阵,每个分量是 $K((x_i,\bar{y}),(x_j,\bar{y}))$,设 $\boldsymbol{C}$ 是每个分量都为常量的一个向量。

依据上面的表示,我们重写拉格朗日对偶问题为

$$\min \frac{1}{2} \boldsymbol{\mu}^T \boldsymbol{D} \boldsymbol{\mu} - \boldsymbol{\mu}^T \boldsymbol{S} \qquad (3.40)$$

$$\text{s. t. } \boldsymbol{A\mu} < \boldsymbol{C}$$

$$\boldsymbol{\mu} > 0$$

其中,<和>分别表示向量按分量比较的小于或等于,以及大于或等于关系。

式(3.40)具有与式(3.38)相同的约束条件数,然而在式(3.40)中,多数约束条件是定义了可行区域的下界约束条件($\boldsymbol{\mu} > 0$)。除了这些下界约束条件,其余的约束条件决定了优化问题的复杂度。因此,式(3.40)中的约束条件数可以认为减少了。要想有效地解决该问题还是存在挑战的,因为对偶变量数仍然是巨大的。Osuna 等[162]提出对于大数据集上的支持向量机学习的分解算法。Guo 等[95]将这一思想扩展到基于 EMML 框架的结构化输出空间的学习问题,即将式(3.38)优化问题的约束条件分解为工作集合 B 和非活跃集合 N,拉格朗日乘子也相应地被划分成两个部分 μ_B 和 μ_N。当 $\mu_N = 0$ 时,问题的焦点就仅局限于对偶变量集 μ_B 的子问题上。

这一子问题可以形式化的定义为

$$\min \frac{1}{2}\boldsymbol{\mu}^T \boldsymbol{D\mu} - \boldsymbol{\mu}^T \boldsymbol{S} \tag{3.41}$$

$$\text{s. t. } \boldsymbol{A\mu} < \boldsymbol{C}$$

$$\mu_B > 0, \quad \mu_N = 0$$

很明显,这是正确的,也就是我们可以将 $\mu_{i,\bar{y}} = 0, \mu_{i,\bar{y}} \in \mu_B$ 转移到集合 μ_N 中,但并不改变目标函数。进一步,我们可以将那些满足某些条件的 $\mu_{i,\bar{y}} \in \mu_N$ 转移到集合 μ_B 中形成一个新的优化子问题,而该优化子问题当新的子问题被优化时可使式(3.40)的目标函数严格递减。下面的定理[95]可以确保这一特性。

定理 3.2　给定定义在式(3.41)中 μ_B 上的子问题的最优解,如果下面条件为真,即

$$\sum_{\bar{y}} \mu_{i,\bar{y}} < C$$

$$\boldsymbol{\alpha}^T \boldsymbol{\Phi}_{i,y_i,\bar{y}} - l(\bar{y}, y_i) < 0, \quad \mu_{i,\bar{y}} \in \mu_N \tag{3.42}$$

将满足式(3.42)的拉格朗日乘子 $\mu_{i,\bar{y}}$ 从集合 μ_N 转移到集合 μ_B 的操作产生一个新的优化子问题,当式(3.41)新的子问题得到优化时,该子问题生成式(3.40)的目标函数的一个严格递减。

实际上,当不存在一个满足式(3.42)中条件的拉格朗日乘子时,将得到最优解。下面的定理[95]可以确保这一点。

定理 3.3　式(3.40)中优化问题的最优解可以得到,当且仅当式(3.42)的条件不为真。

通过上面的定理,我们可以得到算法 2 中列出的 EMML 算法。EMML 算法的正确性(收敛性)由定理 3.4[95]得到保证。

算法 2　　EMML 算法

输入:n 个有标记例子,对偶量集合 μ

输出:最优化的 μ

方法:

1: 　任意将 μ 分解成两个子集 μ_B 和 μ_N

2: 　求解被 μ_B 中的变量限定的式(3.41)中的子问题

3: 　当存在一个 $\mu_{i,\bar{y}} \in \mu_B$,使得 $\mu_{i,\bar{y}} = 0$,那么将它转移到集合 μ_N

4: 　当存在一个 $\mu_{i,\bar{y}} \in \mu_N$,且满足式(3.42)的条件时,那么将其转移到集合 μ_B 中,如果不存在一个 $\mu_{i,\bar{y}} \in \mu_N$,退出迭代

5: 　返回步骤 2

定理 3.4　　EMML 算法在有限次循环内收敛到全局最优解。

在算法 2 的第 5 步中,我们仅需要找到一个满足式(3.42)的对偶量,检查集合 μ_N 全部的对偶量,仅当没有对偶量满足式(3.42)时。即便对偶量的数目是巨大的,但是去检测集合 μ_N 中的对偶量也是快的。除了证实 EMML 具有强大的多模态数据挖掘能力,Guo 等[95] 还证实 EMML 在学习方面比 Taskar 等[200] 提出的方法快约 70 倍。

3.9　Boosting

Boosting 指的是一类实现监督学习的机器学习元算法,开发 Boosting 算法的目的是基于 Kearns[123] 提出的问题:一个弱分类器的集合可以构建一个强分类器吗? 这里弱分类器指的是与正确分类弱相关的分类器,相比之下,强分类器是一个总是与正确分类很好相关的分类器。

Kearns 提出问题的研究促使对机器学习和统计学具有重要贡献的 Boosting 算法簇的发展。Boosting 并不是一个具体的算法,多数 Boosting 算法是一个模板,通常 Boosting 算法是通过渐进式的将弱分类器加强到最终强分类器的迭代形式。在每一次迭代时,弱分类器首先学习训练数据的分布,然后将弱分类器累积到强分类器上,而这个过程通常是通过某种方式对弱分类器进行加权实现,其中的权与弱分类器的精度相关。在弱分类器累加到强分类器后,数据以强化的方式被重新加权。例如,当前被错误分类的例子增加其权值,而被正确分类的例子被迫降低其权值。另一方面,有些 Boosting 算法实际上是对重复被错误分类的例子降低权

值,如基于多数的 Boost 和 BrownBoost[82]。因此,以后的弱学习分类器更加关注前面被弱分类器错误分类的例子。

作为一类算法,相关文献提出很多 Boosting 算法,起初由 Schapire(递归的多数形式[186])和由 Freund(基于多数的 Boost[81])提出的算法并不是自适应的,也不能充分利用弱分类器。在文献中,也有几个算法自称为是 Boosting 算法,并且称其是有效的,然而就概率近似学习(PAC)模型[132]而言,仅有可证明的 Boosting 算法才可以称为 Boosting 算法,因此在思想上与 Boost 类似的算法并不是 PAC-booster,有时称为均衡算法。这些算法也许是相当有效的机器学习算法[132]。

对于给定的 Boosting 算法,它们主要的不同点是如何给定训练数据点和假设的权值。AdaBoost[83]算法是一个非常流行的 Boosting 算法,并被认为是经典的 Boosting 算法。然而,文献还提出许多更加有效的 Boosting 算法,如 LPBoost[57]、TotalBoost[215]、BrownBoost[82]、MadaBoost[64]和梯度下降的 Boosting 树[85]。多数 Boosting 算法可以归为 AnyBoost 框架[147],表明 Boosting 算法是使用凸面代价函数(convex cost function)在函数空间执行梯度下降过程。下面介绍 Ada-Boost 算法。

AdaBoost 即自适应 Boosting,首先由 Freund 和 Schapire[83]提出,是一个元算法,也就是说可以用来与许多其他学习算法相关联去改善它们的性能。AdaBoost 算法是自适应的,因为其后构建的分类器在训练的时候更倾向于被前面分类器错误分类的那些训练样本。另一方面,AdaBoost 对噪声和特异点是敏感的,因此对于过拟合问题,比文献中大多数学习算法更不易受到影响。

给定一个迭代序列($t=1,2,\cdots,\mathrm{T}$),AdaBoost 算法反复调用弱分类器,对于每一次调用,权 D_t 的分布都能得以更新,使其能够反映训练数据中的样本对于分类的重要性。在每次迭代中,通过增加每一次被错误分类样本的权(或者通过减小每次迭代被正确分类样本的权),使新的分类器更加关注这些被错误分类的样本。算法 3 给出了 AdaBoost 算法。

算法 3　AdaBoost 算法

输入:$(x_i,y_i),i=1,2,\cdots,m,$其中 $x_i\in X,y_i\in Y=\{-1,+1\}$

输出:强分类器 $H(\cdot)$

方法:

1:　初始化 $t=1$

2:　初始化 $D_t(i)=\dfrac{1}{m}$,对所有的 $i=1,2,\cdots,m$

3： **for** $t=1$ to T **do**

4： 使用分布 D_t 训练弱分类器

5： 得到弱假设 $h_t:X\rightarrow\{-1,+1\}$，令错误 $e_t=\mathbf{Pr}_{i\sim D_t}(h_t(x_i)\neq y_i)$

6： 令 $\alpha_t=\dfrac{1}{2}\ln\left(\dfrac{1-e_t}{e_t}\right)$

7： 更新 $D_{t+1}(i)=\dfrac{D_t(i)}{Z_t}\times\begin{cases}e^{-\alpha_t}, & h_t(x_i)=y_i\\ e^{\alpha_t}, & h_t(x_i)\neq y_i\end{cases}=\dfrac{D_t(i)\exp(-\alpha_t y_i h_t(x_i))}{Z_t}$

Z_t 是标准化因子

8： **end for**

9： 输出最终假设

$$H(x)=\mathrm{sign}\left(\sum_{t=1}^{T}\alpha_t h_t(x)\right)$$

在算法 3 中，对于分布 D_t，在选取最优分类器 h_t 后，被分类器 h_t 正确识别的训练样本 x_i 给予较小的权重，而被分类器 h_t 错误识别的训练样本赋予较大的权重。因此，当算法使用分布 D_{t+1} 上的分类器时，选择能够较好识别被前面分类器错误分类的那些训练样本的分类器。Boosting 可以看作是在凸函数集合 $\sum_i e^{-y_i f(x_i)}$ 上的凸损失函数的最小值。具体地，被最小化的损失是我们期望获得的，如 $f=\sum_t \alpha_t h_t$ 的指数损失。

3.10 多示例学习

除了经典的判别式学习和生成式学习方法，多示例学习被看做机器学习领域提出的一类新的学习方法，广泛应用于多媒体挖掘领域。

起初，由 Dietterich 等[59]、Auer[11]，以及 Maron 与 Lozano-Perez[146] 分别提出多示例学习方法，阐述了在训练中存在歧义性的一类特殊的学习问题，因此多示例学习有时也被称为带有歧义的学习。

不同于经典的分类训练，每个例子都给定一个明确的类别标注。在多示例学习中，类别标注不是给定一个示例，而是给定一组示例。在经典的多示例学习定义中[59]，训练类别标注被赋予一组例子示例，其中每一组都具有多个示例，可能有些与给定的类别是相关的（标注为"yes"），也可能是不相关的（标注为"no"）。这样的一组示例称为包。换句话说，在经典训练领域，训练数据类别仅赋予示例的包，而不是示例本身。一个包被标记为"yes"，当且仅当至少存在一个包中的示例是相关的,而一个包被标注为"no"当且仅当不存在一个包中的示例是相关的。

当多示例学习这一开创性的工作在机器学习领域出现时,就立刻被应用于多媒体数据挖掘[225,237]领域。这是由于在许多多媒体数据挖掘应用中,对于训练示例无法得到它的类别标注,但是可以得到一组示例。例如,在图像数据挖掘中,图像的区域或者块可以看做示例,而图像本身可以看做一个包,如果图像的前景是一个房子,而背景是山、天空和草地,那么很明显图像可以标注为房子。但是,这一标注通常并不是指整幅图像,尽管这一标注指的是这幅图像中的一个区域(或对象)——房子,而其他的区域或对象与该标注无关,如山、天空和草地。将多示例学习应用到多媒体数据挖掘领域的最新研究工作包括文献[235],[256]。Chen 等[46]最近将嵌入式示例选择准则引入经典的多示例学习算法,取得了较好的学习效果,并将该方法用于图像数据挖掘。Zhou 和 Xu[254]将多示例学习与半监督学习联系在一起,其中半监督学习将在下节讨论。

另一方面,在多示例学习发展的初期,机器学习界提出几个经典的多示例学习方法,包括多样性密度方法[146]、χ^2 方法[149]和 EM-DD 方法[236]等。下面介绍建立在多示例学习上的互学习框架,并使用多样性密度算法在图像语义标注应用中实现该算法[248]。

下面使用斜体字母表示集合变量或者函数,而使用正常的字母表示一般的变量或函数。数据库 $D=\{J,W\}$ 由两部分组成,即图像集合 J 和语义词集合 W,图像集合 $J=\{I_i,i=1,2,\cdots,N\}$ 是用作训练集的全部图像,且 $N=|J|$。对于每幅图像 I_i,都有一个用于标注该图像的语义词集合,$W_i=\{w_{ij},j=1,2,\cdots,N_i\}$;全部图像库的语义词集合为 W,且 $M=|W|=|\bigcup_{i=1}^{N}W_i|$。定义一个块为一幅图像的子图像,使图像被划分为图像块的集合,并且全部块都具有相同的分辨率。定义 VRep(视觉代表对象)是图像库中全部图像视觉上彼此相似的所有块的集合的一个代表,一幅图像的 VRep 可以表示为特征空间中的一个特征向量。

在我们给出互学习框架前,首先做几个假设。

① 语义概念对应于一个或多个语义词,而一个语义词对应每幅图像的一个语义概念,因此语义概念可以用语义词表示。

② 语义概念对应于一个或多个 VRep,而每个 VRep 对应一个或多个语义概念。

③ 一个语义词对应于一个或多个 VRep,而一个 VRep 对应一个或多个语义词。

④ 一幅图像可以由一个或多个语义词对其进行语义标注。

3.10.1　构建语义词空间与图像视觉代表对象空间映射

对于每幅图像 I_i,我们将其划分为互不相交的块的集合 B_{ij},即

$$I_i = \bigcup_j B_{ij}, \quad j=1,2,\cdots,n_i, \quad B_{ij} \bigcap B_{ih} = \phi, \quad j \neq h \tag{3.43}$$

其中，n_i 是图像 I_i 分辨率的函数，以使 B_{ij} 的分辨率不小于给定的阈值。

　　如果图像库中所有的图像都具有相同的分辨率，那么所有 n_i 的取值都是相同的，是一个常量。由于每个块可以表示为特征空间中的一个特征向量，对于图像库中所有图像的全部块，通过在特征空间上的最近邻聚类，可以将特征空间内的全部块特征向量划分为有限的聚类，使每个聚类可以用其聚类中心表示。设 L 是聚类的个数，其中心就是对应于图像库中全部图像的聚类的视觉代表对象，因此图像库的整个 VRep 的集合就是

$$V = \{v_i \mid i=1,2,\cdots,L\} \tag{3.44}$$

从而，每一幅图像 I_i 可以表示 V 的一个子集，每个 VRep 表示特征空间中的一个特征向量，且对应于图像库中所有图像的一个子集，使得该 VRep 出现在该子集的图像中，也就是对于每一个 VRepv_i，在图像库中的图像中存在一个子集 J_{v_i}，使得

$$J_{v_i} = \{I_h \mid h=1,2,\cdots,n_{v_i}\} \tag{3.45}$$

其中，$n_{v_i} = |J_{v_i}|$。

　　得到图像库中图像的全部 VRep 之后，就可以对 W 中的所有文本语义词进行排序（如按字母顺序排序），并且对于每一个语义词 w_k，有一个与其对应的图像的集合 δ_k，使该语义词 w_k 出现在集合每一幅图像的语义标注中。由于每幅图像被表示为互不相交的图像的集合，因此 δ_k 可以表示为

$$\delta_k = \{I_{k_i} \mid I_{k_i} = \bigcup_j B_{k_{ij}}, j=1,2,\cdots,n_{k_i}\} \tag{3.46}$$

其中，$B_{k_{ij}}$ 是图像 I_{k_i} 中的第 j 个块。

　　对于图像 I_{k_i} 中的每一个块 $B_{k_{ij}}$，我们使用特征空间中的 $f_{k_{ij}}$ 来表示。

　　为了建立语义词空间与图像 VRep 空间的关系，我们将问题映射为一个多示例学习问题[59]。一般的多示例学习问题是学习一个函数 $y=F(x)$，给定我们被表示成包 x 的多个样本，而每个包具有歧义性，它是通过 x 的多个样本来表示的。在图像检索中，每个包就是一幅图像，这个包的所有示例是图像块，通过相应的特征向量来表示。这里的 y 是语义词向量，不是经典多示例学习中 $[0,1]$ 的取值，而是由在训练集中给定的、对应于具体的 VRep 的所有语义词组成；每次需要学习的函数就是从 VRep 到语义词间的映射函数。具体来讲，对于每个语义词 $w_k \in W$，我们将多示例学习应用到整个图像库中，可以得到最优的图像块特征向量 t_k。给定对应于特征空间中图像集 δ_k 的全部 $f_{k_{ij}}$ 分布，使用多示例学习的多样性密度算法[146]，能够得到最优图像块特征向量 t_k，即

$$t_k = \arg\max_t \prod_t P(t \in I \mid I \in \delta_k) \prod_t P(t \in I \mid I \notin \delta_k) \tag{3.47}$$

其中，P 是一个后验概率。

现在我们已经建立了语义词 w_k 与图像块特征向量 t_k 间的一对一映射,然后使用最近邻聚类去识别所有的最近 $\text{VRep} v_{k_l}$,使得

$$\| t_k - v_{k_l} \| < T_k \tag{3.48}$$

其中,T_k 是一个阈值,将满足这一条件的 VRep 的集合表示为 V_k,即

$$V_k = \{ v_{k_l} | l = 1, 2, \cdots, n_{w_k} \} \tag{3.49}$$

式中,n_{w_k} 为满足这一条件的 VRep 的个数。对于每一个语义词 w_k,我们有一个相对应的 $\text{VRep} V_k$ 的集合,而这些 VRep 在阈值 T_k 条件下接近 t_k。此外,根据式(3.45),每一个 $\text{VRep} v_{k_l}$ 都有一个关联的图像集合 J_{k_l},使集合中的所有图像都具有相同的 VRep。对于每一幅图像 $I_{k_{l_i}} \in J_{k_l}$,使用高斯混合模型[60],计算后验概率 $P(I_{k_{l_i}} | w_k)$,可以利用这个后验概率 $P(I_{k_{l_i}} | w_k)$ 来排序集合 J_{k_l} 中的全部图像,我们将这一图像库中的图像排序列表表示为 L_k,从而对每一语义词 w_k,在图像库中存在一个对应的图像排序列表,即

$$L_k = \{ I_{k_h} | h = 1, 2, \cdots, |L_k| \} \tag{3.50}$$

即

$$w_k \leftrightarrow L_k \tag{3.51}$$

类似地,我们使用多示例学习去学习函数 $y = F'(x)$,其中 x 是一幅图像的语义标注词的带有歧义的示例,y 是对应于这个语义标注词的 VRep 集合,这里包还是图像。具体来讲,对于每个 $\text{VRep } v_i$,根据式(3.45),存在一个对应的图像集合 J_{v_i},且对于每幅图像 $I_{v_{i_j}} \in J_{v_i}$,存在一个对应的语义标注词的集合 $W_{v_{i_j}}$,即

$$W_{v_{i_j}} = \{ w_{v_{i_j}}^h | h = 1, 2, \cdots, |w_{v_{i_j}}| \} \tag{3.52}$$

然后,再使用多示例学习的多样性密度算法[146],我们可以得到对应于图像集合 J_{v_i} 的最优语义标注词 w_k,即

$$w_k = \arg \max_w \prod_w P(w \in W_{v_{i_j}} \mid I \in J_{v_i}) \times \prod_w P(w \in W_{v_{i_j}} \mid I \notin J_{v_i}) \tag{3.53}$$

类似地,我们可以使用相同的方法计算对应于 $\text{VRep } v_i$ 的第 i 个最好的语义标注词。因此,对于每一个 VRep,都存在一个语义标注词 L_{v_i} 的对应排序列表,即

$$v_i \leftrightarrow L_{v_i} \tag{3.54}$$

最后,对于每一个 $\text{VRep } v_i \in V$,通过在全部图像库中 v_i 的相对出现频度计算先验概率 $P(v_i)$。类似地,对于每一个语义词 $w_k \in W$,对图像库中全部图像计算 w_k 的相对出现频率来确定先验概率 $P(w_k)$。

给定这一学习得到的语义词空间和图像空间的对应关系,作为框架的一部分,我们已经完成了用于检索数据库的互学习部分。接下来,实现跨模态的检索和挖掘。

3.10.2　词到图像的查询

如果一个查询是通过挖掘和检索图像库中图像的几个语义词给定的,那么假设查询由语义词 w_{q_k}, $k=1,2,\cdots,p$ 组成。我们还假设所有的查询词都来源于训练数据的语义词表。由于每个语义词 w_{q_k} 都存在一个对应的图像排序序列 L_k,只需要对所有不同的图像 I_{k_i} 通过概率 $P(I_{k_i}\,|\,w_{q_k})$ 合并这些 p 个排序列表 L_k, $k=1$,$2,\cdots,p$。

由于计算的瓶颈是合并 p 个排序列表,总的计算复杂度是 $O(p\,|L_k|)$,它独立于图像库规模的 $O(M,N)$,因此这个查询的复杂度是 $O(1)$。

3.10.3　图像到图像的查询

为了从图像库挖掘和检索图像,如果给定的查询内容是几幅图像,那么假设查询是由图像 I_{q_k}, $k=1,2,\cdots,p$ 组成。这些图像可能来自图像库,也可能不是,但是我们假设这些图像与图像库中的图像服从相同的特征分布。对于每幅查询的图像 I_{q_k},根据式(3.43)的定义将其划分成 p_k 个图像块,并对每个图像块 $B_{q_{kl}}$ 抽取特征向量 $\boldsymbol{f_{q_{kl}}}$。对于每个特征向量 $\boldsymbol{f_{q_{kl}}}$,我们在特征空间计算其与全部 VRep v_i 的相似距离,基于相似距离和检索图像的特征与图像库中图像的特征服从相同分布这一假设,每个 $B_{q_{kl}}$ 都用特征空间中与其最近的 VRep v_i 来替换。从式(3.45)可知,每个 v_i 都有一个对应的图像集合 J_{v_i}。假设在查询图像 I_{q_k} 中,共找到 r_k 个这样的 VRep v_i,且 $r_k \leqslant p_k$,设 δ_{q_k} 是 r_k 个图像集合 J_{v_i} 的最大公共集合。

另一方面,对于检索图像 I_{q_k} 的每一个 VRep v_i,根据后验概率 $P(w_k\,|\,v_i)$ 马上就有一个排序的语义词序列 μ_{v_i},基于 $P(w_k\,|\,v_i)P(v_i\,|\,I_{q_k})$,我们合并 r_k 个排序列表形成一个新的排序列表 U_{q_k},其中 $P(v_i\,|\,I_{q_k})$ 是 VRep v_i 出现在图像 I_{q_k} 中的频率。对于列表 U_{q_k} 中的全部语义词(在具体实现中我们截取列表中前面几个语义词),使用 3.10.2 节的语义词-图像查询方法生成一个排序的图像列表 L_{q_k},L_{q_k} 进一步被压缩,使得仅仅与在 L_{q_k} 中具有相同排列顺序的 δ_{q_k} 中的那些图像被保留。最后,合并 p 个排序列表 L_{q_k}, $k=1,2,\cdots,p$。

对图像库中所有图像给定一个合适的哈希函数,这一查询过程可以在 $O(p\,|U_{q_k}|)$ 时间复杂度内完成,该复杂度再一次独立于图像库的规模 $O(M,N)$,因此这一查询的复杂度为 $O(1)$。

3.10.4　图像到单词的查询

如果给定查询的是几幅图像,而查询的目的是进行语义词挖掘和检索,即自动语义标注,那么假设查询是由 p 个图像 I_{q_k}, $k=1,2,\cdots,p$ 组成。类似于 3.10.3 节

中图像到图像挖掘与查询,每一查询图像 I_q 被分解成几个 VRep,且假设 p 个查询图像总共有 s_k 个 VRep v_i, $i=1,2,\cdots,s_k$。设 $P(v_i|I_q)$ 是所有查询图像 I_{q_k}, $k=1,2,\cdots,p$ 中 VRep v_i 的相对频率,由于每一个 VRep v_i 都有一个相对应的基于概率 $P(w_k|v_i)$ 的语义词排序列表 U_{v_i},最终的挖掘和检索结果是基于概率 $P(w_k|v_i)$ $P(v_i|I_q)$ 的从 s_k 个排序列表 U_{v_i} 中合并的语义词排序列表。

类似地,这一查询可以在 $O(s_k|U_{v_i})$ 内完成,其同样是独立于图像库规模 $O(M,N)$,因此这一查询的复杂度为 $O(1)$。

3.10.5　多模态查询

为了实现多媒体数据挖掘和检索,如果给定查询的内容是一系列语义词和图像,那么不失一般性,我们可以按如下方式实现多模态图像查询,分别使用 3.10.2 节中的语义词到图像的查询方法和 3.10.3 节中的图像到图像的查询方法,然后根据相应的后验概率将查询结果合并在一起。

显然,这一查询的复杂度是 $O(\max\{p|L_k|,p|U_{q_k}|,s_k|U_{v_i}|\})=O(1)$,它独立于图像库的规模 $O(M,N)$,因此整体的多模态查询复杂度为 $O(1)$。

3.10.6　可扩展性分析

正如 3.10.2 节和 3.10.5 节的分析,系统只需要常量时间来处理用于图像挖掘和检索的任一类型的查询问题,同时挖掘的效率独立于图像库规模。这一优点在实验评价中也得到了支持和验证[248],因此这个互学习框架具有很高的扩展性。在目前的文献中,许多现有的多模态数据挖掘方法都具有依赖于数据库规模的复杂度,通常是线性的,因此它们的挖掘效率随着数据库规模的增加显著降低。基于互学习框架的这一优点,就其朝着超大规模数据库实际应用迈出较大一步这点而言,互学习框架远远走在这些算法的前面,并优于这些算法。

3.10.7　适应性分析

下面通过复杂度分析来证明互学习框架,当数据库经历动态变化时也具有较好的适应性,这一分析结果也是与实验评价相一致的[248]。具体来讲,就是对下面三种极端情况,数据库索引更新仅需要花费 $O(1)$ 的时间。前两种情况考虑当图像从图像库中加入或删除时与其相伴的语义标注词表没有发生变化。后一种情况是语义标注词表也发生了变化。对于上述三种情况,假定任何新加入的图像都与在图像库中已经存在的图像服从相同的特征分布。

1. 当一幅新的图像加入到图像库时

设 I^{new} 是一幅新图像,首先考虑被加入的新图像没有语义标注,证明下面的步骤完成了图像库索引的更新,而且在每一步仅需要局部改变,即相对于图像库大小(N,M)而言,更新复杂度是常量。

（1）确定 VRep

根据式(3.43)的定义,我们将图像划分成图像块,基于假设,即任何新加入的图像都与图像库中的图像在特征空间中服从相同的分布,依据式(3.44)在图像特征空间中 VRep 的定义,每个 I^{new} 的图像块都可以使用特征空间中最近的 VRep 来代替。这一步骤需要 $O(L)$ 时间,由于 $L \ll N, M$,这一步骤的时间复杂度为 $O(1)$。

（2）更新 VRep 到图像间的映射

对于图像 I^{new} 的每一个 VRep v_i,通过将 I^{new} 加入集合 J_{v_i},记为 $J_{v_i}^{\mathrm{new}}$,修改式(3.45)中相应图像集合 J_{v_i},然后修改相应先验概率 $P(v_i)$ 的出现频率（通过自增先前先验概率的分子和分母项）。假定列表 J_{v_i} 是通过一个数组索引的,这样新图像的加入需要花费常量时间,因此这一步的复杂度为 $O(1)$。

（3）确定语义标注词

为了确定图像 I^{new} 的语义标注词,也就是确定 I^{new} 的图像到语义词间的映射,由于图像 I^{new} 中每一个 VRep 在原有的图像库索引中都有一个对应的语义词排序列表,那么图像 I^{new} 的语义标注词就是图像 I^{new} 中 VRep 相应的所有语义词排序列表的合并排序列表,而语义词排序列表是根据 $P(w_k \mid v_i)P(v_i \mid I^{\mathrm{new}})$ 计算的,其中 $P(v_i \mid I^{\mathrm{new}})$ 是图像 I^{new} 中 VRep v_i 出现的相对频度。设 $A_{I^{\mathrm{new}}}$ 是图像 I^{new} 的这个合并排序列表,实际上该表可以根据排序的权重 $P(w_k \mid v_i)P(v_i \mid I^{\mathrm{new}})$ 截取前几个语义词作为图像 I^{new} 的合适语义标注词。总的时间是 $O(L)$,由于 $L \ll N, M$,因此时间复杂度为 $O(1)$。

（4）更新语义词到 VRep 间的映射

为了更新图像库索引中语义词到 VRep 间的映射,避免从头构建索引,我们使用加权的 VReps,而不是原始图像库中特征空间内全部图像的实际图像块的特征向量来估计在图像库索引中从一个语义词到式(3.49)中 VRep 集的原始映射关系。因此,仅需要修正那些出现在图像 I^{new} 中的 VRep 权值（出现频度）。根据式(3.54)出现在图像 I^{new} 中的每一个 VRep,v_i 都有一个对应语义标注词的排序列表 L_{v_i}。给定全部出现在图像 I^{new} 中的 VRep,从全部排序列表 L_{v_i} 中可以得到一个合并的语义标注词排序列表。实际上,我们只是截取每个排序语义词列表 L_{v_i} 的前几个语义词,然后将这些截取后的排序列表合并在一起。设 ℓ' 是这样一个合并列表,那么只需要对 ℓ' 中的这些语义词更新到 VRep 间的映射关系。具体来讲,对于 $w_k \in \ell'$,我们检查式(3.49)中相应的 VRep 集合 V_k,再对 V_k 中出现在图像 I^{new} 中的那些 VRep 频度计数加 1。基于特征空间已更新的 V_k 中的 VRep 频度来更新最优的中心点 t_k^{new}。根据式(3.48)使用相同的阈值 T_k 更新 t_k^{new} 的新的最近邻 V_k^{new}。因此,这一步复杂度为 $O(|\ell'||L|)$,由于 $|\ell'| \ll M$,且 $L \ll N, M$,复杂

度为 $O(1)$。

（5）更新语义词到图像间的映射

为了更新式（3.50）中的语义词到图像间的映射表和先验概率 $P(w_k)$，我们只需要关注在前面步骤 3 中得到的这些语义词 $w_k \in A_I^{new}$。对于每个语义词 $w_k \in A_I^{new}$，我们有由步骤 4 得到的更新后的 VRep 集合 V_k^{new}，需要检查那些 VRep $v_i \in V_k^{new}$，而这些 VRep 在步骤 2 中对应的图像集合 $J_{v_i}^{new}$ 中得到了更新。设 L^u 是 V_k^{new} 中这样的 VRep 的个数，因此后验概率 $P(I^{new}|w_k)$ 可以估计如下，即

$$P(I^{new}|w_k) = \frac{L^u}{L} \tag{3.55}$$

先验概率的估计如下，即

$$P(w_k) = \frac{L^u}{N} \tag{3.56}$$

最后，式（3.50）中的语义词到图像映射的排序列表可以基于式（3.55）中确定的权值 $P(I^{new}|w_k)$ 插入 I^{new} 得到更新。这一步需要花费 $O(L)$，由于 $L \ll N, M$，因此 $O(L)$ 就是 $O(1)$。

当要加入的新的图像 I^{new} 带有语义词，那么（3）就可以跳过，现在（4）仅需要去集中精力确定那些在新图像中给定的语义词到 VRep 的映射，这一过程可以在 $O(1)$ 时间内完成，而该过程的其余部分也是完全相同的时间。因此，常量的更新仍然成立。

2. 当一幅已经存在的图像从图像库中删除时

设 I^{del} 是原始图像库中需要删除的一幅图像，设 $v^i, i=1,2,\cdots,r_d$ 是 I^{del} 的 VRep，设 $w^k, k=1,2,\cdots,s_d$ 是图像 I^{del} 的语义标注词。我们来证明下面的步骤在常量时间内完成索引的更新过程。

（1）更新 VRep 到图像间的映射

对于每一个 $v^i, i=1,2,\cdots,r_d$，从式（3.45）表示的相应的图像列表 J_{v^i} 中删除 I^{del}，然后通过自减分子（具有 VRep v^i 的图像出现频率）和分母（N）更新先验概率 $P(v^i)$。假定列表 J_{v^i} 是通过一个数组索引的，这样可以使得从列表中删除一个图像只需要一个常量时间，因此这一步的时间复杂度是 $O(1)$。

（2）更新语义词到 VRep 间的映射

更新语义词到 VRep 间的映射。这里，不是通过自增特征空间中那些 v^i 的出现频率，而是自减 v^i 的出现频率。实际上，只要对每个 $w^k, k=1,2,\cdots,s_d$ 更新其映射就足够了，$s_d \ll M$，时间复杂度是 $O(1)$。

（3）更新语义词到图像间的映射

为了更新语义词到图像间的映射，根据式（3.50），对于每一个语义词 w^k，我们

仅需要从排序列表 L_k 中删除 I^{del}，先验概率 $P(w^k)$ 也可以通过自减 w^k 的出现频率得到更新。假设排序列表 L_k 是通过一个数组索引的，那么从这个列表中删除该图像是一个常量操作，因此这一步的时间复杂度为 $O(1)$。

3. 当图像库语义标注词表发生变化时

由于我们仅考虑图像库中语义标注词表是用于图像语义标注的附加信息，因此对于图像库中语义标注词表的动态变化存在两种子情况。

① 当一幅新图像加入一个使用新语义标注词表的图像库中时。

② 当现有的语义标注词从图像库中语义标注词表中删除时，其对应图像也从图像库中被删除。很明显，这个情况是特殊情况，因此我们仅讨论子情况①。

设 I^{new} 是一个新的需要加入图像库中的图像，设 $w^l, l=1,2,\cdots,r_l$ 是 I^{new} 的语义标注词，这些语义标注词来源于现有的图像库语义标注词表。此外，对于图像数据库语义标注词表来说，设 $w^k, k=1,2,\cdots,r_k$ 是新的语义标注词。下面我们来证明，图像库的索引可以在常量时间内实现更新。具体来说，步骤 1、2 和 5 与 3.10.7 节的相应步骤是完全相同的，而步骤 3 由于 I^{new} 的语义标注词已经给定而跳过。这样，我们只需要证明剩下的"更新图像到语义标注词间的映射"这一步。

对于每一个 w^l，更新过程与更新语义词到 VRep 是完全相同的，对于每个 w^k，由于所有对应于 w^k 的 VRep 都出现在 I^{new} 中，采用与 3.10.1 节相同的过程，以及式（3.48）相同的条件和阈值 T_k，可以得到最优的 VRep 特征向量 t_k 及其邻居，进而得到对应于 w^k 的 VRep 列表。其定义类似于式（3.49）中的 V_k。设 V^k 是对应于 $w^k, k=1,2,\cdots,r_k$ 的 VRep 列表。由于在 I^{new} 中出现的 VRep 的个数是有限的，且 $r_k \ll M$，这一步骤的复杂度为 $O(1)$。

总体来讲，我们已经证明不论图像库如何变化，索引的更新过程都可以以常量时间增量式完成，不需要从头开始重新建立索引。这就允许图像库的索引过程随着图像库的内容增加，总是可以以及时的方式得到更新，因此这一互学习框架具有高度适应性。这一适应性优点使其超越了文献中提到的许多同类算法，而那些算法是完全不具备适应性的，即图像库必须从头重新索引（或者重新训练），即便图像库仅仅是增加的更新。有关互学习框架有效性评估、互学习框架比其他同类算法的优越性、文献中最新的多媒体数据挖掘方法，以及互学习框架的高扩展性和适应性等相关内容可以参见文献[248]。

3.11　半监督学习

在许多多媒体数据挖掘应用中，我们并不能奢望拥有大量的训练样本，而这是一个非常普遍的现象。有两个原因导致这一限制存在：第一，获取具有已知类别标签的样本通常是昂贵的;第二,在许多应用中,获取带有类别标签训练样本的复杂度太高,以至于我们无力获取太多的训练样本。因此,非常有必要面对这一实际情况,以便仍能够去挖掘多媒体数据。在机器学习领域,半监督学习技术和方法可以很好地满足这一限制条件,使该方法在多媒体数据挖掘应用中得到普遍应用。

不同于经典的监督学习,仅有已标记的训练数据用于训练。半监督学习指的是这样一种情况,其中训练数据集由两部分组成,即已标记训练集和未标记训练集。通常已标记训练集仅由一个小的数据集组成,而未标记训练数据可能是一个大的集合,这是因为在很多应用中,未标记训练数据集比标记训练数据集更容易获取。一个半监督学习方法成功的关键在于利用大量未标记数据样本改进分类器的性能,而该分类器是在一个小的已分类训练数据样本集合上得到的。

自从对以后发展有重大影响的工作——协同训练[26]出现,半监督学习就成为机器学习领域的一个热点研究课题。Zhu[257]给出一个有关半监督学习早期工作的全面性综述。最近在多媒体数据挖掘领域,Yao 和 Zhang 研究了半监督学习的精确性问题。具体来讲,他们提出如何获得最优精度[228]和如何保证随着迭代次数的增加而提高精度[227]。本节介绍最近提出的半监督学习框架——基于半参数规范化方法[96]。该方法通过分析数据的几何分布来学习参数化函数,从而设法发现数据的边缘分布。这个学习到的参数化函数作为一个先验知识,然后融入建立在已有的标注数据的监督学习中。

大多数半监督学习模型是建立在聚类假设基础上的。该假设假定决策边界不应该通过高密度区域,而是位于低密度区域。换句话说,相似的数据点应该具有相同的标记,不同的数据点具有不同的标记,这里介绍的方法也是建立在聚类假设基础上的。我们认为,如果对于一个小的已标记数据集伴随它的是一个相对大的无标记数据集,那么数据的边缘分布是由未标记的例子决定的,这种情况对于许多应用是比较常见的。我们必须考虑边缘分布的几何形状,以便学习得到的分类或回归函数符合数据的分布。图 3.10 给出一个二元分类问题的例子,在图 3.10(a)中,决策函数只是通过已标记数据学习得到的,而未标记数据完全没有使用。已标记数据集非常小,学习得到的决策函数并不能反映数据的整体分布。另一方面,由未标记数据描述的边缘分布具有一个特定的几何结构,将这一几何结构融入学习过程,可以得到较好的分类函数,如图 3.10(b)所示。

上面的观察表明,未标记数据有助于决策函数朝着预期的方向变化,因此我们给自己设定如下问题,即如何将数据边缘分布的几何结构信息融入学习过程,使得到的决策函数 $\bar{f}$ 反映数据的分布。

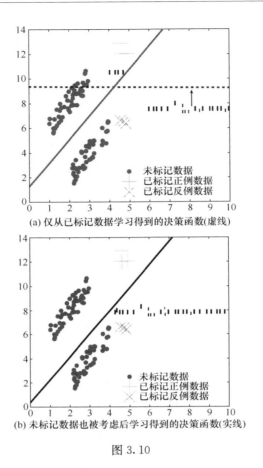

(a) 仅从已标记数据学习得到的决策函数(虚线)

(b) 未标记数据也被考虑后学习得到的决策函数(实线)

图 3.10

　　为了实现这一目标,一些文献提出基于图的方法,而这里提出的方法以一种不同的方式利用几何结构,通过两步的学习过程来实现。第一步是从未标记的数据中得到参数化函数,用其描述边缘分布的几何结构,这一参数化函数通过应用核主成分分析(KPCA)算法到整个数据,包括有标记和未标记的数据。在 KPCA 中,用于抽取最重要的主成分的函数是再生核希尔伯特空间(RKHS)中核函数的线性组合, $f(x) = K(x,.)\boldsymbol{\alpha}$,式中 K 是一个核函数, $\boldsymbol{\alpha}$ 是系数向量。这个学习得到的参数化函数被证明可以反映数据边缘分布的几何结构。第二步是一个在已标记类别数据上的监督学习过程,为了将这个参数化函数融入监督学习,我们通过包含这个从全体数据上学习得到的参数化函数,扩展原来的 RKHS 用于监督学习,因此称这个方法为基于半参数正则化半监督学习。

　　通过为监督学习选择不同的损失函数,可以得到不同的半监督学习算法,这里主要关注半参数正则化最小二乘和半参数正则化支持向量机。这些算法给出了在各种多媒体数据挖掘应用上当前最好的效果。

3.11.1 监督学习

假设存在 $X \times Y, X \subset R^n$ 上的概率分布 P，数据是依据该分布而产生的。我们假设给定的数据是由 l 个已标记数据点 $(x_i, y_i), 1 \leqslant i \leqslant l$ 组成，根据概率分布 P 产生的。在这一节，我们假定是二元分类问题，即标记 $y_i, 1 \leqslant i \leqslant l$ 是二元的，$y_i = \pm 1$。

在监督学习领域，目标就是学习得到一个使期望损失最小化的风险函数 f，即

$$R(f) = \int L(x, y, f(x)) \mathrm{d}P(x, y) \tag{3.57}$$

其中，L 是损失函数。

最简单的损失函数是 0/1 损失，即

$$L(x_i, y_i, f(x_i)) = \begin{cases} 0, & y_i = f(x_i) \\ 1, & y_i \neq f(x_i) \end{cases} \tag{3.58}$$

在正则化最小二乘(RLS)中，损失函数可以定义为

$$L(x_i, y_i, f(x_i)) = (y_i - f(x_i))^2$$

在支持向量机中，损失函数可以定义为

$$L(x_i, y_i, f(x_i)) = \max(0, 1 - y_i f(x_i))$$

对于式(3.58)中的损失函数，式(3.57)确定对于任一决策函数 f 的分类错误概率。在多数应用中，概率分布 P 是未知的，因此问题就是求解当概率分布函数 $P(x, y)$ 未知而已标记数据 $(x_i, y_i), 1 \leqslant i \leqslant l$ 给定时，风险函数的最小值，因此需要考虑风险函数的经验估计[209]，即

$$R_{\mathrm{emp}}(f) = C \sum_{i=1}^{l} L(x_i, y_i, f(x_i)) \tag{3.59}$$

其中，$C > 0$ 是一个常量，通常令 $C = \dfrac{1}{l}$。

当最小化经验风险时，式(3.59)可能导致数值不稳定和差的泛化能力[187]。避免这一问题可能的方式就是在经验风险函数中加入一个稳定(规范化)因子 $\Theta(f)$，这样就可以得到更好的问题条件，因此考虑下面的正则化风险函数，即

$$R_{\mathrm{reg}}(f) = R_{\mathrm{emp}}(f) + \gamma \Theta(f)$$

其中，$\gamma > 0$ 是正则化参数，体现了在 $R_{\mathrm{emp}}(f)$ 最小化与较小的 $\Theta(f)$ 引起的平滑性和简单性间的权衡；$\Theta(f)$ 的选取是特征空间 RKHS 表示的范数，即

$$\Theta(f) = \| f \|_K^2$$

式中，$\| . \|_K$ 是与核 K 相关的 RKHSH$_K$ 范数，因此目标就是得到学习函数 f，使正则化风险函数最小化，即

$$f^* = \arg \min_{f \in H_k} C \sum_{i=1}^{l} L(x_i, y_i, f(x_i)) + \gamma \parallel f \parallel_K^2 \qquad (3.60)$$

式(3.60)的解是由损失函数 L 和核 K 决定的,文献考虑了各种核函数,表 3.2 列出了三个经常使用的核函数,其中 $\sigma > 0$,$K > 0$,$\vartheta < 0$。

表 3.2　最常使用的核函数

核函数名称	核函数
多项式核函数	$K(x, x_i) = (<x, x_i> + c)^d$
高斯径向基核函数	$K(x, x_i) = \exp\left(-\dfrac{\parallel x - x_i \parallel^2}{2\sigma^2} \right)$
Sigmoid 核函数	$K(x, x_i) = \tanh(K(x, x_i) + \vartheta)$

下面经典的表示定理[187]陈述了式(3.60)中最小化问题的解在 H_K 中是存在的,且给出了最小值的一个显式表示。

定理 3.5　令 $\Omega: [0, \infty) \to R$ 是一个严格单调递增函数,而 X 是一个集合,同时令 $\Lambda: (X \times R^2)^l \to R \bigcup \{\infty\}$ 是任一损失函数,那么正则化风险的每一个最小值 $f \in H_K$,且

$$\Lambda((x_1, y_1, f(x_1)), \cdots, (x_l, y_l, f(x_l))) + \Omega(\parallel f \parallel_K)$$

具有如下表示形式,即

$$f(x) = \sum_{i=1}^{l} \alpha_i K(x_i, x) \qquad (3.61)$$

其中,$\alpha_i \in R$。

根据定理 3.5,除了 $\gamma \parallel f \parallel_K^2$,我们还可以使用任一正则化因子,只要其是 $\parallel f \parallel_K$ 的严格单调递增函数。这在原则上允许我们设计各种不同的算法。这里选取最简单的方法使用正则化因子 $\Omega(\parallel f \parallel_K = \gamma \parallel f \parallel_K^2)$。给定损失函数 L 和核函数 K,我们将式(3.61)替换到式(3.60)中,可以得到一个关于变量 α_i,$1 \leqslant i \leqslant l$ 的最小化问题,决策函数 f^* 可以从这个最小化问题的解得到。

3.11.2　半监督学习

在半监督学习领域,除了 l 个已标记的数据点 (x, y_i),$1 \leqslant i \leqslant l$,我们还给定 u 个未标记数据点 x_i,$l+1 \leqslant i \leqslant l+u$。这些未标记数据点是根据概率分布 P 的边缘分布 P_X 而抽取的,而决策函数是从已标记数据和未标记数据共同学习得到的。半监督学习是使用不同的方式设法将未标记数据引入到监督学习中,这里给出一个基于半参数正则化半监督学习方法。该方法通过将从全部数据(包括已标记和未标记数据)中学习得到的参数化函数引入监督学习扩展原来的 RKHS。

在监督学习的许多应用中,我们可能也有额外的关于解的先验知识。特别是,我们可能知道某一具体的参数化分量很可能就是解的一部分,或者为了避免过拟合可能为了某些趋势(如线性)去修正数据。当离群点存在时,过拟合降低了算法的泛化能力。

假定这个额外的先验知识以一簇参数化函数 $\{\psi_p\}_{p=1}^N$ 的形式描述,这些参数化函数可以以不同的形式引入监督学习。考虑如下形式的正则化风险函数,即

$$\bar{f}^* = \arg \min_{\bar{f}} C \sum_{i=1}^{l} L(x_i, y_i, f(x_i)) + \gamma \parallel f \parallel_K^2 \tag{3.62}$$

其中,$\bar{f} := f+h, f \in H_K, h \in \mathrm{span}\{\psi_p\}$。

因此,我们通过包含一簇参数化函数 ψ_p 而不改变范数的方式扩展原始 RKH-SH$_K$。半参数化表示定理[187]给出了式(3.62)解的显式表示形式。下面的半参数化表示其是定理 3.5 的直接推广。

定理 3.6 除了定理 3.5 中的假设,我们还给定 M 个实数值函数 $\{\psi_p\}_{p=1}^M : X \to R$ 的集合,且 $l \times M$ 矩阵 $(\psi_p(x_i))_{ip}$ 的阶为 M,那么对于任一 $\bar{f}^* := f+h$,且 $f \in H_K$,以及 $h \in \mathrm{span}\{\psi_p\}$,使得正则化风险

$$\Lambda((x_1, y_1, \bar{f}(x_1)), \cdots, (x_l, y_l, \bar{f}(x_l))) + \Omega(\parallel f \parallel_K)$$

最小化,满足如下表示形式,即

$$\bar{f}(x) = \sum_{i=1}^{l} \alpha_i K(x_i, x) + \sum_{p=1}^{M} \beta_p \psi_p(x) \tag{3.63}$$

其中,$\alpha_i, \beta_p \in R$。

在定理 3.6 中,参数化函数 $\{\psi_p\}_{p=1}^M$ 可以是任一函数,最简单的参数化函数是类似于标准支持向量机模型中的常函数 $\psi_1(x)=1, M=1$。在支持向量机中,常函数用于最大化间隔。

在式(3.62)中,参数化函数簇 $\{\psi_p\}_{p=1}^M$ 没有对标准正则化因子 $\parallel f \parallel_K^2$ 产生贡献,但是如果 M 比 l 足够小,也不必对此产生大的担忧。令 $M=1$,且这个参数化函数是从全部数据中学习得来的,因此 $l \times M$ 的矩阵 $(\psi_p(x_i))_{ip}$ 是一个向量,其阶是 1。我们用 $\psi(x)$ 表示这个参数化函数,使用 β 表示对应的参数,那么式(2.62)的最小值为

$$\bar{f}^*(x) = \sum_{i=1}^{l} \alpha_i^* K(x_i, x) + \beta^* \psi(x) \tag{3.64}$$

其中,K 是原始 RKHSH$_k$ 中的和函数。

$\psi(x)$ 是通过将 KPCA 算法[187]应用到全部数据集上得到的,KPCA 通过将协方差矩阵 $C = \frac{1}{l+u} \sum_{j=1}^{l+u} \Phi(x_j) \Phi(x_j)^T$,其中 Φ 是 RKHS 中的映射函数,转化为对角矩阵,并在特征空间寻找主轴。这些主轴方向比其他方向具有更大的方差。为

了找到主轴，我们需要求解特征值问题，$(l+u)\lambda\gamma=K_u\gamma$，其中 γ 是对应的特征向量。这样最重要的主轴定义为

$$v = \sum_{i=1}^{l+u} \gamma_i \Phi(x_i) \qquad (3.65)$$

通常，我们对 v 做标准化处理，使 $\|v\|=1$。给定数据点 v，在主轴上的投影定义为 $<\Phi(x),v>$，设 $\psi(x)=<\Phi(x),v>=K_u(x,\cdot)\gamma$。图 3.11 给出了一个二元分类的示例，$\psi(x)$ 不可能是预期得到的分类函数，然而 $\psi(x)$ 是平行于预期得到的分类函数的（虚线），它们仅在常量上有所不同，因此 $\psi(x)$ 反映了数据分布的几何结构。从这个例子可以看出，投影到最重要的主轴上的数据点仍然保持了原有的邻近关系。换句话说，投影到主轴之后，相似的数据点彼此靠近，而相异的数据点彼此远离。对于二元可分离分类问题，在理想情况下，我们有下面的定理。该定理说明，特征空间中相似的数据点在投影到主轴后彼此之间仍然是相似的[96]。

定理 3.7　设 ℓ_i，$i=0,1$ 表示二元分类中每一类数据点的集合，假定 $\ell_i=\{x\mid\|\Phi(x)-c_i\|\leqslant r_i\}$ 且 $\|c_0-c_1\|>r_0+r_1$。对于每一个类别，假定数据点在半径为 r_i 的球内是均匀分布的，$\|\cdot\|$ 表示欧氏距离，而 v 表示如式（3.65）定义的来自 KPCA 的主轴，那么

$$v^{\mathrm{T}}\Phi(p)\in R_i,\quad p\in\ell_i,\quad i=0,1$$

其中，$R_i=[\mu_i-r_i,\mu_i+r_i]$ 且 $\mu_i=v^{\mathrm{T}}c_i$，并且 R_0 和 R_1 并不重叠。

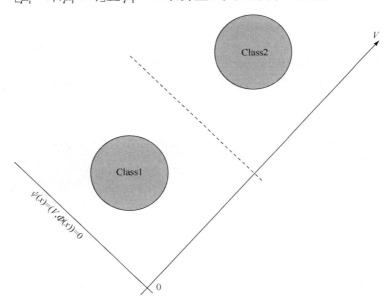

图 3.11　KPCA 在二维上的描述

基于上述分析,半监督学习可以通过两步学习过程来完成。第一步是从全部数据中得到参数化函数 $\psi(x)$,由于这个参数化函数是通过 KPCA 得到的,因此 $\psi(x)$ 反映由全部数据体现的数据边缘分布的几何结构,这间接地完成了距离假设。第二步是在新的函数空间求解式(3.62),以获得最终的分类函数。

如果 $K_u = K$,那么最终的分类函数具有形式 $\bar{f}(x) = \sum_{i=1}^{l+u} \alpha_i' K(x_i, x)$,其中 α_i' 是 α_i 和 β 的线性组合,这个分类函数与文献[18]中的函数具有相同的形式,但是获取的方法是不同的。在这部分,参数化函数属于原始的 RKHS,加入 $\psi(x)$ 并没有改变 RKHS,但是使学习得到的分类函数朝着由 $\psi(x)$ 描述的期望方向发展。如果 K_u 和 K 是两个不同的核函数,那么原始的 RKHS 被 $\psi(x)$ 扩充了。

系数 β^* 反映学习过程中未标记数据的权重,当 $\beta^* = 0$ 时,未标记数据完全没有被考虑,该方法完全是一个监督学习算法,这意味着未标记数据没有提供任何有用信息。换句话说,未标记数据服从已标记数据所描述的边缘分布。当 $\beta^* \neq 0$ 时,未标记数据提供了关于数据边缘分布的有用信息,这样未标记数据呈现的边缘分布的几何结构就被引入学习中。

为了学习得到最终的分类函数,我们将式(3.64)代入式(3.62),得到 α_i^* 和 β^* 的目标函数。α_i^* 和 β^* 的解依赖于损失函数,根据不同的损失函数 L 可以得到不同的算法。我们现在讨论两个经典的损失函数,即对于 RLS 的平方损失和支持向量机的铰链损失。对于平方损失函数,我们可以得到 α_i^* 和 β^* 的显式表示。在下面的分析中,我们不加区分地使用 K 来表示核函数和核矩阵。

3.11.3　半参数正则化最小二乘

我们首先给出用于二元分类和回归问题的 RLS 方法。经典的最小二乘算法是一个监督方法,我们需要求解下式,即

$$f^* = \arg \min_{f \in H_K} C \sum_{i=1}^{l} [y_i - f(x_i)]^2 + \gamma \parallel f \parallel_K^2$$

其中,C 和 γ 都是常量。

根据定理 3.5,解具有如下形式,即

$$f^*(x) = \sum_{i=1}^{l} \alpha_i^* K(x_i, x)$$

替换上述问题中的这个解,可以得到如下 l 维变量 $\alpha = [\alpha_1, \alpha_2, \cdots, \alpha_l]^T$ 的可微目标函数,即

$$\alpha^* = \arg \min C(Y - K\alpha)^T (Y - K\alpha) + \gamma \alpha^T K\alpha$$

其中,K 是 $l \times l$ 的核矩阵 $K_{ij} = K(x_i, x_j)$;Y 是标记向量 $Y = [y_1, y_2, \cdots, y_l]^T$。

当下式取最小值时,关于 α 的目标函数的导数为零,即

$$C(KK\alpha^* - KY) + \gamma K\alpha^* = 0$$

可以得到如下解,即

$$\alpha^* = (CK + \gamma I)^{-1} CY$$

半参数化 RLS 算法求解具有平方损失函数的式(3.62)的最优化问题,该平方损失函数为

$$\bar{f}^* = \arg\min_{\bar{f}} C \sum_{i=1}^{l} [y_i - \bar{f}(x_i)]^2 + \gamma \parallel f \parallel_K^2 \tag{3.66}$$

其中,$\bar{f} := f + h; f \in H_K$,且 $h \in \mathrm{span}\{\psi\}$。

根据定理 3.6,解具有如下形式,即

$$\bar{f}^* = \sum_{i=1}^{l} \alpha_i^* K(x_i, x) + \beta^* \psi(x)$$

将该式代入式(3.66),可以得到如下 l 维变量 $\boldsymbol{\alpha} = [\alpha_1, \alpha_2, \cdots, \alpha_l]^\mathrm{T}$ 和 $\boldsymbol{\beta}$ 的目标函数,即

$$(\alpha^*, \beta^*) = \arg\min C \boldsymbol{\delta}^\mathrm{T} \boldsymbol{\delta} + \gamma \boldsymbol{\alpha}^\mathrm{T} K \boldsymbol{\alpha}$$

其中,$\boldsymbol{\delta} = \boldsymbol{Y} - \boldsymbol{K\alpha} - \boldsymbol{\beta}\psi$,$\boldsymbol{K}$ 是 $l \times l$ 的核矩阵 $K_{ij} = K(x_i, x_j)$;$\boldsymbol{Y}$ 是标记向量 $\boldsymbol{Y} = [y_1, y_2, \cdots, y_l]^\mathrm{T}$;$\boldsymbol{\psi}$ 为向量 $\boldsymbol{\psi} = [\psi(x_1), \psi(x_2), \cdots, \psi(x_l)]^\mathrm{T}$。

当下式取最小值时,关于 α 和 β 的目标函数的导数为零,即

$$C(\boldsymbol{KK\alpha}^* + \beta^* \boldsymbol{K\psi} - \boldsymbol{KY}) + \gamma K\alpha^* = 0$$
$$\boldsymbol{\psi}^\mathrm{T} K\alpha^* + \beta^* \boldsymbol{\psi}^\mathrm{T} \boldsymbol{\psi} - \boldsymbol{\psi}^\mathrm{T} \boldsymbol{Y} = 0$$

这样可以得到如下解,即

$$\alpha^* = C \left(\gamma \boldsymbol{I} - \frac{C\boldsymbol{\psi\psi}^\mathrm{T}\boldsymbol{K}}{\boldsymbol{\psi}^\mathrm{T}\boldsymbol{\psi}} + C\boldsymbol{K} \right)^{-1} \left(\boldsymbol{I} - \frac{\boldsymbol{\psi\psi}^\mathrm{T}}{\boldsymbol{\psi}^\mathrm{T}\boldsymbol{\psi}} \right) \boldsymbol{Y} \tag{3.67}$$

$$\beta^* = \frac{\boldsymbol{\psi}^\mathrm{T}\boldsymbol{Y} - \boldsymbol{\psi}^\mathrm{T}K\alpha^*}{\boldsymbol{\psi}^\mathrm{T}\boldsymbol{\psi}}$$

3.11.4　半参数正则化支持向量机

这里我们给出用于二元分类问题的支持向量机方法。

在二元分类问题中,经典的支持向量机方法用于解决如下已标记数据上的优化问题,即

$$\min \frac{1}{2} \parallel w \parallel^2 + C \sum_{i=1}^{l} \xi_i \tag{3.68}$$

$$\mathrm{s.\,t.}\ \ y_i \{ <w, \Phi(x_i)> + b \} \geqslant 1 - \xi_i$$
$$\xi_i \geqslant 0, \quad i = 1, 2, \cdots, l$$

其中,Φ 是由核函数确定的非线性映射函数;b 是正则项。

同样,解定义为

$$f^*(x) = <w^*, \Phi(x)> + b^* = \sum_{i=1}^{l} \alpha_i^* K(x_i, x) + b^*$$

为了求解式(3.68),我们使用拉格朗日乘子对每个限制条件引入一个拉格朗日乘子,从而得到拉格朗日乘子的二次方程对偶问题,即

$$\min \frac{1}{2} \sum_{i,j=1}^{l} y_i y_j \mu_i \mu_j K(x_i, x_j) - \sum_{i=1}^{l} \mu_i \qquad (3.69)$$

$$\text{s. t.} \quad \sum_{i=1}^{l} \mu_i y_i = 0$$

$$0 \leqslant \mu_i \leqslant C, \quad i = 1, 2, \cdots, l$$

其中,μ_i 是与式(3.68)第 i 个限制条件相关的拉格朗日乘子。

从式(3.69)的解中,我们有 $w^* = \sum_{i=1}^{l} \mu_i y_i \Phi(x_i)$。根据 Kuhn-Tucher 定理[209],下面的限制条件必须得到满足,即

$$\mu_i(y_i(<w, \Phi(x_i)>+b)+\xi_i-1)=0, \quad i=1,2,\cdots,l \qquad (3.70)$$

b 的最优解由上述条件来确定。

因此,解定义为

$$f^*(x) = \sum_{i=1}^{l} \alpha_i^* K(x_i, x) + b^*$$

其中,$\alpha_i^* = \mu_i y_i$。

半参数支持向量机算法就是求解具有铰链损失函数的式(3.62)中的最优化问题,即

$$\min \frac{1}{2} \| w \|^2 + C \sum_{i=1}^{l} \xi_i \qquad (3.71)$$

$$\text{s. t.} \quad y_i\{<w, \Phi(x_i)>+b+\beta\psi(x_i)\} \geqslant 1-\xi_i$$

$$\xi_i \geqslant 0, \quad i=1,2,\cdots,l$$

与经典的支持向量机方法一样,我们考虑式(3.71)的拉格朗日对偶问题,即

$$\min \frac{1}{2} \sum_{i,j=1}^{l} y_i y_j \mu_i \mu_j K(x_i, x_j) - \sum_{i=1}^{l} \mu_i \qquad (3.72)$$

$$\text{s. t.} \quad \sum_{i=1}^{l} \mu_i y_i = 0$$

$$\sum_{i=1}^{l} \mu_i y_i \psi(x_i) = 0$$

$$0 \leqslant \mu_i \leqslant C, \quad i=1,2,\cdots,l$$

其中,μ_i 是与式(3.71)中的第 i 个限制条件相关的拉格朗日乘子。

除了参数化函数 $\psi(x)$ 导致多出一个额外的限制条件,半参数支持向量机对偶问题式(3.72)与支持向量机对偶问题式(3.69)是一样的。类似于经典支持向量机

方法,下面的条件必须得到满足,即

$$\mu_i\{y_i[<w,\Phi(x_i)>+b+\beta\psi(x_i)]+\xi_i-1\}=0 \qquad (3.73)$$

从式(3.72)的解,我们有 $w^* = \sum_{i=1}^l \mu_i y_i \Phi(x_i)$。

b^* 和 β^* 的最优解由式(3.73)确定。如果满足 $0<\mu_i<C$ 的拉格朗日乘子数量不小于 2,那么我们可以通过对应于式(3.73)的任意两个线性方程的解来确定 b^* 和 β^*,因为相应的松弛因子 ξ_i 为 0。在满足 $0<\mu_i<C$ 的拉格朗日乘子数目小于 2 时,b^* 和 β^* 可以通过从式(3.73)得到的下列优化问题求解,即

$$\min b^2+\beta^2 \qquad (3.74)$$

$$\text{s. t.} \quad y_i\{<w,\Phi(x_i)>+b+\beta\psi(x_i)\}\geqslant1, \quad \mu_i=0$$

$$y_i\{<w,\Phi(x_i)>+b+\beta\psi(x_i)\}=1, \quad 0<\mu_i<1$$

最终的决策函数为

$$\bar{f}^*(x) = \sum_{i=1}^l \alpha_i^* K(x_i,x) + \beta^* \psi(x) + b^*$$

其中,$\alpha_i^* = \mu_i y_i$。

半参数支持向量机方法可以通过使用标准的二次方程程序规划问题求解器来实现。

3. 11. 5　半参数正则化算法

基于上述分析,半参数正则化算法总结在算法 4 中。

算法 4　半参数正则化算法

输入: l 个已标记数据点 (x_i,y_i),$1\leqslant i\leqslant l$,$y_i=\pm1$,u 个未标记数据点 x_i,$l+1\leqslant i\leqslant l+u$

输出: 对于半参数正则化最小二乘,估计函数 $\bar{f}^*(x) = \sum_{i=1}^l \alpha_i^* K(x_i,x) + \beta^* \psi(x)$;对于半参数正则化支持向量机,估计函数 $\bar{f}^*(x) = \sum_{i=1}^l \alpha_i^* K(x_i,x) + \beta^* \psi(x) + b^*$

方法:

1:　选取核 K_u,应用 KPCA 到全部数据上,以求得到参数化函数 $\psi(x) = \sum_{i=1}^{l+u} \gamma_i K_u(x_i,x)$。

2:　选取核 K,对于半参数正则化最小二乘,求解式(3.67),而对于半参数正则化支持向量机,则求解式(3.72)。

3.11.6　直推方法与半监督学习

　　直推学习是给定一个已标记训练数据集和一个未标记训练数据集,目标是预测未标记训练数据集的标记,而不必学习得到分类器函数。半监督学习是给定一个已标记训练数据集和一个未标记训练数据集,目标是通过已标记和未标记训练数据学习得到分类器函数,以便对任一未观察到的数据,我们都能使用学习到的函数去预测该未观察到的数据标记。

　　直推学习仅仅作用在已标记和未标记训练数据上,不能处理未观察到的数据,样本外的扩展一直是个严重的局限。归纳学习可以处理未观察到的数据,半监督学习既可以是直推的,也可以是归纳的。许多现有的基于图的半监督学习方法本质上是直推的,因为分类函数仅仅是定义在已标记和未标记训练数据上的。一个原因是它们仅在图上,而不是在整个空间上执行半监督学习过程,而图中节点是训练集中的已标记和未标记的数据。

　　决策函数式(3.64)是定义在整个 X 空间上的,因此该方法本质上是归纳方法,可以扩展到样本数据外。

3.11.7　与其他方法的比较

　　在相关文献中,许多现有的半监督学习方法直接或者间接地依赖于聚类假设,并通过考虑额外的正则项将正则化方法应用到未标记数据上。Belkin 等[18] 提出流形正则化方法,使用与数据相关的图拉普拉斯方法抽取边缘分布的几何结构,考虑下面的正则项,即

$$\sum_{i,j=1}^{l+u} \left[f(x_i) - f(x_j) \right]^2 W_{ij} = \boldsymbol{f}^{\mathrm{T}} \boldsymbol{L} \boldsymbol{f} \tag{3.75}$$

其中,W_{ij} 是数据邻接图中边的权重;L 是图拉普拉斯,$\boldsymbol{L} = \boldsymbol{D} - \boldsymbol{W}$,$D$ 是对角阵,$D_{ii} = \sum_{j=1}^{l+u} W_{ij}$。

　　对这一正则项整合可以得到如下优化问题,即

$$f^* = \arg \min_{f \in H_K} C \sum_{i=1}^{l} L(x_i, y_i, f(x_i)) + \gamma \| f \|_K^2 + \boldsymbol{f}^{\mathrm{T}} \boldsymbol{L} \boldsymbol{f}$$

式(3.75)试图对图中相近的点(大的 W_{ij})给定相似的标记,因此问题就是式(3.75)倾向于对点 i 和 j 给定相似的标记,只要 $W_{ij} > 0$。换句话说,不相似的数据点可能具有相似的标记,因此他们的方法依赖于从数据中构建的邻接图。类似地,Zhu 等[259] 通过最小化式(3.75)作为能量函数。

　　本节给出的基于半参数正则化半监督学习方法通过参数函数 $\psi(x)$ 使用聚类假设,从全部数据进行学习,这一参数函数反映了数据边缘分布的几何结构。不同

于流形正则化方法,这一方法使用从全部数据中得到的参数化函数描述边缘分布的几何结构。类似于流形正则化方法,如果我们在第 2 步学习过程中使用相同的核($K=K_u$),将得到相同的分类函数形式,但得到的膨胀系数是不同的。

Sindhwani 等[189]得到了定义在与原来 RKHS 相同的函数空间内的改进核函数,但是使用了不同的范数。这里我们以不同的方式使用 RKHS,通过不改变范数来包含参数化函数的方法扩展原始的 RKHS,使学习得到的决策函数能够反映数据的分布。在某些情况下,这个参数化函数属于原始的 RKHS,因此 RKHS 没有改变,学习得到的分类函数仍然反映数据的分布,因为根据式(3.64),分类函数偏向于参数化函数。

通过 KPCA 学习得到的参数化函数 $\psi(x)$ 可以引入监督学习,从而较好地分开二元分类问题中的不同类别。对于多类别问题,KPCA 不能较好地分开不同的类别,因为某些类别在投影到主轴后彼此重叠,这就是为什么在本方法中我们要重点讨论二元分类问题。有关该方法的评价,以及该方法与最新机器学习文献中类似方法的优劣比较的相关报道和实验可以参见文献[96]。

3.12　小　　结

本章介绍在多媒体数据挖掘领域中常用的及最新提出的统计学习与挖掘理论和技术,讨论在多媒体数据挖掘领域中使用的统计学习方法——生成式学习模型和判别式学习模型。在生成式学习模型中,我们主要关注基于概率推理的学习方法,包括贝叶斯网络、潜在概率语义分析、隐含狄利克雷分配和面向离散数据分析的层次狄利克雷过程,同时简要回顾了它们在多媒体数据挖掘中的应用。在判别式学习模型中,我们主要关注支持向量机,以及最近提出的面向结构化输出空间的最大间隔学习和将一系列弱学习器组合成强学习器的 Boosting 理论。然后,讨论和介绍最近被广泛应用于多媒体数据挖掘领域的统计学习的两个分支——多示例学习和半监督学习。这些统计学习方法是多媒体数据挖掘的理论基础,它们被广泛应用于本书的第三部分。

第4章 基于软计算的理论与技术

4.1 引　　言

在多媒体数据挖掘应用中,经常需要对不确定和不精确的问题做出决策。例如,在图像检索应用中,我们要在图像数据库中挖掘一幅与含有绿色树木的图像类似的图像,假定在图像数据库中包含一幅带有堤坝的池塘及一些绿色灌木的图像,那么该幅图像是前面检索图像的一个好的匹配吗? 当然,这幅图像并不是刚才检索图像完美的匹配,另一方面,它也不是与检索图像完全不匹配。当然还有许多其他类似的例子,本身具有在指定决策过程中不能被忽略的不精确性和不确定性,传统的智能系统不能解决这样的问题。这是因为传统方法使用的是硬计算技术,相比之下,软计算方法强调的是协同工作而不是独立的,这就产生了新的计算领域,如模糊逻辑、神经网络和遗传计算,因此软计算开辟了一个新的解决问题的研究方向,而这些问题使用传统的硬计算方法解决起来很困难。

从技术上讲,软计算包括模糊逻辑、神经网络、遗传算法和混沌理论等研究领域。从本质上讲,软计算主要用来处理在现实应用中普遍存在的不确定和不精确的问题。与传统的硬计算方法不同,软计算能够在不损失性能和效率的情况下容忍一定程度的不精确性、不确定性和部分为真的情况。软计算的指导性原则就是在取得用户需要的易处理性、鲁棒性和较低的求解代价的前提下尽可能地提高对不精确性、不确定性和部分为真的容忍度。可以很容易的得出这样一个结论,精度是有代价的,因此为了在可接受的代价范围内解决问题,我们需要瞄准一个目标,该目标仅仅是达到必要的精度,而不是超越用户的需求。

在软计算领域,模糊逻辑是核心,主要优点是其自身推理机制的鲁棒性。在软计算中,模糊逻辑主要是解决不精确和近似推理,神经网络主要是解决学习问题,遗传算法主要是解决全局优化和搜索问题,而混沌理论主要是解决非线性动力学问题。这些计算方法都提供给我们互补的推理和搜索方法来解决复杂的实际问题。这些软计算方法彼此之间的关系奠定了混合智能系统的理论基础。混合系统的应用导致众多制造系统、多媒体系统、智能机器人和交易系统等的发展,这远远超出了多媒体数据挖掘的范畴。

4.2 软计算方法特点

不同的软计算方法可以独立使用,但通常是组合使用。在软计算中,模糊逻辑起着独特的作用,模糊集作为一个通用近似求解器,通常用于对未知对象的建模。然而,纯粹的模糊逻辑对于构建一个智能系统并不总是有用的,当设计者没有足够的关于系统的先验信息(知识)的时候,开发可接受的模糊规则就变得不可能了,进而随着系统复杂度的增加,指定一个正确的规则集和隶属度函数来足够正确地描述系统的行为就变得非常困难。模糊系统也存在一定的缺点,如不能自动从经验中抽取额外的知识,不能自动修正和改进系统的模糊规则。

另一种软计算方法是神经网络,作为一个并行的、细粒度的非线性静态或动态系统的实现,神经网络起初是作为一个并行计算模型。神经网络最重要的优点就是它的适应能力,在解决问题的过程中,用"从示例学习"替换了"程序设计"。另一个重要的优点是允许快速计算的并行性。神经网络对于许多问题都是一个重要的计算模型,包括模式分类、语音合成和识别、曲线拟合、近似、图像压缩、联想记忆和非线性未知系统的建模和控制,以及多媒体数据挖掘应用等。神经网络的第三个优点是泛化能力,即对新模式正确分类的能力。神经网络的一个主要不足是可解释性差,具有黑箱的特点。

进化计算是解决优化问题的革命性方法,其分支遗传算法是研究全局优化问题的主要算法。遗传算法建立在自然选择和遗传框架的基础上,优点之一就是实现并行和多准则的搜索。遗传算法框架是简单的,设计遗传算法的两个主要原则是操作的简单性和强大的计算能力,而遗传算法的不足表现在其收敛问题和缺乏强大的理论基础。另外,需要将领域变量编码成字符串的形式也是遗传算法的一个缺陷。除此之外,遗传算法的计算速度通常比较低。

表 4.1 列出了不同软计算领域的各自特点,对于每一个软计算领域,都有适合该类软计算方法解决的问题。

表 4.1 软计算各分支特点比较

方法	模糊集	神经网络	进化计算,遗传算法
缺点	知识获取;学习	黑箱的可解释性	编码;计算速度
优点	可解释性; 透明性; 合理性; 模型化; 推理; 不精确性容忍度	学习; 适应性; 容错性; 曲线拟合; 泛化能力; 近似能力	计算的高效性; 全局优化

4.3　模糊集理论

下面介绍模糊集合论、模糊逻辑及其在多媒体数据挖掘中的应用。

4.3.1　模糊集基本概念和性质

定义 4.1　设 X 是一个对象的经典集合（全集），对于任意的元素，可以表示为 x，X 的经典子集的隶属度函数通常定义为从 X 到 $\{0,1\}$ 映射的特征函数 μ_A，其中

$$\mu_A(x)=\begin{cases}1, & x\in A\\0, & x\notin A\end{cases}$$

其中，$\{0,1\}$ 称为值域；1 表示成员；0 表示非成员。

如果值域扩展到 $[0,1]$，那么 A 被称为模糊集，$\mu_A(x)$ 表示 x 隶属于 A 的程度，即

$$\mu_A:X\rightarrow[0,1]$$

$\mu_A(x)$ 越接近于 1，那么 x 就越隶属于 A。

A 可以通过数对的集合完全来刻画，即

$$A=\{(x,\mu_A(x)),x\in X\}$$

许多实际问题的解都可以使用模糊集理论更加精确地求得。图 4.1 描述的是如何用模糊集表示方法描述自然温度变化的例子。

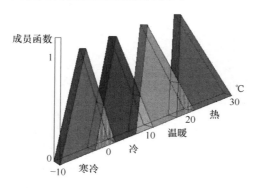

图 4.1　使用模糊集描述室内温度变化

定义 4.2　两个模糊集 A 与 B 是相等的，即 $A=B$，当且仅当 $x\in X$，都有 $\mu_A(x)=\mu_B(x)$。

如果全集 X 是一个无穷集，需要将模糊集表示成解析式，使用该解析式来描述隶属度函数。在模糊集理论和应用中，有几种函数常被用作隶属度函数，类高斯函数是一个典型函数，常作为隶属度函数，即

$$\mu_A(x) = c\exp\left(-\frac{(x-a)^2}{b}\right)$$

图 4.2 总结了常用隶属度函数的图像和解析式表示。

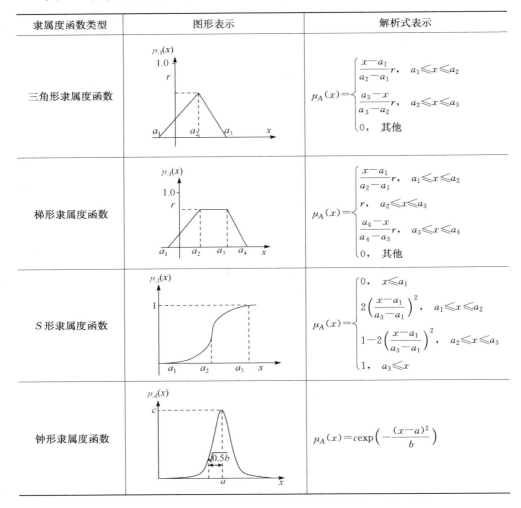

隶属度函数类型	图形表示	解析式表示
三角形隶属度函数		$\mu_A(x) = \begin{cases} \dfrac{x-a_1}{a_2-a_1}r, & a_1 \leqslant x \leqslant a_2 \\ \dfrac{a_3-x}{a_3-a_2}r, & a_2 \leqslant x \leqslant a_3 \\ 0, & 其他 \end{cases}$
梯形隶属度函数		$\mu_A(x) = \begin{cases} \dfrac{x-a_1}{a_2-a_1}r, & a_1 \leqslant x \leqslant a_2 \\ r, & a_2 \leqslant x \leqslant a_3 \\ \dfrac{a_4-x}{a_4-a_3}r, & a_3 \leqslant x \leqslant a_4 \\ 0, & 其他 \end{cases}$
S 形隶属度函数		$\mu_A(x) = \begin{cases} 0, & x \leqslant a_1 \\ 2\left(\dfrac{x-a_1}{a_3-a_1}\right)^2, & a_1 \leqslant x \leqslant a_2 \\ 1-2\left(\dfrac{x-a_1}{a_3-a_1}\right)^2, & a_2 \leqslant x \leqslant a_3 \\ 1, & a_3 \leqslant x \end{cases}$
钟形隶属度函数		$\mu_A(x) = c\exp\left(-\dfrac{(x-a)^2}{b}\right)$

图 4.2 典型的隶属度函数

对于具体模糊集的合适隶属度函数的构建是一个知识工程领域的问题[125]，有许多隶属度函数估计方法，它们可以具体归为如下几类。

① 基于启发式的隶属度函数构建方法。

② 基于特定问题可信度的隶属度函数构建方法。

③ 基于确信理论基础的隶属度函数构建方法。

④ 基于神经网络的隶属度函数构建方法。

在经典集合论中，如下规则也同样适用于模糊集理论。

① 德·摩根定律：$\overline{A\cap B}=\overline{A}\cup\overline{B}$ 和 $\overline{A\cup B}=\overline{A}\cap\overline{B}$。

② 结合律：$(A\cup B)\cup C=A\cup(B\cup C)$ 和 $(A\cap B)\cap C=A\cap(B\cap C)$。

③ 交换律：$A\cup B=B\cup A$ 和 $A\cap B=B\cap A$。

④ 分配律：$A\cup(B\cap C)=(A\cup B)\cap(A\cup C)$ 和 $A\cap(B\cup C)=(A\cap B)\cup(A\cap C)$。

4.3.2 模糊逻辑和模糊推理规则

本节从狭义上回顾作为多值逻辑的直接扩展和扩充的模糊逻辑。根据被大家广泛接受的定义，逻辑就是推理方法的分析过程。在研究这些方法时，逻辑主要呈现的是在推理过程中使用的论点的形式，而不是其内容。这里主要的问题就是去看是否结果的真值能够从前提的真值推导出来，对于推理方法系统的形式化是逻辑主要研究的问题之一。

让我们来定义模糊逻辑的真值函数，设 P 是一个命题，$T(P)$ 是它的真值，其中 $T(P)\in[0,1]$。命题 P 的非定义为 $T(\neg P)=1-T(P)$，蕴涵连接词定义为

$$T(P\rightarrow Q)=T(\neg P\vee Q)$$

等价连接词定义为

$$T(P\leftrightarrow Q)=T[(P\rightarrow Q)\wedge(Q\rightarrow P)]$$

基于上述定义，我们可以进一步定义模糊逻辑的基本连接词。

① $T(P\vee Q)=\max(T(P),T(Q))$。

② $T(P\wedge Q)=\min(T(P),T(Q))$。

③ $T(P\vee(P\wedge Q))=T(P)$。

④ $T(P\wedge(P\vee Q))=T(P)$。

⑤ $T(\neg(P\wedge Q))=T(\neg P\vee\neg Q)$。

⑥ $T(\neg(P\vee Q))=T(\neg P\wedge\neg Q)$。

从扩展原则来讲，多值逻辑是传统命题逻辑的模糊化，每个命题 P 都被赋予 $[0,1]$ 区间上的标准化模糊集，即数值对 $\{\mu_P(0),\mu_P(1)\}$ 分别表示假值或真值的程度。由于标准命题谓词的逻辑连接词是真值的函数，它们被看做是函数，那么它们可以被模糊化。

设 A 和 B 是非模糊全集 U 上的子集的模糊集，在模糊集理论中，我们知道 A 是 B 的子集当且仅当 $\mu_A\leqslant\mu_B$，也就是说，对 $x\in U$，都有 $\mu_A(x)\leqslant\mu_B(x)$。

在模糊集理论中，主要关注点集中在模糊条件推理规则的提取，这与自然语言理解有一定联系。在自然语言理解中，必须具有一定量的模糊概念，因此我们必须确保在前提条件和结论都可能包含这种模糊概念的情况下做逻辑推理。我们知道有许多方法可以去提取规则来完成这样的推理过程，然而这样的推理过程并不能

使用经典的布尔逻辑实现。换句话说,我们需要使用多值逻辑系统。模糊规则形式化原理是假言推理规则,如果 $\alpha \rightarrow \beta$ 为真且 α 为真,那么 β 一定也为真。

这种形式化的理论基础是由 Zadeh 提出的合成法则[231,232],利用这一法则,他对推理规则进行了形式化,其中前提条件和结论都是条件命题,包括模糊概念。

4.3.3　模糊集在多媒体数据挖掘中的应用

在多媒体数据挖掘中,模糊集理论可以用来解决多媒体数据表示和处理中的不确定性与不精确性,如图像分割、特征表示和特征匹配等。这里我们给出多媒体数据挖掘中图像特征表示的一个例子。

在图像数据挖掘中,图像特征表示是任何图像数据库知识获取要面临的首要问题,我们将说明如何使用模糊集理论合理地表示不同的图像特征。

之前,我们已经说明如何利用模糊逻辑来表示颜色特征,这里阐述图像某一区域的纹理和形状特征的模糊表示方法。与颜色特征表示类似,纹理和形状特征的模糊化也给图像区域表示带来极其重要的改进,因为模糊特征自然地刻画了图像内不同区域的渐变过程。在下面提出的特征表示方法中,将称为隶属程度的一个模糊特征集赋值给特征空间每一个图像块对应的特征向量。这样,每一图像块的特征向量就以不同的隶属程度属于多个区域,这与传统的区域表示方法是不同的,在传统的区域表示中,特征向量仅属于一个区域。下面首先讨论纹理特征的模糊表示方法,然后讨论形状特征的模糊表示方法。

选取每个区域作为图像块的模糊集,为了与模糊颜色直方图表示方法一致,同样使用柯西函数作为模糊隶属度函数,即

$$\mu_i(\boldsymbol{f}) = \frac{1}{1 + \left(\frac{d(\boldsymbol{f}, \hat{\boldsymbol{f}}_i)}{\sigma} \right)^{\alpha}} \tag{4.1}$$

其中,$\boldsymbol{f} \in R^k$ 是每一图像块的纹理特征向量;k 是特征向量的维度;$\hat{\boldsymbol{f}}_i$ 是区域 i 的平均纹理特征向量;d 是 $\hat{\boldsymbol{f}}_i$ 和 $\boldsymbol{f}$ 的欧氏距离;σ 是通过 K 均值算法获得的聚类中纹理特征的平均距离。

σ 定义为

$$\sigma = \frac{2}{C(C-1)} \sum_{i=1}^{C-1} \sum_{k=i+1}^{C} \| \hat{\boldsymbol{f}}_i - \hat{\boldsymbol{f}}_k \| \tag{4.2}$$

其中,C 是被分割图像的区域个数;$\hat{\boldsymbol{f}}_i$ 是区域 i 的平均纹理特征向量。

基于该图像块隶属度函数,第 i 个区域的模糊化纹理特征可以表示为

$$\vec{f}_i^{\mathrm{T}} = \sum_{f \in U^{\mathrm{T}}} f_{\mu_i}(\boldsymbol{f}) \tag{4.3}$$

其中，U^{T} 是由全部图像块的纹理特征组成的特征空间。

基于类似方式可以得到模糊隶属度函数 $\mu_i(\boldsymbol{f})$，我们也可以将 p 阶惯性轴模糊化为第 i 个区域的形状特征表示，即

$$l(i,p) = \frac{\sum_{f \in U^S} \left[(f_x - \hat{x})^2 + (f_y - \hat{y})^2 \right]^{p/2} \mu_i(\boldsymbol{f})}{[N]^{1+p/2}} \tag{4.4}$$

其中，f_x 和 f_y 分别是图像块的形状特征的 x 和 y 的坐标；$\hat{x}$ 和 $\hat{y}$ 分别是第 i 个区域的 x 和 y 的中心坐标；N 是图像中的图像块数；U^S 是图像的图像块特征空间。

基于式(4.4)，可以得到图像每个区域形状特征的模糊表示，记为 $\hat{f}_i^S$。

4.4　人工神经网络

为了模仿生物系统进行非符号计算，人们曾提出许多不同的数学模型，人工神经网络就是其中之一，展现了极大的发展前景，因此在相关领域引起广泛的关注。

4.4.1　神经网络基本结构

神经元表示器官中一种特殊的具有神经电活动的神经细胞，这些细胞的主要作用就是对器官进行操作控制。神经元由树突和轴突组成，树突是它的输入，轴突是它的输出。神经元的轴突通过突触的连接与其他神经元连接在一起，树突的输入信号在胞体内通过加权求和在神经元内形成输出信号，因此信号的强度是输入信号的加权求和函数，输出信号通过神经元分支的传递到达突触，通过突触信号转变成相邻神经元的新的输入信号。这一输入信号既可以是正的，也可以是负的，一般由突触的类型来决定。

模拟神经网络的数学模型如图 4.3 所示。神经元接收一个输入信号集 x_1，$x_2, \cdots, x_n$，记为向量 $\boldsymbol{X}$，这个输入信号通常是另外一个神经元的输出，每个输入信号与相应的连接权值相乘，用于模拟突触的效能，加权的输入信号进入求和模块。该模块对应神经元的胞体，在此执行算术求和过程，神经元的激励程度由下式决定，即

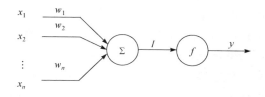

图 4.3　神经元数学模型

$$I = \sum_{i=1}^{n} x_i W_i$$

神经元的输出信号通过被称为体现激励程度的激励函数 f 来决定,即

$$y = f(I - \theta)$$

其中,θ 是神经元的阈值,通常下列函数被用作激励函数 f。

(1) 线性函数(图 4.4)

$$y = kI, \quad k \text{ 是常量}$$

(2) 二元(阈值)函数(图 4.5)

$$y = \begin{cases} 1, & I \geqslant \theta \\ 0, & I < \theta \end{cases}$$

(3) Sigmoid 函数(图 4.6)

$$y = \frac{1}{1 + \exp^{-I}}$$

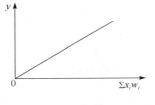 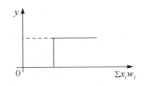 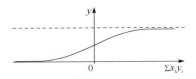

图 4.4　线性函数　　　　图 4.5　二元函数　　　　图 4.6　Sigmoid 函数

彼此之间,以及与环境之间相连的神经元的全部形成神经网络,输入向量通过激发输入神经元传入神经网络,网络中神经元的输入信号集 $x_1, x_2, \cdots, x_n$ 被称为输入激活向量。神经元间的连接权以矩阵 W 的形式表示,矩阵中的每个元素 w_{ij} 是第 i 个和第 j 个神经元间的连接权。在神经网络工作的过程中,输入向量被转换成输出向量,也就是说,实现了一定的信息处理。因此,神经网络的计算能力是通过神经网络的连接来解决问题的,这种连接是将一个神经元的输入与另一个神经元的输出相联系,而连接的强度是由权系数决定的。

神经网络的结构是由连接的级数体现的,常用的神经网络类型是全连接网络和层次型结构网络。在全连接网络结构中,所有的神经元都是相互连接的,每个神经元的输出都与其他的神经元,以及自身相连接。全连接神经网络的连接数为 $v \times v$,每个神经元拥有 v 个连接,该结构如图 4.7 所示。

在层次型结构网络中,神经网络中的神经元可以通过被分组到不同的层来区分。隐层中的每个神经元都与前一层和后一层的每个神经元相连,层次型结构网络中存在两个特殊层,这两个层直接作用于环境,如图 4.8 所示。

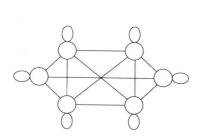

图 4.7　全连接神经网络

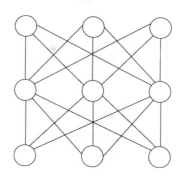

图 4.8　层次型结构神经网络

　　就网络信号传递方向而言,神经网络可以分为不带反馈环的神经网络(前馈神经网络)和带反馈环的神经网络(反馈神经网络或递归神经网络)。

　　在前馈神经网络中,每层神经元从环境中接收信号,或者从前一层接收信号,然后将它们的输出或者传递给下一层神经元或者传递给外部环境,如图 4.9 所示。在递归网络中(如图 4.10),特定层的神经元也可以从自身和其他层的神经元接收信号,因此不像非递归网络。递归神经网络的输出信号值仅当前一步的神经元的输出值存在相关信息时才确定(除了输入信号的当前值和相应连接权值)。这就意味着,网络能够处理记忆单元,使得该网络能记忆输出状态信息一段时间,这就是为什么递归神经网络能够实现联想记忆功能。联想记忆是按内容编址的,当不完全或损坏的向量输入给这样的网络,也能得到正确的向量。

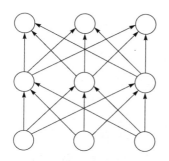

图 4.9　前馈神经网络

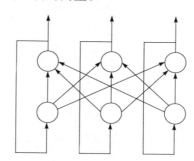

图 4.10　反馈神经网络

　　一个非递归(反馈)网络没有反馈连接,因此在该网络拓扑结构中,第 i 层的神经元从外部环境(当 $i=1$ 时)接收信号,或者从前一层神经元,也就是第 $i-1$ 层神经元(当 $i>1$ 时)接收信号,同时传递输出信号到下一层,第 $i+1$ 层或者传递信号到外部环境(当 i 为最后一层时)。

　　层次型非递归网络可以是单层网络,也可以是多层网络,包含一个输入层和一个输出层的非递归网络称为单层网络,输入层将所有神经元的输入分发给输出层的所有神经元,输出层的神经元是计算单元(它们计算的输出是输入信号加权和的函数)。这个函数可以是线性的,也可以是非线性的。对于线性激励函数,神经网络的输出由下式确定,即

$$Y = WX + \theta$$

其中,W 是网络的权向量;X 和 Y 分别是输入和输出向量。

非线性激励函数可以提高网络的计算能力,对于 Sigmoid 激励函数,网络的输出由下式确定,即

$$Y = \frac{1}{1 - \exp^{-xw + \theta}}$$

多层神经网络由输入层、输出层和隐层组成,单层网络由于不含隐层,因此不能解决复杂问题。隐层的使用使得神经网络在计算能力上有所增强,第 i 层的输出是第 $i-k$ 层($k=1,2,\cdots,i-1$)输出的函数,通过选取最优的网络拓扑结构,可以提高网络的可靠性和计算能力,同时减少处理时间。

4.4.2　神经网络中的监督学习

最简单的神经网络是感知器,如图 4.11 所示。通过每个权 W_i 与其输入 x_i 相乘,计算其加权和,如果这个加权和大于感知器的阈值,那么输出为 1,否则为 0。感知器通过反复将输入数据进行输入并调整相应权值直到得到期望输出。

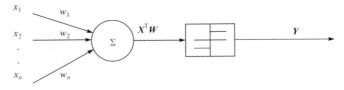

图 4.11　一个简单的网络模型

感知器的每一个输入都可以表示成向量 $X = \{x_1, x_2, \cdots, x_n\}^{\mathrm{T}}$,感知器的输出由比较输入信号的加权和与阈值 θ 来确定,如果输入向量的每个分量的加权和大于 θ,那么感知器的输出就是 1,否则就是 0。学习过程按如下方式进行,一个输入模式 X 应用于感知器的输入,然后计算其输出,如果输出是正确的(即与期望输出一致),那么不修改权值;否则,修改对应于这个不正确结果的输入连接的权值以减小错误。训练过程必须是全局的,也就是说,感知器必须在输入模式全集上学习,而这些输入模式是顺序地或者是任意地应用到感知器。训练方法可以概括为如下的 Delta 规则。

步骤 1,接收输入模式 X,并计算其输出 Y。

步骤 2,如果输出 $\boldsymbol{Y}$ 是正确的,转步骤 3。

如果输出 $\boldsymbol{Y}$ 是不正确的,那么对于每一个权值 w_i, $\Delta w_i = \gamma e x_i$, $w_i(t+1) = w_i(t) + \Delta w_i$,其中 $e = y^* - y$ 是该模式的错误(y^* 是目标输出值),γ 是用于规范权值变化平均大小的学习率。

步骤 3,重复步骤 1~3,直到满足可接受条件。

值得注意的是,这个 Delta 规则算法能够在有限步内使感知器得到正确结果,但是我们不能精确地评估具体的步数。在特定情况下,简单地尝试所有可能的权值的调整就足够了。此外,感知器的表示能力只局限于线性可分问题,如果输入向量的维度较大,我们就无法保证感知器得到正确的解。

这个 Delta 规则也可以用于连续激励函数的感知器,如果激励函数 f 是非线性且可微的,那么就可以使用如下权系数修正的 Delta 规则,即

$$\Delta w_i = \gamma(y_i^* - y_i)f'(I)x_i \tag{4.5}$$

$$w_i(t+1) = w_i(t) + \Delta w_i \tag{4.6}$$

其中,Δw_i 是第 i 个输入的修正量;$w_i(t)$ 是调整前的权值;$w_i(t+1)$ 是调整后的权值。

对于多层神经网络的训练过程,我们必须推广最小平方法使其足够适应调整连接权系数。误差后向传播网络[180,179] 是具有隐层的神经网络的最小平方法的推广。

实现这样的推广后,就出现如下问题,即如何去确定隐层结点误差的度量? 这个问题可以通过其后层结点的误差来估计。在学习的每一步,首先执行前向的过程,这意味着神经网络的输入由输入向量给定,激励流沿着网络从输入到输出的方向传播。之后,所有网络结点的状态就确定了,输出层结点产生实际的输出向量。该向量与期望的输出向量比较,学习的误差就确定了。其后,这个误差沿着网络输入的方向传播,并更新权系数值。

因此,整个学习的过程是交替的前向和后向传播的过程,在前向传播的过程中,网络结点的状态是确定的,然而在后向传播的过程中,误差向后传播,同时更新连接的权值,这也是为什么被称为误差后向传播算法。

正如前面提到的,增加网络的层数会提高其计算能力,进而提供更加复杂计算的可能性。已经证明三层神经网络可以解决输入空间的凸区域问题,加入第四层可能会进一步允许网络处理非凸区域问题[216]。实际上,使用四层神经网络可以处理任何形式的计算,但很明显增加更多的层将增加复杂度和学习的代价。此外,随着隐层单元的引入,也引出了最优的隐层数问题。

正如式(4.5)明确定义的更新权值 w_i 的步骤那样,也需要确定导数 $\partial E/\partial w_i$ 的值,而该导数是由 $\partial E/\partial y_j$ 确定的。在神经网络中,我们需要激励函数 f 是处处可微的,出于这个需要,通常使用 Sigmoid 函数作为激励函数,其导数为

$$\frac{\mathrm{d}y}{\mathrm{d}x} = y(1-y)$$

在学习开始之前,给每个权系数一个小的随机值,重要的一点是权初始值彼此间不能相等。很明显,给定的权系数调整公式是由梯度下降法演变而来的,即

$$\Delta w_i = -\gamma \frac{\partial E}{\partial w_i}$$

其中,E 是由所有训练集中的例子积累的平方误差。

因此,所有的输入训练向量作用于网络,这样得到累积误差,根据这个误差做相应修正,这个过程被称为误差后向传播的批处理修正方法。

还有一种权系数修正方法,在该方法中,每次只有一个输入向量,得到该向量的输出,基于该单一输入向量的输出误差进行更新,然后选择下一个输入向量,整个过程重复进行直到收敛。这一单一权值更新过程称为误差后向传播实时修正方法。

算法 5 形式化地描述了后向传播算法。

算法 5　后向传播算法

输入:网络拓扑结构,作为训练数据的输入输出数据对集合

输出:网络连接权值

方法:

1: 初始化网络权值(通常是随机的)

2: **repeat**

3: 　　**for** 训练集中的每个例子 s **do**

4: 　　$O=$ 给定输入 s 情况下的网络输出

5: 　　$T=$ 训练集中例子 s 的给定输出

6: 　　计算输出单元的误差 $T-O$

7: 　　计算所有的从隐层到输出层的连接权 Δw_i

8: 　　计算所有的从输入层到隐层的连接权 Δw_i

9: 　　更新网络权值

10: 　　**end for**

11: **until** 所有的例子分类正确或者满足终止条件

算法中的误差后向传播网络的主要缺点是在后向传播过程中网络可能收敛于局部最小值。该算法的另一个潜在问题就是其较低的学习速度,也就是说,它通常需要很多次循环才能收敛。就算法复杂度来说,如果网络具有 Q_1 个结点,输出单元数为 Q_2,学习步长为 Q_3,那么总的学习时间是 $Q_1Q_2Q_3$,假定 $Q_1=Q_2=Q_3=Q$,这就意味着学习时间复杂度为 $O(Q^3)$,由于神经元可以并行工作,因此使用并行计算可以将时间复杂度降为 $O(Q^2)$。

　　误差后向传播算法也可以用于径向基函数神经网络,有一些监督学习算法用于训练径向基函数神经网络。径向基函数神经网络有一个径向基函数单元的隐层,如图 4.12 所示。这个网络由 n 个输入和 m 个输出的神经元组成,实现从 n 维的向量 X 到 m 维的向量 Y 的映射($R^n \rightarrow R^m$),隐层结点 $\varphi_k (k=1,2,\cdots,L)$ 表示对输入信号 $x_i(i=1,2,\cdots,n)$ 的径向基函数神经网络变换,输入层和隐层结点之间的连接没有相应的权值,合适的径向基函数的选择依赖于我们要使用径向基函数神经网络解决问题的类型。假设径向基函数 $\varphi_k = \varphi(\parallel X - a_k \parallel) = \varphi_k(r)$,可以选择如下径向函数。

① $\varphi(r) = r$,线性径向函数。

② $\varphi(r) = r^2$,二次径向函数。

③ $\varphi(r) = \exp(-r^2/b^2)$,高斯径向函数。

④ $\varphi(r) = r^2 \log(r)$,薄板样条径向函数。

⑤ $\varphi(r) = \sqrt{(r^2 + b^2)}$,多二次径向函数。

图 4.12 中第 k 个隐层单元的输出为

$$\varphi(X) = \varphi\left(\frac{\parallel X - a_k \parallel}{b_k^2} \right)$$

其中,$\varphi(\cdot)$ 是在第 k 个"中心"a_k 具有唯一最大值的严格正径向对称函数,同时从该中心函数迅速地下降为 0;参数 b_k 是在输入空间中单元 k 能容纳的域的宽度。

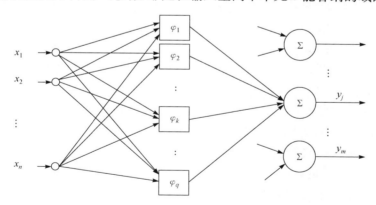

图 4.12　带有隐层的径向基函数神经网络的多输入和多输出的网络结构

　　训练径向基函数神经网络的监督学习算法是基于 N 个输入-输出对 (X^k, Y^k) $(k=1,2,\cdots,k)$ 的训练集合。这些输入-输出对表示的是给定映射的关联或者连续多元函数的样本。倘若出于网络训练的考虑提供一个对于所有参数可微的方法,那么径向基函数神经网络具有可微的特性。因此,可以使用梯度方法训练径向基函数神经网络。这种方法可以进行如下迭代过程,即

$$a_i(t+1)=a_i(t)+\Delta a_i$$
$$b_i(t+1)=b_i(t)+\Delta b_i$$
$$w_{ij}(t+1)=w_{ij}(t)+\Delta w_{ij}$$

其中，$\Delta a_i=-\gamma_a\dfrac{\partial E}{\partial a_i}$；$\Delta b_i=-\gamma_b\dfrac{\partial E}{\partial b_i}$；$\Delta w_{ij}=-\gamma_w\dfrac{\partial E}{\partial w_{ij}}$；$\gamma_a$，$\gamma_b$ 和 γ_w 是小的正约束量，E 是模型对象（或者函数）y_{jr}^* 与径向基函数神经网络的相应输出 y_{jr} 间的平均平方误差，即

$$E=\frac{1}{2}\sum_{r=1}^{S}\sum_{j=1}^{M}(y_{jr}^*-y_{jr})^2$$

4.4.3　神经网络中的强化学习

在传统监督学习中，期望的输出是直接给定的，并且作为训练数据的一部分来指导或监督学习的过程。神经网络中的强化学习根据训练数据给定的信息来调整其行为。这些信息表示的是对网络当前行为的赞许和反对，传给网络的信号称为强化信号，是在学习的过程中由监督者发送的。

强化学习是模仿人的学习过程发展而来的。特别地，在孩子成长过程中，行为的培养是基于周边环境的指导，包括成年人的监督。例如，小孩的行为从周边的环境中引起了不希望的结果（如导致疼痛或者受到大人的反对），那么小孩将来就不会发生类似的行为；相反，如果孩子的行为从环境中得到正面的奖赏（如大人的表扬或赞许），那么小孩将来就可能再做类似的行为。

基于以上类比，强化学习算法可以认为是可信的。在这些算法中只需要单一的强化信号，该信号称为奖/罚信号。当网络获得一个奖赏信号（正的强化）时，网络试图在相似的环境下重复当前的行为；当网络获得一个惩罚信号（负的或零强化）时，网络就会修改权系数远离当前的行为。

在学习过程中，强化信号来源于经典的自动机理论[157,234]。自动机会基于相应的概率选择一个可能的动作去执行，当一个动作选择后，环境就会通过发送一个正的（奖赏）或者负的（惩罚）强化信号给自动机作为对该动作的反映。基于该信息，自动机可以修改相应概率来增加正的强化信号，这个过程反复进行直到正的强化信号频率是在一个足够高的水平。

考虑一个著名的强化学习算法——线性奖/罚算法 L_{R-P}[157]。考虑自动机，该自动机基于概率 $(p^1,p^2,\cdots,p^n)$ 选取一个动作集 $(a^1,a^2,\cdots,a^n)$。在学习过程中，动作选择的概率是要被更新的，因此我们引入另一个索引，使 $(p_t^1,p_t^2,\cdots,p_t^n)$ 是第 t 次循环的概率集合，在第 t 步学习中选择动作 $a_i(i\in[1,n])$，环境对该选择动作发送信号 b_t。b_t 具有两个可能的取值-1 或 1，除了这个信号，没有额外的其他信息，然后自动机依据如下规则更新概率 P_t^n。

① 如果选取的动作是 $a_t = a^i$，并且 $b_t = 1$，那么

$$\begin{cases} P_{t+1}^i = P_t^i + \gamma_1(1 - P_t^i) \\ P_{t+1}^j = (1 - \gamma_1)P_t^j, \quad j \neq i \end{cases} \tag{4.7}$$

② 如果 $b_t = -1$，那么

$$\begin{cases} P_{t+1}^i = (1 - \gamma_2)P_t^i \\ P_{t+1}^j = \dfrac{\gamma_2}{r-1} + (1 - \gamma_2)P_t^j, \quad j \neq i \end{cases} \tag{4.8}$$

其中，γ_1 和 γ_2 是学习率；r 是自动机的个数。

成功的动作的概率将会增加，增加的值与①和学习步骤前的概率的差值成正比，而其他动作的概率将减小。当然，γ_1 和 γ_2 的取值必须在 0 和 1 区间内。

就神经网络而言，考虑如图 4.13 所示的神经元个数，a^i 是第 i 个神经元的概率。与自动机情况一样，学习过程是通过反复更新神经元激活的概率实现的。在这种情况下，单个神经元并不能组成整个网络，因此它们丢失了由连接得到的计算能力，也就不能实现联想和分类。

为了解决这个问题，文献[16]提出一种改进的 L_{R-P} 算法，称为联想强化算法。在该算法中，网络既包含输出神经元，也包含输入神经元，如图 4.14 所示。输入向量与输入单元相连来完成分类任务，使用源于训练数据的强化信号去训练网络来完成正确分类，为了有效地奖赏正确的网络行为，必须给定输入向量 $\boldsymbol{X}_k$ 与输出向量 $\boldsymbol{Y}_k$ 之间的关系信息，存储的方式就是使用数组 $d(\boldsymbol{X}_k, \boldsymbol{Y}_k)$。

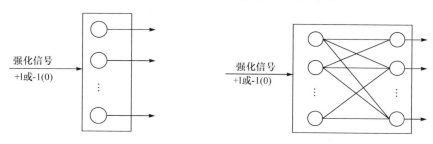

图 4.13　L_{R-P} 算法的神经元　　　　　　图 4.14　L_{R-P} 算法的网络

假定在网络的输出层有两个神经元，这意味着输入向量对应于两个类。当具体的输入向量 $\boldsymbol{X}$ 与输入单元相连时，如果在条件 $P(y_1|\boldsymbol{X}) > P(y_2|\boldsymbol{X})$ 成立的情况下神经元 y_1 激活，或者在条件 $P(y_2|\boldsymbol{X}) > P(y_1|\boldsymbol{X})$ 成立的情况下神经元 y_2 激活，那么分类错误率最小。因此，问题就在于如何确定给定的条件概率。

Barto 和 Anandan[16]建议使用向量 $\boldsymbol{\Theta}$ 近似计算这些概率，即

$$\boldsymbol{\Theta X} = P(y_1|\boldsymbol{X}) - P(y_2|\boldsymbol{X})$$

如果条件 $\boldsymbol{\Theta}\boldsymbol{X}>0$ 得到满足,那么输出神经元 y_1 激活;否则,第二个神经元激活。在学习的过程中调整向量 $\boldsymbol{\Theta}$,除了上述的激活规则,还引入了输入向量的类标记 $\boldsymbol{Z}$,如果 $\boldsymbol{X}$ 输入对应于 y_1 的类,那么这个类标记为 1;否则,$\boldsymbol{Z}=-1$,已经证明最小化 $(\boldsymbol{\Theta}\boldsymbol{X}-\boldsymbol{Z})^2$ 的数学期望将使分类错误率最小。

为了达到这一目标,可以使用 Robinson-Monro 算法[121],关于 $\boldsymbol{\Theta}$ 的误差 $\boldsymbol{E}$ 的偏微分定义为

$$\frac{\partial \boldsymbol{E}}{\partial \boldsymbol{\Theta}}=2(\boldsymbol{\Theta}\boldsymbol{X}-2)\boldsymbol{X} \tag{4.9}$$

在学习过程中,使用如下公式调整向量 $\boldsymbol{\Theta}$,即

$$\boldsymbol{\Theta}_{t+1}=\boldsymbol{\Theta}_t-\gamma_t(\boldsymbol{\Theta}_t-\boldsymbol{Z}_t)\boldsymbol{X}_t \tag{4.10}$$

其中,对于每个 t,γ_t 是一个常量。

这些常量在学习过程中的不同步取不同值,它们的值在学习过程中逐渐减小,并影响算法的收敛速度。

向量 $\boldsymbol{\Theta}$ 的每个分量可以看做连接的权,连接输入神经元和输出神经元,当总的输入大于 0 时,这些输出神经元被激活。

随机数被用来设计联想奖/罚算法,A_{R-P}。在文献[16]中,假定每个输出神经元具有两种状态,即 1 和 -1,激励规则采用如下形式,即

$$y_t=\begin{cases}1, & X_t+\xi_t>0 \\ -1, & \text{其他}\end{cases}$$

其中,ξ_t 是一个已知分布的随机变量。

当 $\boldsymbol{X}_t$ 和 $\boldsymbol{\Theta}_t$ 给定时,数学期望 $E(y_t|\boldsymbol{\Theta}_t,\boldsymbol{X}_t)$ 也就已知,$\boldsymbol{\Theta}$ 更新的数学定义与 Robinson-Monro 算法类似。

为了区分正的强化($b=1$)与负的强化($b=-1$),引入系数 λ。在奖赏的情况下,我们有

$$\boldsymbol{\Theta}_{t+1}=\boldsymbol{\Theta}_t-\gamma_t(E(y_t|\boldsymbol{\Theta}_t,\boldsymbol{X}_t)-b_ty_t)\boldsymbol{X}_t$$

在惩罚的情况下,我们有

$$\boldsymbol{\Theta}_{t+1}=\boldsymbol{\Theta}_t-\lambda\gamma_t(E(y_t|\boldsymbol{\Theta}_t,\boldsymbol{X}_t)-b_ty_t)\boldsymbol{X}_t$$

当 $\lambda=0$ 时,上述算法在行为算法中也称为联想奖赏。

如果

① 输入向量是线性独立的。

② 每个向量的出现有有限的概率。

③ 随机变量的分布是连续的和单调的。

④ 倘若随着 k 的增加 γ_k 最小化到 0,γ_k 序列满足某些条件。

那么,权向量收敛。

强化学习算法的主要缺点就是它在解决大规模问题时是低效的,在大的网络

中,很难仅仅基于单一的全局奖/罚信号去调整网络的行为。另一个问题是朝着增加强化信号的期望上升时可能导致局部最优,当网络接近这个局部最优解时,很难得到有关其他可能解的信息。

4.5　遗　传　算　法

强化学习算法是类比人类行为发展方式提出来的,而遗传算法是类比自然进化过程提出来的。经典的遗传算法是作用在固定长度的二进制字符串上,而演化程序并不需要这样。另外,演化程序常使用各种遗传算子,而经典的遗传算法仅使用二元的交叉和突变算子。

4.5.1　遗传算法简述

遗传算法的起源可以追溯到 20 世纪 50 年代初期,当时几个生物学家使用计算机模拟生物系统,然而今天我们所知道的遗传算法的正式研究始于 20 世纪 60 年代末。

遗传算法是基于自然选择和自然遗传机制的全局最优算法,有许多特性区别于其他的优化算法。

① 遗传算法仅使用目标函数,不使用其他的可微函数或有关对象的其他信息,这对于那些不可微和离散的函数是非常方便的。

② 遗传算法通过维持一个潜在的解的种群,使用并行的多点搜索策略,提供关于函数行为的广泛信息,排除了陷入函数局部最小值的可能性,而传统的搜索算法通常不能处理这一问题。

③ 遗传算法使用概率转移规则而不是确定性规则,计算机实现比较简单。

遗传算法的名字借鉴了自然遗传学中的词汇,候选解称为个体,这个个体也经常被称为字符串或染色体。这可能存在一些误导,给定物种的每个器官细胞都含有一定量的染色体,然而我们仅讨论个体的染色体。染色体是由基本单元构成的,这些单元是线性连续排列的基因,每个基因控制着某一生物特征的遗传。

可以假定每个基因具有有限个值,在二进制表示中,染色体是一个向量,由连续的位组成,也就是 0 和 1 的连续序列。染色体的集合组成种群,种群中染色体的个数决定种群的大小,遗传算法反复评价种群并产生新的种群,每个相继的种群被称为一代。种群经历着模拟的进化过程,在该过程的每一代中相对“好”的解可以再生,而相对“差”的解消亡。我们使用目标(评价)函数来区分不同的解,它起着自然进化中环境的作用,目标函数经常被称为适应度函数。

简单遗传算法的结构与任何演化程序的结构相同,在第 t 次迭代中,遗传算法维持着一个潜在解(染色体或者向量)的种群 $G(t)=\{x_1^t,x_2^t,\cdots,x_n^t\}$,评价每一个

解 x_i^t，并给出其适应度的某一度量，然后通过选择更加适应的个体形成新的种群（第 $t+1$ 代）。这个新的种群中的一些个体经过交叉和突变进行再生，形成新的个体。交叉通过交换父辈的相应段，组合父辈染色体的特征形成两个相似的后代，例如父辈由五维的向量 $(a_1, b_1, c_1, d_1, e_1)$ 和 $(a_2, b_2, c_2, d_2, e_2)$ 来表示，那么通过交叉可以产生后代 $(a_1, b_1, c_2, d_2, e_2)$ 和 $(a_1, b_1, c_1, d_2, e_2)$。

变异是指通过随机变化任意改变所选染色体的一个或多个基因，其概率与交叉算子的概率相等。对于特定的问题，遗传算法如图 4.15 所示。

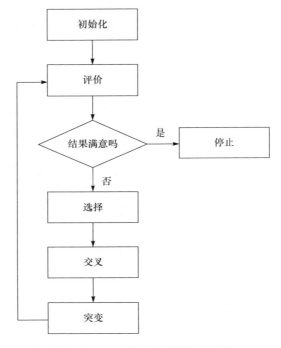

图 4.15　一个简单遗传算法的结构

下面讨论遗传算法对于一个简单的参数优化问题的执行过程。假设求解具有 k 个变量的函数 $f(x_1, x_2, \cdots, x_k): R^k \rightarrow \mathbf{R}$ 的最大值，如果优化问题是求函数 f 的最小值，那么这个问题就等价于求函数 g 的最大值，其中 $g = -f$，即

$$\min\{f(x)\} = \max\{g(x)\} = \max\{-f(x)\}$$

进一步，假设每个变量 x_i 可以取值域 $D_i = [a_i, b_i] \subseteq \mathbf{R}$ 内的值，并且对所有的 $x_i \in D_i$，都有 $f(x_1, x_2, \cdots, x_k) > 0$。我们希望以一定的精度优化函数 f，假设每个变量以十进制数表示，并具有六位精度。

很明显，为了得到这样的精度，每一个值域 D_i 应该被分成 $(b_i - a_i)10^6$ 等份，可以用 m_i 表示 $(b_i - a_i)10^6 \leqslant 2^{m_i} - 1$ 成立的最小二进制位数。这样，被编码成长度

为 m_i 的二进制字符串变量 x_i 显然满足精度要求。另外,下面的公式可以计算每一个这样的字符串对应的十进制值,即

$$x_i = a_i + \text{decimal}(1001\cdots001_2) \times \frac{b_i - a_i}{2^{m_i} - 1}$$

其中,$\text{decimal}(\text{string}_2)$ 表示二进制字符串的十进制值。

每一个染色体(作为一个可能的解)被表示成长度为 $m = \sum_{i=1}^{k} m_i$ 的二进制字符串,前 m_1 位被映射到 $[a_1, b_1]$ 的一个值,接下来的 m_2 位被映射到 $[a_2, b_2]$ 的一个值。依此类推,最后的 m_k 位被映射到 $[a_k, b_k]$ 的一个值。

为了初始化一个种群,我们可以简单地随机按位设置 p 个染色体。如果事先知道可能的最优解分布信息,就可以使用这些信息去初始化最优可能解的集合。接下来的工作就简单了,在每一代,我们评估每一个染色体(在编码的变量序列上使用函数 f),根据适应度值的概率分布选择一个新的种群,通过交叉和变异算子重新组合新种群中的染色体。经过一些代,当没有进一步的改进时,当前的最优解就是(可能是全局的)最终解。出于速度和资源的考虑,我们通常在一定次数的迭代后终止算法执行。

对于选择过程(基于适应度概率分布的新种群的选择),我们必须首先执行下面的动作。

①计算每个染色体 $v_i(i=[1,p])$,的适应度值 u_i。

②计算种群的总的适应度值 $F = \sum_{i=1}^{p} u_i$。

③计算每个染色体 $v_i(i=[1,p])$ 的选择概率 $p_s^i = u_i/F$。

④计算每个染色体 $v_i(i=[1,p])$ 的累计概率 $p_{\text{cum}}^i = \sum_{j=1}^{i} p_s^j$。

选择过程进行 p 次,每一次以下列方式从新的种群中选择一个染色体。

① 生成 $[0,1]$ 的随机(浮点)数 r。

② 如果 $r < p_{\text{cum}}^1$,那么选择第一个染色体(v_1);否则,选择第 i 个染色体 v_i,其中 $2 \leqslant i \leqslant p$,并且 $p_{\text{cum}}^{i-1} < r < p_{\text{cum}}^i$。

很明显,有些染色体可能被选取多次,最好的染色体生成多个副本,一般的染色体仍然保留在种群中,最差的染色体灭亡。将第一个组合算子——交叉算法应用到新种群中的个体,遗传算法的其中一个参数就是交叉概率 p_c,这个概率给了我们需要经历交叉运算的染色体的期望数目 $p_c \times p$。对于新种群中的每一个染色体,按下列方式进行。

① 生成 $[0,1]$ 的随机(浮点)数 r。

② 如果 $r < p_c$,那么选择给定的染色体做交叉运算。

随机组合选择的两个染色体,对于每对染色体,我们生成$[1, m-1]$的一个随机数 pos(m 是总长度——染色体的位数),pos 指的是交叉点的位置。

两个染色体为

$$(b_1, b_2, \cdots, b_{pos}, b_{pos+1}, \cdots, b_m)$$
$$(c_1, c_2, \cdots, c_{pos}, c_{pos+1}, \cdots, c_m)$$

它们被其如下后代所替代,即

$$(b_1, b_2, \cdots, b_{pos}, c_{pos+1}, \cdots, c_m)$$
$$(c_1, c_2, \cdots, c_{pos}, b_{pos+1}, \cdots, b_m)$$

交叉算子应用的直观感觉就是不同可能解的信息交换。

下一个组合算子的突变是按位来操作的。突变概率 p_m 给了我们预期的位的数目 $p_m \times m \times p$,每一位(整个种群中的所有染色体)都有相同的机会经历突变,即从 0 突变为 1 或从 1 突变为 0。因此,我们对当前(交叉后)种群中的每个染色体,以及染色体内的每一位按照如下方式进行。

① 生成$[0, 1]$的随机(浮点)数 r。

② 如果 $r < p_m$,对该位做突变。

使用突变算子的直观感觉是引入种群一个额外的变种。

在选择、交叉和突变之后,这个新的种群就准备发展到下一个阶段。在这个发展阶段需要构建概率分布(对于下一次选择过程),其余发展阶段就是上述各步循环重复的过程。

然而,经常会出现的情况是,前面几代的染色体适应度值可能好于最近几代最好的染色体适应度值。跟踪在整个演化过程中最好的个体是相对容易的,在遗传算法实现的过程中,作为一个惯例通常保存各自位置上曾经最好的个体,通过这样的方式,算法就能得到最好的解(相对于最终群体的最好解而言)。

有必要指出的是,经典的遗传算法可能使用轮盘赌的方法实现个体的选择,这种方法是适者生存法则的一个随机实现。在这种选择方法中,前种群 $G(t)$ 中的一个字符串能够被选择在下一代种群 $G(t+1)$ 中生存是通过转轮盘实现的。在轮盘的设计中,种群中的每个字符串在轮盘中所占的比重与它的适应度值成正比,因此那些具有较高适应度的字符串在轮盘中占有较大的比重,而那些具有较低适应度的字符串在轮盘中占有较小的比重,最终通过旋转轮盘 p 次做出相应的选择,将轮盘最终指向的那些字符串作为最终的字符串。

4.5.2　遗传算法极值搜索与传统极值搜索方法比较

极值搜索的遗传算法不同于传统优化方法,使用梯度法寻找如图 4.16 所示的函数 $f_1(x)$ 的最大值。该方法有助于快速地解决问题,从初始点渐渐地接近最高点。

如果使用相同的方法寻找如图 4.17 所示的函数 $f_2(x)$ 的全局最优解,而选择的初始点位于一个局部最优解的周边,那么将陷入这个局部最优。但是,这些点的种群表示的遗传算法可以达到全局最优解,而没有任何陷入局部最优解的风险。

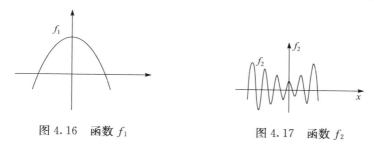

图 4.16　函数 f_1　　　　　　　　　　图 4.17　函数 f_2

另一方面,人们对相同的遗传算法提出了不同的变种,目的是简化算法,使其更加有效。出于此目的,我们建议使用混合算法,将遗传算法与传统学习算法相结合,如梯度下降法、爬山法和协同方法等。这些混合算法已经被证明对某些问题是高效的。

遗传算法的一个最基本的优点就是其黑箱原理,也就是说,给定输入数据 X 和相应的输出 Y 就足够了,而不需要知道实际的函数形式。在遗传算法中,我们并不总是需要将变量从十进制表示编码为二进制表示,或者反过来从二进制表示编码为十进制表示,也不需要计算函数 f 的导数或者任何其他关于函数的额外信息。相比之下,为了使用传统的搜索算法,经常需要函数解析式是可微和连续的,所有的这些优点都使得遗传算法在解决复杂问题上具有一定的吸引力。

为了更进一步比较,我们将爬山法、模拟退火算法和遗传算法应用到简单的优化问题上。设搜索空间是一个具有长度为 30 的二进制字符串 v 的集合,需要计算最大值的目标函数 f 为

$$f(v) = |11 \times \text{one}(v) - 150|$$

其中,函数 one(v) 返回的是字符串 v 中 1 的个数。

函数 f 是线性的,因此对于一个优化问题并不存在任何难度,我们仅是用它去描述上述三个算法在效率方面的差异。然而,我们对函数 f 感兴趣的地方是它有一个全局最大值,即

$$v_g = (111111111111111111111111111111)$$
$$f(v_g) = |11 \times 30 - 150| = 180$$

一个局部最大值,即

$$v_l = (000000000000000000000000000000)$$
$$f(v_l) = |11 \times 0 - 150| = 150$$

算法 6 列出了爬山法的一个简单形式(最速上升爬山法)。

算法 6　最速上升爬山法

输入：字符串集合

输出：对应于目标函数最大值的最好字符串

方法：

1：初始化 $t \leftarrow 0$

2：**repeat**

3：　　local←FALSE

4：　　随机选择当前字符串 v_c

5：　　评估 v_c

6：　　**repeat**

7：　　　　通过翻转 v_c 的单个位,在 v_c 的邻居中选取 30 个新的字符串

8：　　　　从具有最大目标函数 f 值的新的字符串集中选取字符串 v_n

9：　　　　**if** $f(v_c) < f(v_n)$ **then**

10：　　　　　$v_c \leftarrow v_n$

11：　　　　**else**

12：　　　　　local←TRUE

13：　　　　**end if**

14：　　**until** local＝TRUE

15：　　$t \leftarrow t+1$

16：**until** $t ==$ MAX

考虑 30 个邻居,并且选择返回最大长度 $f(v_n)$ 的 v_n 与当前的字符串相比较,如果 $f(v_c) < f(v_n)$,那么新的字符串替换当前字符串；否则,就不可能得到进一步的改进,算法已经达到最优。在这种情况下,算法的下一迭代 $t \leftarrow t+1$ 过程将以另外一个任意选取的字符串开始执行。

有趣的是,初始字符串(随机选择的)决定了上面爬山法单次循环的成败(也就是返回全局,还是局部最优解)。显然,如果初始字符串有 13 个 1 或者更少,那么算法将终止在局部最优解(失败),原因是具有 13 个 1 的字符串返回的目标函数值为 7,那么任何朝着全局最优解的单步改进,也就是将 1 的数目增加至 14,都会降低目标函数的值到 4。另一方面,1 的数目的任何减少都会增加目标函数的值,如减少字符串 1 的数目到 12 个将会得到目标函数的值为 18,再如减少字符串 1 的数目到 11 个将会得到目标函数的值为 29 等。这会把搜索引向错误的方向,即朝

着局部最小值方法发展,对于具有多个局部最小值的问题,算法达到全局最优解(在单次循环中)的机会非常小。

算法 7 给出了模拟退火算法,其中 Boltzmann 概率为

$$p = \exp([f(v_n) - f(v_c)]/T)$$

算法 7　模拟退火算法

输入:字符串集合

输出:对应于目标函数最大值的最好字符串

方法:

1：初始化 $t \leftarrow 0$

2：初始化温度 T

3：随机选择当前字符串 v_c

4：评估 v_c

5：**repeat**

6：　**repeat**

7：　　通过翻转 v_c 中的单个位,在 v_c 的周边选取一个新的字符串 v_n

8：　　**if** $f(v_c) < f(v_n)$ **then**

9：　　　$v_c \leftarrow v_n$

10：　　**else**

11：　　**if** $\text{random}[0,1] < \exp\{[f(v_n) - f(v_c)]/T\}$

12：　　　$v_c \leftarrow v_n$

13：　　**end if**

14：　　**end if**

15：　**until** 满足温度条件

16：　$T \leftarrow g(T,t)$

17：　$t \leftarrow t+1$

18：**until** 满足终止条件

函数 $\text{random}[0,1]$ 返回的是 $[0,1]$ 的随机数,终止条件检查是否已经达到热平衡,也就是说,被选取的新的字符串的概率分布是否接近期望的概率分布。在具体的实现中,这一循环只执行 k 次(k 是 Boltzmann 方法的另一个参数)。

在每步中,温度 T 逐渐下降(对所有的 t,$g(T,t) < T$),对于某一较小的 T 值算法终止,停止条件检查系统是否冷却,也就是说最终不再接受任何改变。

由于模拟退火算法可以跳出局部最优解,考虑如下含有 12 个 1 的字符串,即

$$v_s = (111000000100110111001010100000)$$

该字符串目标函数的评估结果为 $f(v_s)=|11\times12-150|=18$，将 v_s 作为起始点，上面讨论的爬山法可以达到局部最大值，即

$$v_h=(00000000000000000000000000000000)$$

由于任何具有 13 个 1 的字符串（也就是朝着全局最优解方向发展的）目标函数评估值均为 7（小于 18）。另一方面，模拟退火算法以如下概率接收具有 13 个 1 的字符串作为当前新的字符串，假定温度 $T=20$，有

$$p=\mathrm{e}^{-\frac{11}{20}}=0.57695$$

也就是说，接收的概率高于 50%。

遗传算法可以维持一个字符串的种群，对于两个相对差的字符串，即

$$v_p=(11111000000011011100111010000000)$$

和

$$v_q=(00000000000011011100101011111111)$$

它们每一个的评价值都为 16，可以生成比较好的后代（如果交叉点落在第 5 位和第 12 位中间的任何一个位置），即

$$v_r=(11111000000011011100101011111111)$$

新的后代 v_r 的评估值为

$$f(v_r)=|11\times19-150|=59$$

上面通过一个简单例子的比较分析，说明了遗传算法优于传统的优化算法。

4.6　小　　结

本章主要介绍作为多媒体数据挖掘的一种方法的软计算技术。具体来讲，我们讨论了三种不同的软计算方法，即模糊集和模糊逻辑、人工神经网络和遗传算法。这些方法可以应用于机器学习和优化，特别是多媒体数据挖掘领域。值得注意的是，这些软计算的方法是彼此互补的，而不是彼此排斥的。一个明显的趋势是当组合起来使用模糊集和模糊逻辑、人工神经网络和遗传算法时会更加有效。它们组合使用的例子包括人工神经网络＋模糊逻辑（神经模糊）、模糊逻辑＋遗传算法、人工神经网络＋遗传算法、模糊逻辑＋人工神经网络＋遗传算法，以及其他软计算方法的可能组合。

这些软计算技术的各种应用将在第三部分进一步讨论，并为不同的多媒体数据挖掘问题提供具体的解决方案。

第三部分

多媒体数据挖掘应用实例

第 5 章　图像数据库建模——语义库训练

5.1　引　　言

本章作为一个应用实例,研究基于内容的图像数据库挖掘与检索,重点讨论一种面向分类的图像挖掘和检索方法,实现对富含语义图像的检索。在该方法中,使用基于自组织映射的图像特征分组方法,分别对颜色、纹理和形状特征创建视觉词典,使用该视觉词典中的关键字对每幅训练图像进行语义标注,然后构建一颗分类树。基于特征空间中的统计特征,我们定义了一种结构,称为 α 语义图,用来发现包含在图像数据库中的来源于语义库的那些隐藏语义关系。利用 α 语义图,每一个语义库被形式化为唯一的一个模糊集,用来描述特征空间内语义库中存在的语义不确定性和重叠,提出一种基于分类精度度量的算法。该算法将构建的分类树与模糊集建模方法相结合,实现对给定查询图像的语义相关检索过程。实验评估结果表明,提出的方法能够有效地构建语义关系模型,在有效性和高效率两个方面都超过目前文献提到的最新的基于内容的图像挖掘系统。

本章的其余内容组织如下,5.2 节介绍这种实现图像分类的语义库训练方法的研究背景;5.3 节简要描述以前的相关工作;5.4 节给出图像特征抽取方法和每个特征属性的视觉词典创建方法;5.5 节介绍 α 语义图的概念,指出如何从 α 语义图去构建每一个语义库模糊语义模型;5.6 节描述我们提出的算法,该算法将生成的分类树与构建的模糊语义模型相结合,从而实现富含语义图像的挖掘与检索;5.7 节介绍实验结果和评价;5.8 节对本章小结。

5.2　研　究　背　景

在多媒体数据挖掘应用中,大规模的图像数据集已经变得越来越普遍,从照片数据集到 Web 网页,再到视频数据库。对这些图像数据集实现有效地索引和挖掘是一个挑战,这使其成为许多研究项目的核心,如经典的 IBM QBIC 项目[80]。几乎所有的这些系统都是生成底层的图像特征,如颜色、纹理、形状和运动来完成图像挖掘和检索任务。这样做的一部分原因是底层特征能够自动和高效地提取。然而,图像的语义,也是用户最感兴趣的内容,很少能够被底层特征体现。另一方面,仍然没有有效的方法去自动获取图像的语义特征,一种通用的折中方法就是通过手工标注来获得语义信息。由于视觉数据包含丰富的信息,手工标注具有主观性和歧义性,使用词语精确、完整地描述图像语义内容是困难的,更不要说还要涉及乏味的、劳动密集型的工作。

对该问题的一个折中方法就是使用图像分类方法以一种有意义的方式组织图像集。图像分类的任务是基于已有的训练数据将图像分类到不同(语义)类别的过程,这种图像分类是有益的,它既可以实现图像集的语义组织,也可以获得图像的自动语义标注。自然图像的分类通常是困难的,这是因为即便是来源于同一语义类别的图像也存在很大差异,同时来源于不同类别的图像可能具有共同的背景。这一问题限制了最近文献中提出的图像分类方法的进一步应用。

典型的图像分类方法通常需要解决如下四个方面的问题。

① 图像特征,即如何表示一幅图像。

② 特征数据组织,即如何组织数据。

③ 分类器,即如何分类一幅图像。

④ 语义建模,即如何表示语义类间的关系。

在本章,我们描述并给出一个新的面向分类的图像挖掘与检索方法。假设已经给定一个已知类别的训练图像集,对集合中的每幅图像抽取各种特征(颜色、纹理和形状),并将这些特征分组用以构建视觉词典。利用训练图像的视觉词典构建分类树,一旦得到分类树任何一幅新的图像就很容易被分类。另一方面,为了构建图像库间的语义关系模型,我们基于每一对语义库定义的语义关系设计一个称作 α-语义图的表示形式。基于 α-语义图,每一个语义库被形式化为唯一的一个模糊集,用以描述特征空间内语义库间的语义不确定性和语义重叠。基于分类树和模糊语义模型,提出一种检索算法用于语义相关的图像挖掘与检索。

我们在 COREL 图像数据库[2]中的 96 个具有代表性的类别上对这个算法进行评价。这些图像包括丰富的内容(景色、动物、对象等),类别包括时装模特、飞行器、猫、大象、老虎、鲸鱼、花、夜景、壮观的瀑布、世界城堡和河流等。通过与最近邻方法[69]比较,结果表明该方法的性能优于最近邻算法,并且具有较短的响应时间。

5.3 相 关 工 作

在图像挖掘与检索领域中,很少有研究工作将数据分类建立在图像本身特征上,通常的数据挖掘和信息检索领域绝大多数相关的工作都是处理文本信息[131,41],仅有为数不多的工作是关于如何表示图像(图像特征)和如何组织特征的。随着图像在集中式和分布式环境中的快速普及和存储容量的增加,基于文本描述的数据库选择方法已不适于基于视觉的查询,在基于视觉的查询中,用户的查询可能是不可预期的,检索的是不能提取的图像内容。接下来,我们对基于自动分类的图像挖掘和检索的前期工作加以综述。

Yu 和 Wolf 提出 1 维隐马尔可夫模型用于室内和室外场景的分类[229]。在该方法中,图像首先被垂直或水平分割,每一个分割后的图像区域被进一步划分为块,块的颜色直方图用来对一个预先设定的标准聚类集合训练隐马尔可夫模型,如天空、树与江河聚类和天空、树和草聚类。然后,使用极大似然分类器将图像分类为室内或室外。分类的总体性能依赖于描述室内场景,还是室外场景的标准聚类集合,通常穷尽出覆盖像室内/室外这样一般情况的例子是比较困难的。由 Lipson 等[140]提出的构形识别方法也是一种基于知识的分类方法,该方法对每一个类别手工构建一个模型模板,模板使用定性的度量方法将通常的全局景物识别结构进行编码,然后图像被分类到其模型模板最匹配该图像的一个类别,该类别的模型模板通过可变形的模板匹配方法(尽管图像可以下采样到较低的分辨率,但是还是需要大量计算),最近邻分类。为了避免手工构造模板的缺陷,文献[171]提出从几个例子中自动构建景物模板的学习机制,该学习机制在两个景物类别上进行测试,并得到了较好的结果。

在分布式视觉信息系统中,资源选取的早期工作是由 Chang 等[42]提出的,他们提出的方法是建立在一个检索分布式服务器上的元数据库。该元数据库记录了每一类别中图像的视觉信息,包括图像模板和统计特征等。数据库的选择是通过使用最近邻排序算法查找元数据库来驱使的,该排序算法使用与模板,以及与模板相关联的数据库特征的检索相似性来计算。另一个方法[110]提出自动层次图像分类的新机制,通过联合颜色相关图,并利用奇异值分解[56]方法对特征建模,同时构建一颗分类树,该方法的一个关键点就是相关图的使用,结果表明相关图比直方图更能体现潜在语义结构。使用的技术是通过抽取某种形式的知识对图像进行分类,利用容忍噪声的奇异值分解描述,使用去除第一个近邻的最邻近方法对训练数据进行分类。基于这种分类的性能,类别被进一步划分为子类别,从而使类间的不相关性最小化,这一过程可以通过归一化分割方法来实现。在这种方法中,图像内容表示是比较弱的(仅仅使用了颜色和一些空间信息),而且特征空间内语义类别间的重叠也没有得到描述。

Chapelle 等[43]使用支持向量机对图像进行分类,使用颜色直方图作为图像的特征,同时组合几个“一对多”支持向量机分类器[20]来确定给定图像的类别。结果表明,相对其他方法,支持向量机具有更好的泛化能力。然而,这种方法并不能给出数据库中类别间关系的量化描述,这是由支持向量机的“硬”分类本质决定的(一个图像或者属于一个类或者不属于该类),这就限制了该方法在图像挖掘与检索中的应用。最近,Djeraba[63]提出一种基于分类的图像挖掘与检索方法,该方法通过分析颜色和纹理特征之间的关联,并使用这一关联去区分图像的类别,同时基于置信度度量选择最好的关联。作者指出利用该方法可以得到合理的检索和挖掘结果,同时还指出基于内容和知识的挖掘与检索比不基于内容的方法更有效。

在基于内容的图像挖掘与检索领域中,虽然已经提出许多视觉信息系统[114,166],但是除了上面提到的方法,还没有系统考虑在挖掘过程中从图像类别库中抽取知识。语义相关的图像检索方法提供了一种新方法来发现语义类别间的隐藏关系,以便通过图像分类得到更高的挖掘精度。

5.4　图像特征和视觉词典

为了获取尽可能多的内容来描述和区分图像,我们抽取了几个语义相关的特征作为图像标识。具体来讲,提出的框架对于数据库中的每一个图像结合了它们的颜色、纹理和形状特征形成特征向量,由于图像特征 $f \in R^n$,必须对特征集合进行规范化处理,以便视觉数据能够实现更高效的索引。为了实现这一目标,在提出的方法中对每个特征属性,我们构建了一个视觉词典。

5.4.1　图像特征

使用 CIELab 色彩空间[38]的颜色直方图来表示颜色特征,这是由于人的视觉色差与 CIELab 色彩空间内的数值差成正比。为了减少计算强度,CIELab 空间被量化到 96 个级别,即桶(6 个 L 分量,4 个 a 分量,4 个 b 分量),因此每个图像的颜色特征可以表示为一个 96 维的特征向量 C。

为了抽取图像的纹理特征,我们将一个 Gabor 滤波器集合[145]应用到图像中来度量其响应,这一方法已经被证明对于图像挖掘和检索是有效的[143]。Gabor 滤波器是一种二维小波变换,作用于图像上的二维小波离散化由下式给定,即

$$W_{mlpq} = \iint I(x, y) \psi_{ml}(x - p\Delta x, y - q\Delta y) \mathrm{d}x \mathrm{d}y \tag{5.1}$$

其中,I 表示被处理的图像;Δx 和 Δy 表示空间采样矩形;p 和 q 是图像位置;m 和 l 分别是小波尺度和方向。

定义基函数 $\Psi_{ml}(x, y)$ 为

$$\Psi_{ml}(x, y) = a^{-m} \Psi(\tilde{x}, \tilde{y}) \tag{5.2}$$

其中,$\tilde{x} = a^{-m}(x\cos\theta + y\sin\theta)$ 和 $\tilde{y} = a^{-m}(-x\sin\theta + y\cos\theta)$ 表示母函数 (x, y) 被膨

胀 a^{-m};a 是尺度参数;$\theta=l\times\Delta\theta$,$\Delta\theta=2\pi/L$ 是方向抽样周期。

在频域内,采用如下 Gabor 函数作为母小波,我们使用这一族小波作为滤波器组,即

$$\Psi(u,v)=\exp\{-2\pi^2(\sigma_x^2u^2+\sigma_y^2v^2)\}\bigotimes\delta(u-W)$$
$$=\exp\{-2\pi^2[\sigma_x^2(u-W)^2+\sigma_y^2v^2]\}$$
$$=\exp\left\{-\frac{1}{2}\left[\frac{(u-W)^2}{\sigma_u^2}+\frac{v^2}{\sigma_v^2}\right]\right\} \tag{5.3}$$

其中,$\bigotimes$是卷积符号;$\delta(\bullet)$是脉冲函数;$\sigma_u=(2\pi\sigma_x)^{-1}$;$\sigma_v=(2\pi\sigma_y)^{-1}$;常量 W 决定滤波器的频带宽度。

将 Gabor 滤波器组应用到一幅图像上,对于图像中的每一个像素(p,q),我们可以得到一个$M\times L$(M是滤波器组中尺度的数量)滤波器组响应数组,保留响应的大小,即

$$F_{mlpq}=|W_{mlpq}|,\quad m=0,1,\cdots,M-1,\quad l=0,1,\cdots,L-1 \tag{5.4}$$

因此,纹理特征可以表示为一个向量的形式,每个分量对应就 Gabor 滤波器而言的给定尺度和方向上子带的能量。在具体实现中,对于图像数据库中的每个图像使用 6 个方向和 4 个尺度的 Gabor 滤波器组,这样形成一个 48 维的特征向量 $\boldsymbol{T}$(分别对应$|W_{ml}|$的 24 个均值和 24 个标准方差)用于纹理特征表示。

边缘图像与注水算法[253]一起来描述每幅图像的形状信息,这是由于边缘图像对于图像挖掘与检索来说是高效的[154]。通过对图像库中每幅图像生成边界图,我们可以得到一个 18 维形状特征向量 $\boldsymbol{S}$。

图 5.1 给出了一个例子图像所抽取的颜色、纹理和形状特征的可视化描述,这些特征描述了图像的内容,它们可以用于索引图像。

5.4.2　视觉词典

视觉词典的创建是一个基本的预处理步骤,是索引图像必要的一步。如果没有分组相似特征这一预处理步骤,就不可能构建有效的分类树。特征分组的中心组成视觉词典,如果没有视觉词典,我们就不得不考虑所有图像的全部特征值,这将导致几乎没有特征值被不同图像共享,从而无法区分图像库。

对于每一个特征属性,如颜色、纹理和形状,我们使用 SOM[130]方法分别创建一个视觉词典。SOM 是解决该问题的一个理想方法,因为它能够将高维特征向量投影到 2 维平面,将相似的特征映射到一起,同时将不相似的特征分开。

我们设计了一个创建视觉词典中关键词的过程,遵循如下四个步骤。

① 在区域特征集上执行批 SOM 学习[130]算法,获得可视化的模型(结点状态),该模型显示在 2 维映射平面上。

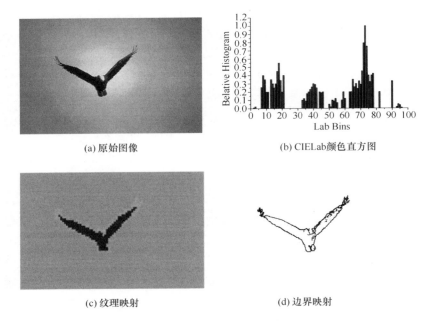

(a) 原始图像　　　　　　　　　　　(b) CIELab颜色直方图

(c) 纹理映射　　　　　　　　　　　(d) 边界映射

图 5.1　一个例子图像和它相对应的颜色、纹理和形状特征映射

② 将每个结点看作 2 维平面中的一个像素,使得映射成为二元图像,其中每个像素 i 的取值定义为

$$p(i)=\begin{cases}0, & \text{count}(i)\geqslant t\\255, & \text{其他}\end{cases}$$

其中,count(i)是映射到结点 i 的特征数;t 是一个预先设定的阈值;像素取值为 255 表示的是对象,取值为 0 表示的是背景。

③ 在结果二元图像 p 上执行形态学腐蚀操作[38],将在二元图像 p 中松散连通的对象分开。腐蚀操作掩码的大小由能够使两个松散连通对象分开的最小取值来确定。

④ 对连通区域进行标注[38],我们给每一个分开的对象分配一个唯一的标号,称为关键词。通过每一个关键词就可以确定所有特征的均值,并将它们存储起来。所有的这些关键词便组成了相应特征属性的视觉词典。

通过这种方式,可以自适应地确定关键词的数量,同时得到基于相似性的特征分组。将这一过程应用到每一个特征属性上,对应每一个特征创建一个视觉词典,图 5.2展示了视觉词典的生成过程。词典中的每一个词条都是一个表示相似特征的关键词。实验结果表明,词典较好地刻画了特征集中的聚类特征。

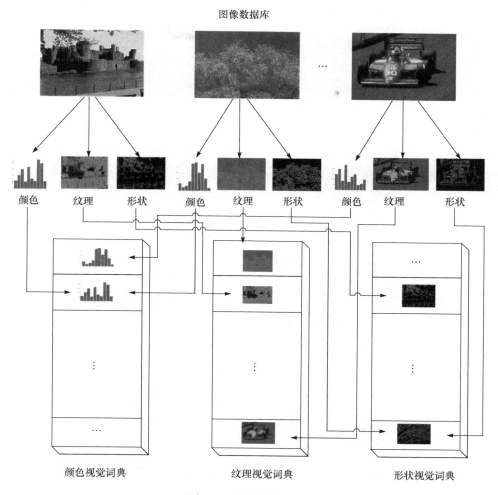

图 5.2   视觉词典生成

5.5   α-语义图与语义库模糊模型

尽管我们可以利用来自训练集的面向语义的分类信息,但是仍然有一些问题没有解决。其中一个问题就是类别间存在的语义重叠。例如,名字为"河流"的语义库与名字为"湖泊"的语义库之间存在相似之处。对于某些用户来说,"湖泊"语义库中的图像可能也是感兴趣的,虽然他们查询的是"河流"图像。另一个问题就是语义的不确定性,这意味着在一个用户不感兴趣的语义库中的图像可能也包含用户所要查询的语义对象。例如,在"海滩"语义库中包含人的图像与用户想要查询的"人"语义库中的图像也是相关的。为了解决这一问题,我们需要构建一个模型,用它去描述图像间的语义关系,以及每一个语义库的语义表示。

5.5.1　α-语义图

图像间的语义关系在很大程度上可以通过对特征空间的统计分析来反映,如果一个语义库在特征空间内的分布与另一个语义库的分布有很大的重叠,就表明这两个语义库之间有很大的雷同。例如,"河流"与"湖泊"具有相似的纹理和形状特征,如"水"的部分。另一方面,与在特征空间内具有紧密分布的语义库相比,在特征空间内具有松散分布的语义库具有更大的统计不确定性。此外,两个语义库的语义相似性可以通过语义库的特征分布形状及相应分布的距离来度量。

为了量化描述语义库的这些性质,我们提取了一种度量尺度准则,称为语义相关性。它反映特征空间内两个语义库间的关系,语义相关性建立在语义库分布形状统计度量的基础上。

语义库特征分布的混沌反映了语义库的不确定性,可以使用信息熵度量[188]来表示,假设在一个集合中有 k 个元素,$s_1,s_2,\cdots,s_k$,它们的概率分布分别为 $P=\{P(s_1),P(s_2),\cdots,P(s_k)\}$,集合的熵定义为

$$\text{En}(P) =- \sum_{i=1}^{k} P(s_i)\log P(s_i)$$

由香农定理[188]可知,这是编码一个集合中元素所需位数平均值的下限。对于特殊图像的语义表示,精确确定图像特征 $P(s_i)$ 的概率是困难的,因此我们使用训练语义库的统计结果去评估这些概率。由于每一幅图像被表示为 3 个组成部分的向量$[\boldsymbol{C},\boldsymbol{T},\boldsymbol{S}]$,那么每一个语义库 r_i 的熵定义为

$$H(r_i) =- \frac{1}{N_i} \sum_{j=1}^{N_j} P(\boldsymbol{C}_j,\boldsymbol{T}_j,\boldsymbol{S}_j)\log P(\boldsymbol{C}_j,\boldsymbol{T}_j,\boldsymbol{S}_j) \tag{5.5}$$

其中,$P(\boldsymbol{C}_i,\boldsymbol{T}_i,\boldsymbol{S}_i)$ 是图像库中图像特征的联合出现概率;N_i 是图像库中图像的个数。

假设颜色、纹理和形状特征在图像的表示中是相互独立的,也就是 $P(\boldsymbol{C}_j,\boldsymbol{T}_j,\boldsymbol{S}_j)=P(\boldsymbol{C}_j)P(\boldsymbol{T}_j)P(\boldsymbol{S}_j)$,式中 $P(\boldsymbol{C}_j)$、$P(\boldsymbol{T}_j)$ 和 $P(\boldsymbol{S}_j)$ 分别是图像库中单个特征属性的出现概率,那么有

$$H(r_i) =- \frac{1}{N_i} \sum_{j=1}^{N_j} P(\boldsymbol{C}_j)P(\boldsymbol{T}_j)P(\boldsymbol{S}_j)\log\{P(\boldsymbol{C}_j)P(\boldsymbol{T}_j)P(\boldsymbol{S}_j)\} \tag{5.6}$$

类似于文本库中混沌的概念[202,177],我们定义图像数据库中语义库 r_i 的混沌为

$$\wp(r_i)=2^{H(r_i)} \tag{5.7}$$

该式是图像库 r_i 中特征分布同质性的一个近似度量,在图像库中越混沌,$\wp$ 值越大,反之亦然。

变形是用于估计图像库紧密程度的一种统计度量,对于每一个图像库 r_i,定义变形为

$$D(r_i) = \frac{1}{N_i} \sqrt{\sum_{j=1}^{N_i} \parallel f_j - c_i \parallel^2} \qquad (5.8)$$

其中,f_j 是在这个图像库中的特征点 j;c_i 是图像库的中心点。

变形描述的是图像库的分布形状,也就是说,图像库越松散,D 的取值就越大。

基于图像库的这些统计度量,我们提出一种用于描述图像集 Re 中任意两个不同图像库 r_i 和 $r_j(i \neq j)$ 关系的准则。该准则称为语义相关性,是一个映射 corr:Re×Re→R,对于任一图像库对 $\{r_i, r_j\}(i \neq j)$,定义语义相关性为

$$L_{i,j} = \frac{\sqrt{(D^2(r_i) - D^2(r_j))\wp(r_i)\wp(r_j)}}{\parallel c_i - c_j \parallel} \qquad (5.9)$$

$$\mathrm{corr}_{i,j} = L_{i,j}/L_{\max} \qquad (5.10)$$

其中,$L_{\max}$ 是任意两个不同语义库间 $L_{i,j}$ 的最大值,并且 $L_{\max} = \max_{r_k, r_t \in \mathrm{Re}, k \neq t}(L_{k,t})$。

由语义相关性定义可以,其具有如下性质。

① 如果一个图像库的混沌程度大,图像库的同质度差,它就与其他图像库具有较大的相关性。

② 如果一个图像库的变形大,图像库分布比较松散,它就与其他图像库具有较大的相关性。

③ 如果两个图像库间的距离较大,那么这两个图像库就具有较小的相关性。

④ 语义相关性取值为[0,1]。

为了方便,每一对语义库语义相关性的补定义为

$$\mathrm{disc}_{i,j} = 1 - \mathrm{corr}_{i,j} \qquad (5.11)$$

称其为两个不同语义库的语义差异,通过这种方式,可以给出基于特征空间内分布的任意两个不同语义库间关系的量化度量。

根据上述语义的相关性定义,我们在图像库空间构造一个图,称为 α-语义图。具体定义如下。

定义 5.1　给定一个语义库集合 $D = \{r_1, r_2, \cdots, r_m\}$,以及定义在集合 D 和常量 α 上的语义相关性函数 $\mathrm{corr}_{i,j}$,一个加权无向图称为 α-语义图,如果该图遵循如下规则构建。

① 图中结点集合是符号化的图像库集合。

② 在任意两个结点 $i,j \in D$ 间有一条边,当且仅当 $\mathrm{corr}_{i,j} \geqslant \alpha$。

③ 边 (i,j) 的权是 $\mathrm{corr}_{i,j}$。

给定任一 α 的值，α-语义图唯一地描述了语义库之间的关系，随着 α 值的调整，我们可以根据 α-语义图中相连结点和对应边的权构造语义库模型。

5.5.2　语义库模糊模型

为了描述语义不确定性和语义重叠问题，我们基于构造的 α-语义图提出一个相对每一个语义库的模糊模型。在该模型中，每个语义库被定义为一个模糊集合，而每个特定的图像可能属于几个语义库。

定义特征空间 R^n 上的模糊集 F 是一个映射 $\mu_F : R^n \to [0,1]$，该映射称为隶属度函数。对于任意特征向量 $f \in R^n$，$\mu_F(f)$ 的值称为 f 隶属于模糊集 F 的程度（或者简称为隶属于 F 的程度），$\mu_F(f)$ 的值越接近于 1，意味着特征向量 f 越隶属于模糊集 F（语义库）。对于一个模糊集 F，隶属于 F 的程度除了硬隶属度情况，即 $f \in F(\mu_F(f)=1)$ 和 $f \notin F(\mu_F(f)=0)$，还存在一个平滑的转换。很明显，如果 μ_F 的值域是集合 $\{0,1\}$，而不是 $[0,1]$，那么模糊集就退化为传统的集合（这时 μ_F 被称为集合的特征函数）。

常用的隶属度函数包括二次曲线函数、梯形函数、B 样条函数、指数函数、柯西函数和对偶 Sigmoid 函数等[104]，并不考虑为什么人们倾向于某个函数，而不倾向于另外一个函数。在我们的系统中，测试了二次曲线函数、梯形函数、指数函数和柯西函数。通常情况下，指数函数和柯西函数要好于二次曲线函数和梯形函数。考虑计算的复杂度，我们使用柯西函数，因为它需要更少的计算量。定义柯西函数为

$$F(x) = \frac{1}{1 + \left(\frac{\|x-v\|}{d}\right)^{\beta}}$$

其中，$d > 0, \beta > 0$；v 是模糊集的中心位置（点）；d 是函数的宽度并决定函数的形状（或光滑度）。

总体上来讲，d 和 β 刻画了相应模糊集的模糊粒度。对于固定的 d，模糊粒度随 β 的减小而增加，如果 β 取值固定，那么模糊粒度随着 d 的增加而增加。图 5.3 描述了当 $v=0, d=36$ 和 β 取值在 $0.01 \sim 100$ 的实数域上的柯西函数。正如我们所见，当 β 趋于正无穷时，柯西函数是近似于 $(-36,36)$ 的特征函数。当 $\beta=0$ 时，任何元素的隶属度为 0.5（除了 0 以外，本例中的隶属度始终为 1）。

对于每一个图像库，参数 v 和 d 由构造的 α-语义图来确定，每一个语义库 r_i 的中心点可以通过图像库中特征向量的平均向量 c_i 来估计，而宽度 d_i 根据下式确定，即

$$d_i = \sum_{k=1}^{w} \|c_i - c_w\| \, \mathrm{corr}_{i,w} \tag{5.12}$$

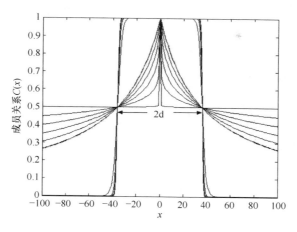

图 5.3　1 维空间内的柯西函数

其中，$\{c_1, c_2, \cdots, c_w\}$ 是 α-语义图中所有到结点 r_i 的连接点的中心点的集合；$\|\bullet\|$ 是 R^n 域的欧氏距离。

　　换句话说，每一个图像库的隶属度函数的宽度是 α 语义图中与其连接的结点的距离语义相关性加权组合。因此，训练集中的每一个图像库 r_i 可以模型化为唯一的一个模糊集，即

$$F_i(\boldsymbol{f}) = \frac{1}{1 + \left(\dfrac{\|\boldsymbol{f} - c_i\|}{d_i}\right)^{\beta}} \tag{5.13}$$

将特征 $\boldsymbol{f}$ 与 c_i 间的距离表示为 dist，上式可以等价地表示为

$$F_i(\text{dist}) = \frac{1}{1 + \left(\dfrac{\text{dist}}{d_i}\right)^{\beta}} \tag{5.14}$$

实验表明，当 β 取值在 $[0.7, 1.5]$ 时，结果变化不大，而在上述区间外时，结果快速下降。因此，为了简化计算，我们设置 $\beta = 1$。

5.6　基于分类的检索算法

　　当得到三个视觉词典之后，对视觉词典中的每个关键词确定一个排序，并给每个关键词一个索引序号。给定一个图像，使用相应视觉词典中每个关键词分配的索引序号替换每个特征属性。这样，训练集中的每一幅图像都可以表示为一个元组 Img[Color, Texture, Shape]，从而每一个属性的取值就是一个有限域范围内的离散值。

　　为了构造分类树，我们在转换后的训练集上使用 C4.5 算法[69]，假定训练集中

的每一幅图像仅属于一个语义库,使用信息增益率[69]作为分支属性的选择标准。另外,还有一个比值 m/n 与分类树的每一个叶子结点相关联,其中 m 是分类到这个结点的图像个数,n 是错误分类的图像个数。这个比值是训练图像集中对每一类而言分类树分类精度的度量。

算法 8 列出了我们提出的图像挖掘与检索算法。该算法是一个利用与查询图像欲分类到的语义库相对应的模糊模型来进行分类的图像查询方法。

算法 8　　图像查询算法

输入: q 查询图像的"关键词"元组

输出: 对于查询图像 q 检索到的图像

方法:

1：　　初始化,返回一个图像集,Result $=\{\}$

2：　　$Q=$ 利用分类树所分类的语义库 q

3：　　$\text{acc}_Q=$ 与 Q 相关的分类精度

4：　　$c_Q=$ 图像库 Q 的中心

5：　　$d_Q=$ 图像库 Q 的宽度

6：　　利用$\text{dist}_Q=\sqrt[\beta]{\left(\dfrac{1}{\text{acc}_Q}-1\right)}d_Q$ 计算参考特征 rf 和语义库 Q 中心间的距离dist_Q

7：　　设置 $S_Q=$ 以acc_Q 百分比从语义库 Q 中随机抽样的图像

8：　　Result$=$Result$\bigcup$SetS_Q

9：　　**for** α 语义图中与结点 Q 关联的每个结点 V **do**

10：　　　　**if** $\| c_V-c_Q \| >=\text{dist}_Q$ **then**

11：　　　　　　$\text{dist}_V= \| c_V-c_Q \| -\text{dist}_Q$

12：　　　　**else**

13：　　　　　　$\text{dist}_V=\text{dist}_V- \| c_V-c_Q \|$

14：　　**end if**

15：　　利用式(5.14),计算 rf 的隶属度 $F_V(\text{dist}_V)$

16：　　计算语义库 V 抽样的百分比$PV_V=F_V(\text{rf})$

17：　　设置 $S_v=$以百分比PR_V 从语义库 V 中随机抽样的图像

18：　　Result$=$Result$\bigcup$SetS_v

19：**end for**

20：返回与查询图像相关的、按距离度量 DM 排序的集合 Result

在这个算法中,查询图像语义库通过分类树得到预测,同时通过对分类精度的

逆分析确定参考特征,并确定在 α-语义图中与预测语义库相邻的语义库的参考特征隶属度。直观的描述如图 5.4 所示。该图展示了使用两个模糊集构建的语义库模型,在特征空间中的每个向量通过获得的隶属度与两个语义库相关联,这个隶属度被用来作为相应的语义库中抽样的权重。此外,算法是正交于距离度量 DM 的,所以不同的距离度量 DM 可以用于不同的应用。在 5.7 节的评估实验中,出于简单性和有效性考虑,我们使用欧氏距离作为距离度量 DM。

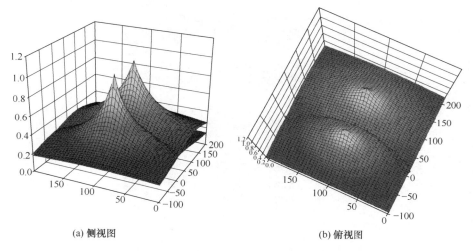

(a) 侧视图　　　　　　　　　　　　　　(b) 俯视图

图 5.4　特征空间上的两个语义模型图示

通过这个算法,挖掘和检索到的图像不仅仅是基于查询图像分类到的语义库(这里称为主语义库),也基于这个主语义库和所构建的 α-语义图中与这个主语义库相邻的语义库间的语义相关性。在每一个潜在相关语义库中,抽样图像的百分比权重是通过相应的分类精度和模糊模型来确定的。直观上讲,我们给主语义库一个较大的权重,将其余的权重分给 α-语义图中与主语义库相邻的语义库。具体分配的权重是基于它们与主语义库的语义相关性来确定,换句话说,较高的语义相关库被赋予较大权重,而较低的语义相关库被赋予较小权重,因此我们很明确地解决了语义不确定性和语义重叠问题。

5.7　实验结果

我们在 Pentium IV 2.0GHz CPU、256M 内存的硬件平台上实现了一个原型系统,并在一个通用的图像数据库上对该图像挖掘与检索系统进行了评价。该数据库是一个具有 10 000 个图像、96 个语义库的 COREL 图像库,每个语义库包含大约 85~120 个图像,在同一个语义库中的图像并不都是视觉相似的,从全部 96 个语义库中抽样的图像作为训练图像用以构建分类树。图 5.5 给出了图像数据库中的几个例子。从数据库中抽样的图像,每一列中的图像属于同一个类别,从左到右,它们的类别分别是非洲农郊、历史建筑、瀑布、英国皇家事件和模特肖像。

图 5.5　图像数据库示例

5.7.1　给定数据库上的分类性能

为了给出图像分类效果的一个量化评估,我们在选定的 COREL 图像库子集上运行原型系统,这个选定的图像库由 10 个类别组成(非洲人、海滩、建筑、公共汽车、恐龙、大象、鲜花、马、山脉与冰川,以及食物),每一个类别包含 100 幅图像。在这个选定的图像库中,我们完全可以以预期的分类精度去评估系统的分类性能,因为图像类别不存在语义歧义和语义重叠。

构造的分类树分类结果与最近邻方法[36]结果相比,每一类别中随机抽取 40 个图像来训练分类器,使用训练集外剩余的 600 个图像去测试分类结果。我们提出的方法与基于元特征的最近邻方法[36]的分类结果分别如表 5.1 和表 5.2 所示。在两个表中,每一行列出了一个类别的图像被分类到 10 个类别中每一个类别的图像百分比,对角线的数值表示每一类别的分类精度。我们提出方法的分类过程完全不同于最近邻方法的分类过程。就分类树而言,前者的分类树要好于后者,这是因为类别间的整体错误分类数比较小,整体正确分类数比较大。

表 5.1　指定数据库上基于分类树的图像分类实验结果

%	A	B	C	D	E	F	G	H	I	J
A	**52**	2	4	0	8	16	10	0	6	2
B	0	**32**	6	0	0	0	2	2	58	0
C	8	4	**64**	0	8	6	0	0	6	6
D	0	18	6	**46**	2	8	0	0	16	4
E	0	0	0	0	**100**	0	0	0	0	0
F	8	0	2	0	8	**40**	0	8	34	0
G	0	0	0	0	0	0	**90**	0	2	6
H	0	2	0	0	0	4	24	**50**	4	6
I	0	6	6	0	0	2	2	0	**84**	0
J	6	4	0	2	6	0	8	0	6	**68**

说明:A-非洲,B-沙滩,C-建筑物,D-公交汽车,E-恐龙,F-大象,G-鲜花,H-马,I-山脉,J-食物

表 5.2　指定数据库上基于最近邻方法的图像分类实验结果

%	A	B	C	D	E	F	G	H	I	J
A	**33**	11	10	0	7	12	6	8	10	3
B	3	**35**	4	0	0	20	1	13	14	10
C	7	7	**45**	3	5	17	0	3	13	0
D	4	13	7	**40**	0	8	2	4	18	4
E	0	0	1	0	**88**	0	6	0	0	0
F	3	0	6	0	2	**46**	0	9	27	7
G	1	1	2	8	0	0	**78**	0	2	10
H	1	3	0	0	0	11	18	**34**	15	11
I	4	7	9	0	2	4	0	0	**69**	5
J	10	4	5	6	3	6	10	0	23	**33**

说明:A-非洲,B-沙滩,C-建筑物,D-公交汽车,E-恐龙,F-大象,G-鲜花,H-马,I-山脉,J-食物

5.7.2　基于分类的检索结果

对于具有 96 个类别的 10 000 个图像的 COREL 图像库,我们随机打乱每一类别中的图像,并选取 50% 作为训练集训练图像分类器。为了评估图像挖掘与检索系统的性能,我们从 COREL 图像库中剩余的 50% 全部类别的图像中随机选择 1500 个图像作为查询图像。

我们就算法 8 实现了一个原型系统,图 5.6 展示了原型系统界面,我们邀请了 5 位用户组成一组参与系统评价。参加者由计算机专业的研究生和非计算机专业

的人员组成。检索图像的相关与否由用户主观判断,检索精度是全部检索结果的平均值。

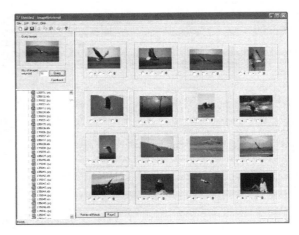

图 5.6　原型系统界面

　　在我们评估原型系统前,必须确定 α 的合适取值,最极端的情况,如果 $\alpha=0$,这时在 0-语义图中每个结点与全部其他结点相连接(所有的类别都被认为与其他的每一个类别语义相关),如果 $\alpha=1$,每一个结点都是独立的(没有边连接到其他结点),这时 1-语义图就退化为一个类型集。在实验中,我们计算了训练集中所有类别对间语义相关性 $corr_{i,j}$。对于训练集,我们选取橄榄球中第 3 个四分位,即 0.649 的位置作为原型系统中的 α 值。

　　图 5.7 给出了一个节选的训练集中类别间的部分 α-语义图的例子,其中 $\alpha=0.649$。每个类别的语义被标注在它的结点上,图中两个结点间边的长度与两个相连类别间的语义差异成正比。值得注意的是,5.5.1 节描述的类别间的语义不确定性和语义重叠明显得到了度量,例如相对于"室外景色"类别,类别"城堡"比类别"沙滩"更加与其语义相关,而类别"瀑布"与类别"钓鱼"、"漂流"、"海滩"有强的语义相关性,类别"农夫生活"与类别"室外景色"、"时装模特"相连。这些在特征空间内不同类别间的语义相关性与人对图像内容的主观认识很好地保持了一致性。

　　图 5.8 显示了在构建的 α-语义图中分别具有与其有 1 个、3 个和 7 个语义相关类别的图像,赋予图 5.8(a)的主类别是"陶瓷",这个分类是正确的,此外没有任何相连的边。赋予图 5.8(b)的主类别是"人"和另外两个类别"建筑物"和"室外景色",这两个类别与主类别的相关联系数分别是 0.652 和 0.723。基于我们主观的观察,"建筑物"与给定图像是不相关的,然而主类别"人"和另外的一个相关类别"室外景色"与给定的图像是相关的。图 5.8(c)中图像的主类别是"冬季",在 α-语义图与该主类别相关联的类别分别是"建筑物"、"海滩"、"欧洲小镇"、"山脉"、"海

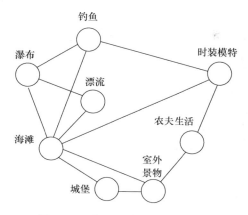

图 5.7　α-语义图例子($\alpha=0.649$)

岸"和"度假胜地"。尽管被分类树给出的"冬季"与该图像语义并不相关,但是有四个与该图像语义相关的类别("建筑物"、"欧洲小镇"、"海岸"和"度假胜地")与主类别语义相关("冬季")。因此,通过将这些类别引入 5.5 节阐述的模糊模型中,相关精度得到了极大的改善。

(a) 在α-语义图中与1个类别相关

(b) 在α-语义图中与3个类别相关

(c) 在α-语义图中与7个类别相关

图 5.8　三幅测试图像

为了评估语义相关性度量和类别的模糊模型的有效性,我们比较了带有 α-语义图和不带有 α-语义图的检索精度。图 5.9 给出了相关结果,可以看出,α-语义图和类别模糊模型极大地提高了检索精度。这一结果也验证了我们的初始想法,通过明确地表示语义不确定性和语义重叠,图像挖掘与检索的分类错误率可以显著地降低。

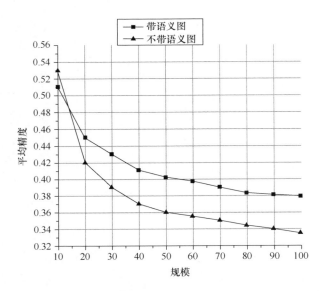

图5.9　带有 α-语义图与不带有 α-语义图的平均分类精度比较

为了评估分类树的分类错误率的影响,我们计算了分类树的分类精度及其在测试集、训练集上的相应检索精度。精度计算方法如下。

① 平均分类错误率:一个检索图像被错误分类的平均比例。

② 平均分类精度:在所有的类别中,训练图像分类精度的平均值。

③ 平均检索精度:对于每一次检索,检索到的前 50 幅图像中相关图像的平均比例。

结果如表 5.3 和表 5.4 所示,我们也比较了分类树和最近邻分类方法在测试图像集上的分类精度。可以看出,分类树一致好于最近邻分类,因为对测试图像的平均分类错误是小的,对训练集平均分类精度是大的。

表 5.3　我们方法与最近邻方法的分类统计

方法	平均分类错误率	平均分类正确率
分类树	0.235	0.868
最近邻方法	0.307	0.775

表 5.4　分类与检索精度统计

项目	平均分类精度	平均检索精度
正确分类图像	0.902	0.672
错误分类图像	0.815	0.343

下面举一个图像检索的例子,图 5.10 展示了对一幅来自类别"城市天际"的图像由我们的原型系统检索到的前 16 幅图像的例子,检索结果是令人满意的,前 16 幅图像有 15 幅与检索图像相关。

图 5.10　来自类别"城市天际"的一幅图像的检索结果

考虑目前基于分类的图像挖掘和检索方法还很少,因此设计相对公平的比较方法有些难度,就我们提出的方法与 UFM[47] 方法的有效性进行了比较。UFM 是一种基于模糊化区域表示的方法,该方法通过构建区域与区域间的相似性度量来实现图像检索,并没有明确地使用图像的语义。之所以就我们的方法与 UFM 方法做比较,因为我们可以得到 UFM,另外也是因为 UFM 代表着图像挖掘与检索的最好效果。结果如图 5.11 所示,可以看出我们提出的方法无论是在绝对的精度,还是在趋势精度(衰减趋势)上都优于 UFM 方法。

我们提出方法的另一个优点是其在线检索方面的高效率,对于大多数文献提到的最新的图像挖掘与检索系统,它们执行检索的复杂度都是线性的。换句话说,对于一个具有 n 幅图像的数据库,计算复杂度是 $O(n)$,而我们提出的方法,计算复杂度是 $O(\log m)$,而图像相似度计算的复杂度是 $O(w)$,其中 m 是图像的类别数,w 是类别中图像的平均数。由于 $w=\dfrac{n}{m}$,整体的复杂度即是 $O\left(\log m+\dfrac{n}{m}\right)$,$(m\ll n)$,因此这种带有图像分类的方法计算复杂度比线性搜索方法的计算复杂度更加可行,从比较实验中我们也可以得出这一结论,在给定的实验平台下,返回前 30 幅图像的平均检索时间少于 0.5 秒。

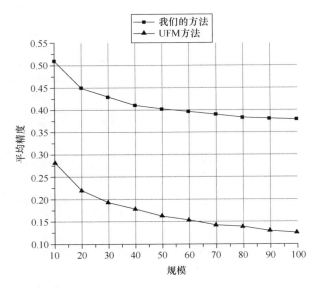

图 5.11　我们提出的方法与 UFM 方法的平均精度比较

5.8　小　　结

我们在面向大型图像数据库的基于内容图像检索和挖掘传统体系结构基础上提出一种基于图像分类的方法,给出一个称为 α-语义图的基于语义相关性的结构用于计算图像间的语义不确定性和语义重叠。在 α-语义图基础上,对每一个语义库构建一个模糊集模型,用于反映特征空间内的统计分布。随着支持语义词典的多个特征(颜色、纹理和形状)的生成,使用提供的训练集训练得到一颗分类树,并结合分类结果和每个语义库的模糊模型提出一种独特的图像挖掘和检索算法。通过可应用于图像数据库的有效的监督学习方法,以及对图像语义库的精确建模,提出一类新的基于内容的图像挖掘与检索方法,目的是得到更好的语义相关的图像挖掘与检索效果。

第6章　图像数据库建模——潜在语义概念发现

6.1　引　言

本章将阐述图像数据库建模方法,重点讨论潜在语义概念发现方法,解决语义密集的图像数据挖掘与检索问题。数据库中的每一幅图像被分割成若干个区域,每个区域与描述它的颜色、纹理和形状特征相关联,通过在每一幅图像上应用区域统计信息和使用矢量量化方法,得到一个一致的、稀疏的基于区域的表示方法。根据该表示,我们得到一个基于统计隐含类假设的图像数据库概率模型,然后使用期望最大化方法发现和分析隐含在数据库中的语义概念。为了验证该概率模型,我们设计了一个详细的挖掘与检索算法。语义相似性的度量是通过将转换后的查询图像后验概率,以及构建的反例融入发现的语义概念中。所提出的方法有坚实的统计学基础,在具有 10 000 个通用图像的数据库上的实验结果表明了算法的前景和有效性。

6.2　研究背景和相关工作

正如前面所提到的,人们很容易就能够获得大量的图像,包括照片、网页图像,甚至视频数据库。高效地挖掘和检索大规模图像数据是一个巨大的挑战,经过十几年的研究,人们已经发现基于内容的图像挖掘与检索是一个可行的、能够令人满意的解决方案。同时,众所周知,文献中提到的现有方法的性能主要受限于底层特征与高层语义概念间所谓的语义鸿沟[192]。为了减少这个语义鸿沟,基于区域的特征(描述对象层次的特征),而不是整幅图像的元特征被广泛的用来表示图像的视觉内容[36,47,212,119]。

相比计算图像全局特征的传统方法[80,112,166],基于区域的方法抽取分割后的区域特征,然后在区域尺度上进行相似性比较,使用区域特征的主要目的是提升系统获取和表示用户所感知的图像内容的核心能力。

影响一个图像数据挖掘系统方法成功与否的一个重要因素就是如何比较两幅图像,也就是图像相似性度量的定义问题。大多数早期系统采用的方法[36,142,221]是使用单个区域对单个区域的比较方法来实现的,然而使用这种方法,用户被迫从查询的图像中选择有限的区域去检索。正如文献[212]论述的那样,由于图像内容的不可控性,实现自动、精确地抽取图像中的对象已远超当前计算机视觉的能力范围,因此这些系统倾向于将一个对象划分为几个区域,而其中的任何一个区域都不能代表该对象。这对用户来说,确定哪一个区域作为他们感兴趣的区域是非常困难的。

　　为了给用户提供一个简单的查询界面,同时减少不精确分割的影响,人们提出一些结合所有图像区域信息的图像相似性度量方法[47,91,212]。这些系统仅需要用户提供一个查询图像,从而使用户可以从繁琐的决策中解脱出来。例如,SIM-PLIcity 系统[212]使用整合的区域匹配方法作为相似性度量方法,通过考虑区域间多对多的关系,该方法对不精确的图像分割具有鲁棒性。Greenspan 等[92]提出一个用于图像匹配的连续概率框架,在这个框架中,每幅图像被表示为一个高斯混合概率分布,通过图像分布间的相似性概率度量来比较和匹配,该方法可以得到较好的图像匹配结果。

　　理想情况下,我们需要度量的是语义相关性,然而它非常难以定义,甚至难以描述。大多数现有方法并不能明显地将抽取的特征与反映视觉内容的语义联系起来,它们定义了区域-区域和/或图像-图像间的相似性设法近似描述语义相似性。然而,近似描述通常是启发式方法,因此并不可靠,这样检索和挖掘精度也就相当有限。

　　为了解决这种不精确近似问题,人们研究设法通过监督学习将区域与语义概念联系起来。Barnard 等[14,15,70]提出几种统计模型,用来将图像团块与语义词语联系起来。目标就是预测整幅图像类别(自动语义标注)和预测特定的图像区域类别(区域命名)。在他们的方法中,构建了相对于图像区域和词语联合分布的几个模型,这些模型是多模态的,同时是 Hofmann 层次聚类模型的相应扩展[101,102,103]。Hofmann 层次聚类模型是统计机器翻译的改进模型,也是潜在狄利克雷分配模型[22]的多模态扩展模型。该模型被用来自动对测试图像进行语义标注,其结果是令人振奋的。但这些模型不能表示图像中的空间信息,因此 Carbonetto 等改进了这些模型,使其能够得到区域间的空间关系,通过将空间相对关系引入联合概率学习[34,35]中,新模型具有更强的表示能力,这提高了在图像语义标注过程中对象识别的精度。最近,Feng 等[75]提出多伯努力相关模型进行图像-词语间的关联。该模型是基于文献[117]中提出的连续空间相关模型(CRM)。在多伯努力相关模型中,词语的概率使用多伯努力模型估计,而图像的特征概率使用非参数核密度估计。

　　对于所有基于特征的图像挖掘和检索方法,与图像内容相关的语义特征一般都是隐含的。这里隐含的意思从客观上讲,不存在从数字图像特征到图像语义关系的一个直接映射。从主观上讲,给定同一个区域,对于不同的背景和/或不同的用户解释,存在不同的对应语义概念。这种情况说明,发现潜在语义概念是实现有效图像检索的关键一步。

　　本章提出一种概率方法用以描述潜在语义概念,给出了一个基于区域的、稀疏的、一致的图像表示方法。不同于文献[255]中基于块的统一图像表示方法,基于区域的图像表示方法对于图像挖掘与检索更为有效,这是因为人们更加注意图像中的区域而不是块。该方法有利于基于验证假设的区域-图像-概念概率模型索引机制。该模型具有坚实的统计学理论基础,可应用于语义密集的图像检索这一目的。为了描述图像数据库中区域和图像分布所隐含的语义概念,我们使用期望最大化方法。随着期望最大化方法迭代过程的进行,我们可以得到图像中每个区域的隐含概念后验概率的量化取值。该取值可以作为图像挖掘与检索的相似性度量的基础,从而使有效性得到改善,因为相似性度量是建立在被发现的语义概念基础上的,它们比目前文献中多数系统使用的基于区域特征的方法更为可靠。提出方法的系统结构如图 6.1 所示,这是我们前期工作[240]的延续。

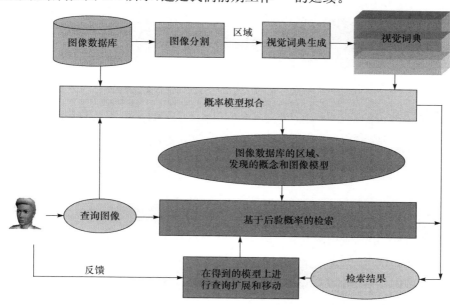

图 6.1　基于潜在语义概念发现的图像数据挖掘与检索方法体系结构

与前面介绍的模型不同,这里提出的模型和方法并不需要训练数据,通过非监督学习构造生成式模型,去发现概率意义上的聚类。在这个模型中,区域和图像通过一个中间隐层——概念层相连接。概念层是图像相似性度量的基础。此外,用户相关反馈被引入模型构建过程中,使图像挖掘与检索中的主观性能够被显著地描述,使所构建的模型更适于用户查询的需求。

6.3　基于区域的图像表示

在所提出的方法中,查询图像和图像数据库中的图像首先被分割成相同的颜色-纹理区域。然后,对每一个区域抽取代表性的特征,包括颜色、纹理和形状特征。基于抽取的区域,得到视觉符号目录去计算区域的内容相似性,这有助于基于区域-图像-概念概率模型的索引和挖掘机制。

6.3.1　图像分割

要分割一个图像,首先要将图像分成 4×4 像素的块,这主要是为了在纹理的有效性和计算的时间上做折中。然后,抽取每一个图像块的九个特征去组成特征向量。九个特征中的三个特征是 4×4 像素块的平均颜色分量,我们使用 Lab 色彩空间,这是因为人的视觉色彩正比于 Lab 色彩空间中颜色的数值差,而其他的六个特征则是使用小波分析得到的纹理特征。

为了抽取每一个图像块的纹理信息,我们应用一组 Gabor 滤波器[145]到图像块上来度量其响应,这已被证明对于图像索引与检索是有效的[143]。Gabor 滤波器组度量的是二维小波,应用到图像块的二维小波的离散化方法为

$$W_{mlpq} = \iint I(x,y)\psi_{ml}(x-p\Delta x, y-q\Delta y)\mathrm{d}x\mathrm{d}y \qquad (6.1)$$

其中,I 是待处理的图像块;Δx 和 Δy 是空间采样矩形;p 和 q 是图像的位置;m 和 l 是表示小波的尺度和方向;基函数 $\psi_{ml}(x,y)$ 的定义为

$$\psi_{ml}(x,y) = a^{-m}\psi(\tilde{x}, \tilde{y}) \qquad (6.2)$$

式中

$$\tilde{x} = a^{-m}(x\cos\theta + y\sin\theta)$$

$$\tilde{y} = a^{-m}(-x\sin\theta + y\cos\theta)$$

表示母小波 (x,y) 被 a^{-m} 膨胀,a 是一个尺度参数,并且旋转 $\theta = l\times\Delta\theta$,$\Delta\theta = 2\pi/V$ 是方向采样周期,V 是方向采样间隔数。

在频域内,利用下列 Gabor 函数作为母函数,使用这一簇小波作为我们的滤波器组,即

$$\begin{aligned}\psi(u,v) &= \exp\{-2\pi^2(\sigma_x^2 u^2 + \sigma_y^2 v^2)\}\bigotimes\delta(u-W)\\ &= \exp\{-2\pi^2(\delta_x^2(u-W)^2 + \sigma_y^2 v^2)\}\\ &= \exp\left\{-\frac{1}{2}\left[\frac{(u-W)^2}{\sigma_u^2} + \frac{v^2}{\sigma_v^2}\right]\right\}\end{aligned} \qquad (6.3)$$

其中,$\bigotimes$ 是卷积符号;$\delta(\bullet)$ 是脉冲函数;$\sigma_u = (w\pi\sigma_x)^2$,$\sigma_v = (w\pi\sigma_y)^2$,且 σ_x 和 σ_y 分别是滤波器沿 x 和 y 方向的标准偏差;常量 W 决定滤波器组的频率带宽。

将 Gabor 滤波器应用到图像块上,对于每一个像素点 (p,q),在 $U\times V$ 的滤波器响应矩阵中(U 为滤波器组的尺度数量),我们仅需要保留大的响应,即

$$F_{mlpq} = |W_{mlpq}|, \quad m = 0,1,\cdots,U-1, \quad l = 0,1,\cdots,V-1 \qquad (6.4)$$

因此,纹理特征可以表示为一个向量。向量中的每个分量对应于就 Gabor 滤波器而言指定的尺度和方向的子带的能量。在具体实现中,对于图像数据库中的

每一个图像使用 3 个方向和 2 个尺度的 Gabor 滤波器组,这样就可以得到用于表示纹理的 6 维纹理特征(也就是 $|W_{ml}|$ 的 6 个均值)。

在得到所有图像块的特征向量后,我们对颜色和纹理特征进行标准化,以消除不同特征取值的影响。然后,类似于文献[47]所使用的方法,这里使用基于 K 均值的分割算法将特征向量聚类到几个类别,使每个类别对应分割图像的一个区域。

图 6.2 给出了对图像数据库中四个图像分割结果的例子,可以看出分割算法的有效性。

(a) 原始图像　　　　　　　　　　　　　(b) 分割后的图像

图 6.2　　分割结果

在图像分割之后,使用边缘图像和注水算法[253]来描述每个区域的形状特征,这主要是由于这种方法对于图像挖掘和检索较为有效和高效率[154]。通过引入文献[253]定义的统计量,这样每个区域就得到了一个 6 维的形状特征,如填注时间直方图和分叉数直方图。每个区域的全部分块颜色-纹理特征均值与相应的形状特征组合得到对应区域抽取后的特征向量。

6.3.2　视觉符号目录

由于区域特征 $f \in R^n$,因此有必要对区域特征集进行规范化处理,以使它们能够被更高效的索引与挖掘。就特征而言,不同图像的许多区域都是非常相似的,因此需要使用矢量量化技术将相似的区域分组到一起。在提出的方法中,我们对区域特征提出一个视觉符号目录用以表示区域内的视觉内容。设计的视觉符号目录具有三个方法的优点。首先,它通过容忍图像视觉特征间小的偏差,提高图像挖掘与检索的鲁棒性。如果没有视觉符号目录,由于很少特征值被不同的区域共享,因此我们不得不考虑图像数据库中全部区域的特征向量,这就使得计算区域间的相似性变得无效。基于设计的视觉符号目录,底层的区域特征得到量化,使得图像能够以处理视觉不确定性的形式得到表示。其次,通过将耗时的区域特征间距离的数值计算映射到廉价的视觉符号目录中的“代码词”间差的符号计算,区域比较的效率得到极大改善。最后,视觉符号目录的使用在没有牺牲精度的同时,减少了存储空间。

对于区域特征,通过 SOM 学习策略[130],我们设计了视觉符号目录。SOM 方法是一种理想的解决问题的方法,这是由于它通过将相似特征映射到一起同时将不同的特征分开,使得高维的特征向量投影到二维平面。我们使用的 SOM 算法是竞争的、非监督的算法,二维数组中的结点被依序调整到输入特征模式的各个类别中。

我们设计了创建词典中代码词的过程,每一个代码词都表示一个视觉相似区域的集合。具体过程如下。

① 在区域特征集合上执行批 SOM 学习算法,获得二维平面图上的可视模型(结点状态)。

② 将每个结点看作为二维平面图内的一个"像素",使得平面图成为每一个像素 i 具有如下取值的一个二元网格,即

$$p(i)=\begin{cases}0, & \mathrm{count}(i)\geqslant t \\ 1, & 其他\end{cases}$$

其中,$\mathrm{count}(i)$ 是映射到结点 i 的特征数量;常量 t 是一个预先设定的阈值;像素值 0 表示对象,1 表示背景。

③ 在结果的网格上执行数学形态学的腐蚀操作[38],使得图像中稀疏连接的对象分开。腐蚀掩码的大小定义为能够使两个稀疏连接对象分开的最小值。

④ 使用连通区域标记[38],我们给每个独立的区域一个唯一标号,称为代码词。对于每一个代码词,计算与其相关的所有特征的均值并存储起来,所有的代码词构成视觉符号目录。这个目录用于表示区域的视觉特征。图 6.3 描述了这个过程,其中的平面图是我们获得的平面图的一部分区域。

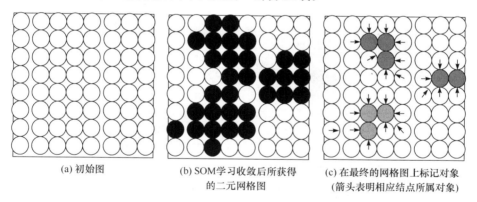

(a) 初始图　　　　(b) SOM学习收敛后所获得　　　(c) 在最终的网格图上标记对象
　　　　　　　　　的二元网格图　　　　　　　（箭头表明相应结点所属对象）

图 6.3　过程描述

在 SOM 学习过程中,我们使用简单有效的欧氏距离确定每一个区域所属的代码词。文献[129]给出了有关 SOM 在二维平面图上学习过程的收敛性证明,也给出了相关参数选取的细节。每一个标记的区域表示一个集合内部距离小的区域特征集合,每一个代码词的相似性程度由 SOM 算法的参数和阈值 t 决定。在这个过程中,代码词的数量能够自适应确定,进而能得到基于相似性的特征分组。实验结果表明,设计的视觉符号目录能够很好地体现特征集合中存在的聚类特征。我们还注意到阈值 t 的选择与产生的代码词具有很高的相关性,其取值是依据经验权衡效率与精度确定的。我们在 6.7 节还会讨论视觉符号目录中代码词合适数量

的选取问题。图6.4显示了视觉符号目录生成过程,图中第3列每一个圆角矩形就是词典中的一个代码词。

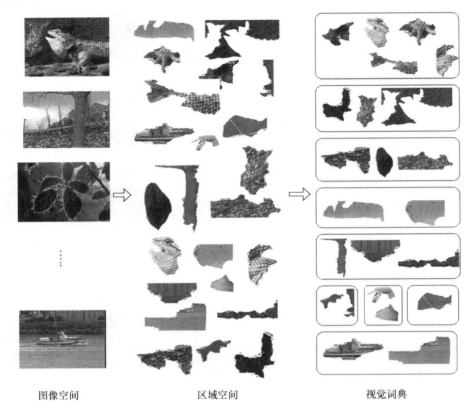

　　　　图像空间　　　　　　　　　　区域空间　　　　　　　　　视觉词典

图 6.4　视觉符号目录生成过程

　　对于图像数据库中图像的每个区域,识别其所关联的代码词,并将其在视觉符号目录中的索引保存起来,而丢弃这一区域的原始特征。对于一幅新图像的区域,在词典中找到最近的索引入口,使用相应的索引替换这一特征。在本章剩下的部分中,我们将交替使用区域和代码词,而并不加区分,它们都表示视觉符号目录中的入口。

　　基于视觉符号目录,每一幅图像可以表示为一个一致向量模型。在这个表示中,图像是一个向量,其中的每个分量对应一个代码词。更为形式地,一个图像 I 的一致表示 I_u 是一个向量 $I_u=\{w_1,w_2,\cdots,w_M\}$,其中 M 是视觉符号目录中代码词的数目。对于代码词 $C_i,1\leqslant i\leqslant M$,如果存在图像 I 中的一个区域 R_j 与其对应,那么 $w_i=W_{R_h}$,W_{R_j} 是区域 R_j 在图像 I 中出现的次数;否则,$w_i=0$。这个一致表示是稀疏的,因为相对于视觉符号目录中代码词数目而言,一幅图像通常仅包含几个区域。基于全部图像的这一表示,图像数据库可以建模成一个 $M×N$ 的代码词(图像矩阵)。该矩阵记录了每幅图像中每个代码词的出现情况,其中 N 是数据库中图像个数。

6.4 概率潜在语义模型

为了实现自动语义概念发现,我们需要为代码词——图像矩阵形式表示的图像库构建一个基于区域的概率模型。该概率模型通过期望最大化方法[58]来构造,是实现基于图像间概念相似性的有效图像挖掘与检索的基础。

6.4.1 概率数据库模型

对于图像库中的每幅图像,通过一个一致的代码词向量表示,我们提出一个概率模型。在该模型中,假设给定的区域-图像对来自一个未知分布的独立同分布样本,同时这些样本与一个未观察到的语义概念变量 $z∈Z=\{z_1,z_2,\cdots,z_K\}$ 相关,其中 K 是要发现的概念个数。图像 $g∈G=\{g_1,g_2,\cdots,g_N\}$ 中的一个区域 $r∈R=\{r_1,r_2,\cdots,r_M\}$ 的观察属于一个概念类 z_k。为了简化模型,我们进一步有两个假设,第一,观察对 (r_i,g_j) 是相互独立产生的;第二,随机变量对 (r_i,g_j) 在给定代表隐含概念 z_k 时是条件独立的,即 $P(r_i,g_j|z_k)=P(r_i|z_k)P(g_j|z_k)$。直观上,这两个假设是合理的,进一步的实验也验证了这一点。区域和图像的分布可以看做是随机数据产生过程,具体描述如下。

① 以概率 $P(z_k)$ 选取一个概念。

② 以概率 $P(r_i|z_k)$ 选取一个区域 $r_i∈R$。

③ 以概率 $P(g_j|z_k)$ 选取一个图像 $g_j∈G$。

我们得到一个观察对 (r_i,g_j),丢弃概念变量 z_k。基于生成式模型理论[150],上述过程等价于如下过程。

① 以概率 $P(g_j)$ 选取一个图像 g_j。

② 以概率 $P(z_k|g_j)$ 选取一个概念 z_k。

③ 以概率 $P(r_i|z_k)$ 生成一个区域 r_i。

将上述过程转换成一个联合概率模型,可以得到如下表达式,即

$$P(r_i,g_j)=P(g_j)P(r_i|g_j)$$
$$=P(g_j)\sum_{k=1}^{K}P(r_i\mid z_k)P(z_k\mid g_j) \tag{6.5}$$

应用贝叶斯定理,式(6.5)中的条件概率变换为

$$P(r_i, g_j) = \sum_{k=1}^{K} P(z_k) P(r_i \mid z_k) P(g_j \mid z_k) \tag{6.6}$$

根据似然原理,通过 log 似然函数最大化得到 $P(z_k)$、$P(r_i|z_k)$ 和 $P(g_j|z_k)$,则有

$$L = \log P(R, G) = \sum_{i=1}^{M} \sum_{j=1}^{N} n(r_i, g_j) \log P(r_i, g_j) \tag{6.7}$$

其中,$n(r_i, g_j)$ 表示在图像 g_j 中出现区域 r_i 的个数。

从式(6.5)和式(6.7)可知,模型是一个统计混合模型[150],因此可以应用期望最大化技术[58]得到解决。

6.4.2 使用期望最大化构建模型

在隐变量模型中,对于极大似然估计的一个强有力的方法就是期望最大化方法[58]。期望最大化方法交替执行如下两个步骤。

① 期望(E)步:基于参数的当前估计,对于每一个隐含变量 z_k,计算其后验概率。

② 最大(M)步:更新参数,以使得在前 E 步中计算的给定后验概率全数据似然 $\log P(R, G, Z)$ 的期望最大化。

应用式(6.5)的贝叶斯定理,可以得到 (r_i, g_j) 条件下的 z_k 的后验概率,即

$$P(z_k \mid r_i, g_j) = \frac{P(z_k) P(g_j \mid z_k) P(r_i \mid z_k)}{\sum_{k'=1}^{K} P(z_k') P(g_j \mid z_k') P(r_i \mid z_k')} \tag{6.8}$$

对于由式(6.8)估计的 $P(R, G, Z)$,全数据 log 似然 $\log P(R, G, Z)$ 的期望是

$$E\{\log P(R, G, Z)\}$$
$$= \sum_{(i,j)=1}^{K} \sum_{i=1}^{M} \sum_{j=1}^{N} n(r_i, g_j) \log[P(z_{i,j}) P(g_j \mid z_{i,j}) P(r_i \mid z_{i,j})] P(Z \mid R, G) \tag{6.9}$$

其中,$P(Z \mid R, G) = \prod_{m=1}^{M} \prod_{n=1}^{N} P(z_{m,n} \mid r_m, g_n)$。

在式(6.9)中,$z_{i,j}$ 表示与区域-图像对 (r_i, g_j) 相关联的概念变量。换句话说,就是当 $t=(i,j)$ 时,(r_i, g_j) 属于概念 z_t。

利用标准化限制条件 $\sum_{(i,j)=1}^{K} P(z_{i,j} \mid r_i, g_j) = 1$,式(6.9)可以进一步变化为

$$E\{\log P(R, G, Z)\} = \sum_{l=1}^{K} \sum_{i=1}^{M} \sum_{j=1}^{N} n(r_i, g_j) \log[P(r_i \mid z_l) P(g_j \mid z_l)] P(z_l \mid r_i, g_j)$$
$$+ \sum_{l=1}^{K} \sum_{i=1}^{M} \sum_{j=1}^{N} n(r_i, g_j) \log[P(z_l)] P(z_l \mid r_i, g_j) \tag{6.10}$$

分别应用拉格朗日算子于 $P(z_l)$、$P(r_u \mid z_l)$ 和 $P(g_v \mid z_l)$，在下列标准化限制条件下，使式（6.10）最大化，即

$$\sum_{k=1}^{K} P(z_k) = 1 \tag{6.11}$$

$$\sum_{k=1}^{K} P(z_k \mid r_i, g_j) = 1 \tag{6.12}$$

$$\sum_{i=1}^{M} P(r_i \mid z_l) = 1 \tag{6.13}$$

对于任意的 r_i、g_j 和 z_l，参数由下式确定，即

$$P(z_k) = \frac{\sum_{i=1}^{M} \sum_{j=1}^{N} n(r_i, g_j) P(z_k \mid r_i, g_j)}{\sum_{i=1}^{M} \sum_{j=1}^{N} u(r_i, g_j)} \tag{6.14}$$

$$P(r_u \mid z_l) = \frac{\sum_{j=1}^{N} n(r_u, g_j) P(z_l \mid r_u, g_j)}{\sum_{i=1}^{M} \sum_{j=1}^{N} u(r_i, g_j) P(z_l \mid r_i, g_j)} \tag{6.15}$$

$$P(g_v \mid z_l) = \frac{\sum_{i=1}^{M} n(r_i, g_v) P(z_l \mid r_i, g_v)}{\sum_{i=1}^{M} \sum_{j=1}^{N} u(r_i, g_j) P(z_l \mid r_i, g_j)} \tag{6.16}$$

使用式（6.14）～式（6.18）替换式（6.8），控制式（6.10）的期望达到局部最大值的收敛过程。如果 $P(Z)$、$P(G \mid Z)$ 和 $P(R \mid Z)$ 是一致分布的，那么设置 $P(z_k)$、$P(g_j \mid z_k)$ 和 $P(r_i \mid z_k)$ 具有相同的初值，即 $P(z_k) = 1/K$，$P(r_i \mid z_k) = 1/M$ 和 $P(g_j \mid z_k) = 1/N$。实验发现，不同的初值只影响迭代的次数，对它们最终的收敛值没有影响。

6.4.3　概念数估计

概念数 K 必须事先确定，以便对构建的期望最大化模型进行初始化。理想地，我们需要选择一个最能代表图像库中语义类别数目的 K，一个可用的构建模型好坏的表示就是对数似然，给定这一前提，我们可以应用最小描述长度原理[174,175] 去选取最佳的 K 值，这可以通过如下公式计算[175]，选取使得下式最大的 K 值，即

$$\log(P(R,G)) - \frac{m_K}{2} \log(MN) \tag{6.17}$$

其中，第一项如式（6.7）所示；m_K 是具有 K 个混合分量的模型所需的自由参数的个数。

就提出的概率模型而言,我们有

$$m_K = (K-1) + K(M-1) + K(N-1) = K(M+N-1) - 1$$

基于这一原理,使用两个不同的 K 值来拟合模型数据,得到的模型同样好时,就选取相对简单的模型。在 6.7 节实验使用的图像库中,K 被确定为使式(6.17)取最大值时的值。

6.5　基于后验概率的图像挖掘与检索

基于概率模型,我们使用贝叶斯定理,对每一个发现的概念,得到图像库中每幅图像的后验概率,即

$$P(z_k|g_j) = \frac{P(g_j|z_k)P(z_k)}{P(g_j)} \tag{6.18}$$

该式可以使用式(6.14)～式(6.16)中的估计来确定。后验概率向量 $P(Z|g_j) = [P(z_1|g_j), P(z_2|g_j), \cdots, P(z_K|g_j)]^T$ 用于定量描述与图像 g_j 相关的语义概念。

这一向量可以看做是使用式(6.8)估计的 $P(z_k|r_i, g_j)$ 所确定的在 K 维概念空间中 g_j 的表示(具有 M 维代码词空间的表示)。

对于每一个检索图像,在获得相应代码词描述后,我们通过替换在 6.4.2 节中得到的期望最大化迭代中的这些代码词,得到它的被发现的概念空间内的表示,仅有的差别就是 $P(r_i|z_k)$ 和 $P(z_k)$ 被确定为我们对整个图像库建模得到的取值。这些值是在索引阶段得到的,也就是确定图像库中每幅图像的概念空间表示。

在设计基于区域的图像挖掘与检索方法的过程中,区域表示方法有两个问题须加以考虑。

① 一幅图像分割区域的数量通常是小的。

② 一幅图像中并不是所有的区域都与给定的图像相关,有的不相关,甚至无关,至于哪一个区域与给定的图像相关或不相关依赖于用户的主观判断。

掺杂这些不相关或无关区域的代码词将影响挖掘或检索的精度,因为在一幅图像中这些区域的出现倾向于欺骗概率模型,产生错误的概念表示。为了解决图像挖掘和检索中存在的这两个问题,我们使用相关反馈计算概念空间中的相似性,相似反馈方法在文本检索和图像检索[210,178]中已经被证明能够极大限度地抓住用户的主观性,因此基于相关反馈策略的挖掘与检索算法被引入概率模型,以得到更加高效的挖掘与检索性能。

算法对在代码词标记空间中的检索点进行了移动,使其朝着好的样本点(被用户标记为相关的图像)移动,而远离差的样本点(被用户标记为不相关的图像),使区域表示方法更加支持我们的概率模型。同时,检索点通过被标记为相关图像的代码词得到扩充。此外,我们通过使用相似向量移动策略构造一个反例代码词向

量,使构造的反例向量接近差的样本点,而远离好的样本点。向量移动策略使用 Rocchio 公式的一种形式[176],面向相关反馈和特征扩展的 Rocchio 公式已经被证明在信息检索领域中是最好的迭代优化技术之一。对于用户给定的相关文档 D_R 和不相关文档 D_I 的集合,经常需要在相关反馈中估计最优检索,即

$$Q' = \alpha Q + \beta\Big(\frac{1}{N_R}\sum_{j \in D_R} D_j\Big) - \gamma\Big(\frac{1}{N_I}\sum_{j \in D_I} D_j\Big) \tag{6.19}$$

其中,α、β 和 γ 是常量;N_R 和 N_I 分别是 D_R 和 D_I 中的文档数;Q' 是先前检索 Q 更新后的检索。

在算法中,基于向量移动策略和 Rocchio 公式,在每一次迭代中计算改进的检索向量 **pos** 和构造的反例 **neg**,得到它们在发现的概念空间中的表示,并通过概念空间中相应向量的余弦度量[12],计算其与图像库中每幅图像的相似性,基于与 **pos** 的相似性,以及与 **neg** 的相异性对检索到的图像进行排序。算法描述如算法 9 所示。

算法 9　一个基于语义概念挖掘的检索算法

输入:q,检索图像的代码词向量

输出:对于检索图像 q,检索到的图像

方法:

1：　将 q 插入到模型中,计算向量 $P(Z|q)$

2：　基于向量 $P(Z|q)$ 与图像库中每一图像的向量 $P(Z|g)$ 的余弦相似性度量
　　　检索并对图像进行排序

3：　rs＝$\{\mathbf{rel}_1, \mathbf{rel}_2, \cdots, \mathbf{rel}_a\}$,其中 $\mathbf{rel}_i$ 是在检索的结果中被用户标记为相关的
　　　每一幅图像的代码词向量

4：　is＝$\{\mathbf{ire}_1, \mathbf{ire}_2, \cdots, \mathbf{ire}_b\}$,其中 $\mathbf{ire}_j$ 是在检索的结果中被用户标记为不相关
　　　的每一幅图像的代码词向量

5：　$\mathbf{pos} = \alpha q + \beta\Big(\dfrac{1}{a}\displaystyle\sum_{i=1}^{a}\mathbf{rel}_i\Big) - \gamma\Big(\dfrac{1}{b}\displaystyle\sum_{j=1}^{b}\mathbf{ire}_j\Big)$

6：　$\mathbf{neg} = \alpha\Big(\dfrac{1}{b}\displaystyle\sum_{j=1}^{b}\mathbf{ire}_j\Big) - \gamma\Big(\dfrac{1}{a}\displaystyle\sum_{i=1}^{a}\mathbf{rel}_i\Big)$

7：　**for** $k=1$ **to** K **do**

8：　　利用期望最大化方法和式(6.18)计算 $P(z_k|\mathbf{pos})$ 和 $P(z_k|\mathbf{neg})$

9：　**end for**

10： $n = 1$

11： **while** $n \leqslant N$ **do**

12： $sim1(g_n) = \dfrac{P(Z|\textbf{pos}) \cdot P(Z|g_n)}{\| P(Z|\textbf{pos}) \| \ \| P(Z|g_n) \|}$

13： $sim2(g_n) = \dfrac{P(Z|\textbf{neg}) \cdot P(Z|g_n)}{\| P(Z|\textbf{neg}) \| \ \| P(Z|g_n) \|}$

14： **if** $sim1(g_n) > sim2(g_n)$ **then**

15： $sim(g_n) = sim1(g_n) - sim2(g_n)$

16： **else**

17： $sim(g_n) = 0$

18： **end if**

19： 基于 $sim(g_n)$，对图像库中的图像进行排序

20： **end while**

我们使用余弦度量计算 sim1(•)和 sim2(•)，因为后验概率向量是这一提出方法相似性度量的基础。向量是一致的，并且每个分量的值非 1 即 0，因此余弦相似性度量是有效的，而且用于度量由这种向量组成的空间的相似性也是理想的。6.7 节的实验表明，余弦相似性度量的有效性，同时我们注意到，算法 9 本身独立于相似性度量方法的选择。为了简单起见，在当前原型系统的实现中，算法 9 的参数 α、β 和 γ 都被赋予 1 或 0，当然其他的取值可以用以平衡好的样本点和差的样本点间的权重。

6.6 算法分析

将我们提出的概率方法与现有的图像挖掘和检索文献中基于区域的统计聚类方法的拟合方法相比较是必要的。这些基于区域的统计聚类方法包括文献[241]和[48]中的方法。在聚类方法中，我们通常基于特定的相似性度量，将一个类别变量与数据库中的一幅图像或一个区域关联。这些方法忽略的一个基本问题是一个区域的语义概念通常并不完全由区域特征本身决定，还依赖于图像中该区域的周边背景，或受到它们的影响。换句话说，图像中的区域在不同的背景中可能表达不同的概念。值得注意的是，某一区域与不同语义概念相关的程度随着图像中与其共同出现的不同背景而变化。例如，沙子代码词，当它与水、天空和人代码词背景一同出现时，可能传达的是海滩的概念。另一方面，同样的沙子代码词当它与植物

和黑色代码词背景一同出现时,也可能传达的是非洲的概念。Wang 等[212]设法减少这一问题的影响,通过将区域匹配引入两幅图像所有不同两个区域间的相似性计算,然而这一区域匹配过程是启发式的,使得对其进行严格分析是不可能的。

我们描述的概率模型在一个最优框架内定量地分析解决了这些问题。给定图像中的一个区域,每一概念的条件概率和概念中每一图像的条件概率迭代地确定拟合模型,这一模型由式(6.8)和式(6.16)来表示数据库。由于期望最大化方法总是收敛于局部最优解,由 6.7 节的实验我们发现,这个局部最优对于通常的图像数据挖掘和检索应用来说还是令人满意的。6.7 节给出的实验分析结果表明了该方法在实际图像数据库应用中的有效性。对于大规模图像集寻找其全局最优解是不可行的,而且通过全局最优拟合的模型与我们提出方法拟合的模型相比,优点并不明显,还需要进一步研究。

利用提出的概率模型,我们能同时得到 $P(z_k|r_i)$ 和 $P(z_k|g_j)$,使区域和图像在概念空间中同时都可以解释,而通常的基于图像聚类的方法,如文献[119]中的方法,并不具备这样的灵活性。由于在提出的框架中,每个区域和/或图像可以表示为沿所发现的概念轴各分量的加权和,因此提出的模型起到了因式分解[150]分析的作用。另外,同样的模型还具有一些重要的优点,例如每一个权具有明确的概率含义,而且因式分解起到了双重作用,即图像库中的区域和图像都可以通过发现的概念进行概率表示。

提出方法的另一个优点就是它的降维能力。图像的相似性计算是在变换后的 K 维概念空间 Z 上进行的,而不是在原始的 M 维代码词标记空间 R 上进行的,通常 $K \ll M$。变换后的子空间表示由图像或区域所传达的隐含语义概念,而噪声和全部的非内在信息在降维的过程中被丢弃,这使区域和图像的语义比较更加高效。对于每个图像和区域,在概念空间中的坐标通过自动模型拟合来确定,在低维概念空间中的计算量与原始的代码词空间中所需要的计算量相比得到了减少。

算法 9 将发现概念的后验概率与在代码词标记空间中查询扩展和检索向量移动策略结合在一起,从而用户检索的语义概念表示精度在代码词标记空间中得到提升。这也提高了概念空间中检索图像所获得位置的精度,而且构造的反例提高了概率模型的区分能力,改进后的检索表示的相似度及其与在概念空间中构造的反例相异度都得到了使用。

6.7　实　验　结　果

就提出的方法,我们实现了一个原型系统,并在 Pentium IV 2.0 CPU、256M 内存的平台上进行实验。系统界面如图 6.11 所示,实验结果是在一个具有 96 个语义类别、10 000 个图像的通用彩色图像数据库 COREL 上得到的,每个类别大约由 85～120 个图像组成,表 6.1 中给出了相关类别的一些例子图像。需要注意的是,在 COREL 图像数据库中的类别信息仅被用来作为标准实验数据,我们并没有在图像索引、挖掘和检索的过程中使用这一信息。图 6.5 给出了数据库中一些图像的例子。

表 6.1　96 个类别例子及其描述

序号	类别描述
1	爬行动物、动物、岩石
2	英国、皇家事件、女王、王子、王妃
3	非洲、人、景物、动物
4	欧洲、历史建筑、教堂
5	妇女、时装、模特、脸、衣服
6	鹰、天空
7	纽约市、直升机、天际
8	山、风景
9	古董、工艺品
10	复活节彩蛋、装饰、室内、人造品
11	瀑布、河流、室外
12	扑克牌
13	沙滩、度假、海边、人
14	城堡、草地、天空
15	菜肴、食物、室内
16	建筑物、建筑、历史建筑
...	...

为了评估图像检索的性能,从全部类别中随机选取 1500 幅图像作为查询图像,检索到的图像相关性由用户主观判断。在挖掘和检索实验中,如果查询图像是数据库中的图像,那么使用的语义信息就是其在 COREL 数据库中的类别标记,如果查询图像是数据库外的一幅新图像,那么在挖掘与检索结果中用户指定的相关图像被用来计算挖掘与检索的精度。除非另外指出,否则实验的默认结果是 1500 次查询中每一次查询所返回的前 30 幅图像的平均值。

在实验过程中,图像分割算法[212]的参数基于描述细节与计算复杂度的折中而做相应调整,以使每幅图像平均具有 8.3207 个区域。为了确定视觉符号目录的大小,选择和评估了不同的代码词个数,前 20、30 和 50 幅图像的平均精度分别表示为 $P(20)$、$P(30)$ 和 $P(50)$,结果如图 6.6 所示。该图表明一个总体的趋势就是视觉符号目录越大,那么挖掘和检索精度越高。然而,越大的视觉符号目录意味着图像特征向量个数越大,这就导致潜在语义概念发现过程中具有更高的计算复杂

图 6.5　数据库中的样本图像

（每一列中的图像属于同一类别，从左到右类别分别是非洲农郊、历史建筑、瀑布、英国皇家事件和模特肖像）

度，更大的视觉符号目录也导致更大的存储空间。因此，我们设定代码词数目为800，这对应于图 6.6 中的第一个拐点。由于图像库中共有 83 307 个区域，因此平均每个代码词代表 104.13 个区域。

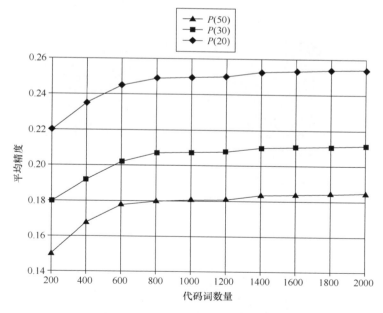

图 6.6　不同大小的视觉符号目录的平均精度（没有查询扩张和移动）

利用 6.4.3 节介绍的潜在概念数目评估方法,我们确定概念数目为 132。执行期望最大化模型构造过程,可以得到每个概念的每个代码词的条件概率,即 $P(r_i|z_k)$。区域集合中相对于每个语义概念前 10 个最高代码词的视觉内容的手工验证表明,这些发现的概念具有语义可解释性,如"人"、"建筑物"、"室外景物"、"植物"和"机器人竞赛"等。图 6.7 给出了所发现概念的例子,以及对应 $P(r_i|z_k)$ 取值较高的区域。

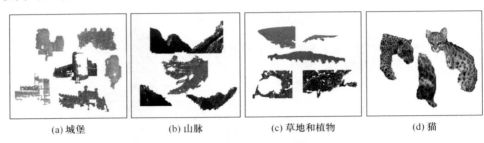

(a) 城堡   (b) 山脉   (c) 草地和植物   (d) 猫

图 6.7　所发现的不同的概念,以及对应 $P(r_i|z_k)$ 取值较高的区域

就计算复杂度而言,尽管期望最大化算法本质上是一个迭代的算法,但是当 $K=132$ 时模型构造的计算时间还是可以接受的(小于 1 秒),每一幅图像达到收敛的迭代平均次数小于 5。

下面我们就一个例子加以讨论,图 6.8 给出了一幅图像 I_m,属于图像数据库中世纪建筑类别,I_m(图 6.8(a))有 6 个代码词与其关联,每一个代码词使用唯一一种颜色表示,如图 6.8(b)所示。为了讨论方便,给这些代码词分别分配 1~6 的编号。

(a) 图像I_m (b) 代码词表示

图 6.8　代码词空间内一个查询图像的描述

图 6.9 显示了每个代码词 r_i 的 $P(z_k|r_i,I_m)$ 的取值(图中表示为不同的颜色),以及在期望最大化方法构造模型的过程中第一次迭代和最后一次迭代后的后验概率 $P(z_k|I_m)$。这里给出了具有最大 $P(z_k|I_m)$ 取值的 4 个概念,图 6.9 从左到右分别是"植物"、"城堡"、"猫"和"山脉",经过手工检查是解释得通的。正如图中所示,在第一次迭代后,概念"城堡"具有最高权重,但是其他三个概念仍然占有超过一半的概率,在几次期望最大化迭代之后,概率分布发生了变化,由于所提出的

概率模型在代码词间引入了共现模式,即 $P(z_k|r_i)$ 不仅与代码词 (r_i) 有关,而且也与图像中的共现代码词有关。例如,虽然代码词 2("草地")经过第一次迭代后有更大的可能是概念"植物",但是图像 I_m 中其他区域的影响使得其与概念"城堡"相关的概率增加,而同时使得与"植物"相关的概率得以减小。

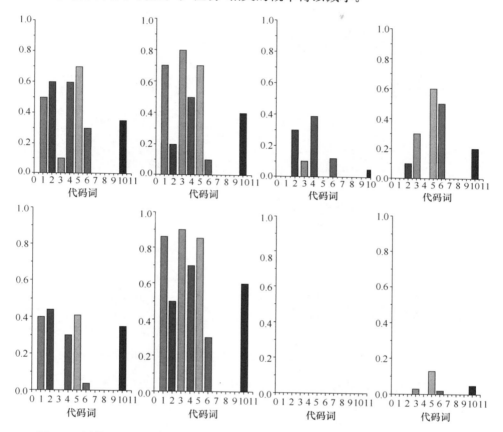

图 6.9　图像 I_m 的四个概念类("植物"、"城堡"、"猫"和"山脉")的 $P(z_k|r_i, I_m)$ 取值
(每一颜色柱对应一个代码词)和 $P(z_k|I_m)$ 取值(每一柱状图的最右列)

图 6.10 给出了与图 6.9 相似的图解,我们将基于相关反馈的查询扩展和移动策略应用于图像 I_m 上,这在算法 9 中已经给出描述。图像 I_m 的代码词被扩充到包含 10 个代码词。与图 6.9 相比,通过 I_m 的相关代码词的扩展,以及朝着相关图像集的检索移动策略,使得倾向于概念城堡的后验概率得到增加,而倾向于其他概念的后验概率明显减小,从而挖掘和检索精度得到明显改进。

为证明概率模型在图像挖掘与检索中的有效性,我们将这个方法与 Chen 和 Wang 提出的 UFM 方法[47]进行了比较。UFM 是一个图像检索方法,是基于构建

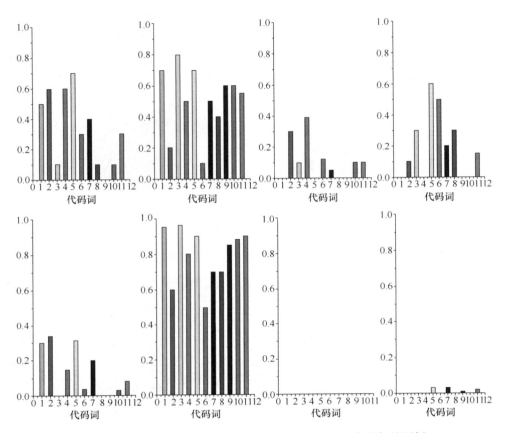

图 6.10　带有查询扩展和移动策略应用的与图 6.9 中相似的图例

区域与区域间相似度量的模糊区域表示方法,是其早期工作 SIMPLIcity[212] 方法的一个改进方法。将该方法与我们提出的方法做比较,一是我们可以获取该 UFM 系统;二是 UFM 性能反映了当前图像挖掘与检索系统的最新水平。此外,在我们的方法中使用了与 UFM 方法相同的图像分割与特征抽取方法。为了确保两个系统性能的比较相对公平,图 6.11 给出了以图像 I_m 作为检索图像,我们的原型系统和 UFM 方法所得到的前 16 个返回图像。

在 1500 个查询图像集上的更多的系统的比较结果如图 6.12 所示,我们就两个原型系统方法(一个是带有查询扩展和移动策略,一个是不带查询扩展和移动策略),以及 UFM 方法进行了评价。结果表明,概率方法的两个原型系统都比 UFM 方法具有更高的整体精度,而且配合构造的反例,查询扩展和移动策略可以极大地提升挖掘与检索精度。

(a) UFM方法返回的图像(16幅图像中9幅图像是相关的)

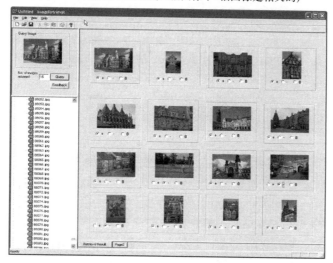

(b) 原型系统返回的图像(16幅图像中14幅图像是相关的)

图 6.11　使用图 6.8 中的图像 I_m 作为查询图像的 UFM 方法和
原型系统的检索性能比较

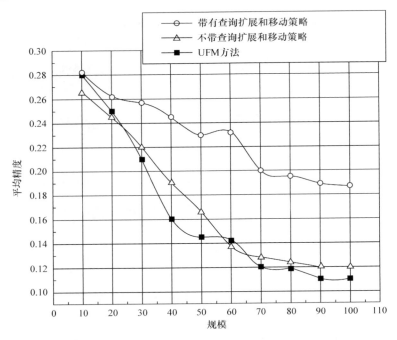

图 6.12　两个原型系统方法与 UFM 方法的平均精度比较

6.8　小　　结

　　本章介绍了一种基于自动发现图像数据库中潜在语义概念的图像数据挖掘与检索方法,发现了在当前大多数基于区域图像挖掘与检索方法中存在的问题,即在语义内容上不可靠的区域描述,就此提出并实现了一个潜在语义概念发现方法用以解决该问题。在该方法中,使用多个特征实现图像分割,并开发了一个基于SOM 的量化方法用以生成视觉符号目录,最终得到一个一致、稀疏的基于区域的表示方法。以该表示方法为基础,定义了一个图像数据库概率模型,该模型假设区域、潜在语义概念和图像都是随机变量,目标是在给定区域-图像对样本分布的情况下发现概念分布。基于这一模型,期望最大化方法这一迭代过程被用来发现数据库中潜在语义概念,设计了一个基于相关反馈的挖掘与检索算法以支持模型拟合过程,进而提高挖掘和检索的精度。该方法将变换后图像的后验概率引入发现的语义概念中来实现图像查询过程,具有坚实的统计学理论基础。通过高阶语义表示使得图像挖掘和检索成为可能,而高阶语义表示更加可靠,进而提高了挖掘和检索的精度。在具有 10 000 幅图像的通用图像数据库上的实验表明了该算法在一般图像数据挖掘与检索的有效性和前景。

第 7 章　图像数据挖掘和概念发现的多模态方法

7.1　引　　言

　　本章给出一个有关多媒体数据挖掘的应用实例,阐述自动图像语义标注问题及其在多媒体数据挖掘与检索中的应用。具体来讲,我们提出一个概率语义模型,在该模型中视觉特征和文本语义词通过隐层相连接。该隐层由需要使用两种模态结合发现的语义概念组成。视觉特征与文本语义词间的关联在贝叶斯框架中确定,使其能够得到相关联的置信度。我们就基于该模型的原型系统在大规模的、从Web 上随机抓取的、视觉和内容千差万别的图像库上进行了实验评估。在所提出的概率模型中,连接视觉特征和语义词层的隐概念层是通过使用训练图像和语义标注词来拟合模型发现的,基于期望最大化的迭代学习过程被用来确定在给定隐层类别条件下视觉特征和文本语义词的条件概率。基于隐概念层和相应的条件概率,使用贝叶斯框架可以实现图像语义标注和文本到图像的检索。在从 Web 上自动抓取的 17 000 幅图像和 7736 个标注语义词上,进行多模态图像数据挖掘与检索的实验,结果表明提出的模型和框架优于文献最新的同类系统。

7.2　研　究　背　景

　　对多媒体数据库实现高效的访问需要具备检索和组织多媒体信息的能力。在传统的图像检索中,用户不得不提供他们要查找的图像的例子,然后基于图像特征的匹配过程找到相似的图像。尽管在这一传统的图像检索领域已经有许多研究,但实验研究表明仅仅使用图像特征去寻找相似图像通常是不够的。这是底层的特征与高层语义概念间存在的语义鸿沟问题所致的[192]。为了减小这一鸿沟,作为进一步的研究内容,提出基于区域的特征(描述对象层的特征),而不是整个图像的元特征来表示图像视觉内容的方法[37,47,212]。

　　另一方面,我们很容易看到,通常的图像并不是孤立存在的,在许多应用中,与图像数据相伴同时出现的还有相关的附属信息,这样的例子包括 Web、领域相关图像库(其中存在图像的语义标注),以及用户的照片库。为了进一步减小语义鸿沟,最近有关文献[251]提出多模态图像数据挖掘与检索方法,它们利用了这些与图像一同存在的附属信息。这样,除了改善挖掘与检索的精度,多模态方法也提供了一种额外的图像检索方式。用户可以通过图像检索图像,通过附属的信息模式

(如文本)检索图像,也可以通过两者的组合来检索图像。

我们提出一个概率语义模型和相应的学习过程来解决自动图像语义标注问题,并给出其在多模态图像数据挖掘与检索中的应用。具体来讲,我们使用提出的概率语义模型来实现不同的图像模态和图像附属信息间的协同工作。这里,我们仅关注特定的附属模态,即文本,当然也可以推广引入其他相关模态。因此,这里的协同指的是图像和文本模态间的隐层,这个隐层由通过概率框架发现的概念组成,这样能够提供相关置信度。开发了一个基于期望最大化的迭代学习过程,用以确定在给定隐层类别情况下视觉特征和语义词的条件概率。基于发现的隐概念层和相应的条件概率,在贝叶斯框架下可以实现从图像到文本和文本到图像的检索。

在最近的图像数据挖掘与检索文献中,COREL 数据被广泛地应用于评价系统的性能[14,70,75,136],但也存在一定的争论[217]。COREL 数据库用于语义标注和检索过于简单,因为其中图像的概念数较少,且视觉内容变化较小。此外,文献中通常使用的训练图像和测试图像的数目相对较少(1000~5000),也使得问题变得简单,评价结果不具有说服力。为了能够真正体现 Web 图像数据挖掘与检索中的困难,以及验证所提出方法和框架在这些具有挑战性的领域上的鲁棒性,我们在各种自动爬取的 Web 网页上的带有文字标注的图像数据库上对原型系统进行评价。实验表明,我们提出的系统在这样规模的具有噪声的图像数据库上的效果较好,而且性能远远超过目前同类系统 MBRM[75]。

该工作的具体贡献如下。

① 概率语义模型通过两种模态间的配合来构造所发现的概念,而在该模型中,视觉特征和文本语义词通过隐层相关联,提出基于期望最大化的学习过程来拟合两种模态的模型。

② 在贝叶斯框架下确定视觉特征与文本语义词间的相关度,这样可以提供关联的置信程度。

③ 通过在从 Web 上爬取的视觉内容和语义多样的大规模图像库上的评价,来评估基于本章提出的模型和框架的原型系统,实验结果表明该方法具有一定的优势和前景。

7.3　相关工作

有关自动图像语义标注的方法在文献中已经提出了很多[14,70,75,136],不同的模型和机器学习技术被用来从已标注语义的图像例子中学习图像特征和文本语义词间的相关性,然后利用学习得到的相关性去预测未知图像的语义。共现模型[156]搜集语义词和图像特征间的共现个数,并利用它们去预测图像的标注语义。Barnard 和 Duygulu 等[14,70]通过利用机器翻译模型改进了共现模型。该模型是 Hofmann 等[101-103]层次聚类模型的相应扩展,引入了多模态信息。该模型将图像的语义标注过程看作从视觉语言到文本的翻译过程,并通过翻译概率估计得到共现信息,图像团块和语义词间的对应关系通过使用统计翻译模型学习得到。正如作者所指出的[14],模型的性能受到图像分割质量的严重影响。更为复杂的图形模型,如隐狄利克雷分配[22]和对应隐狄利克雷分配被用于图像语义标注问题[21],有关使用图形模型用于多媒体数据挖掘,包括图像语义标注的相关综述已在 3.6 节给出。

解决自动图像语义标注的另一种方法是使用分类方法。分类方法把每一个标注语义词(或者每一个语义类别)看作一个独立的类别,然后针对每一个语义词(或类别)创建一个不同的图像分类模型。这一方法的典型代表就是图像自动语义索引系统(ALIPS)[136]。在该系统中,假设训练图像集已经被分类,然后通过使用二维的多分辨率隐马尔可夫模型对每个类别进行建模,图像的语义标注是通过最近邻分类和语义词出现计数方法来实现的,没有利用视觉内容和标注语义词间的对应关系。此外,还假设语义标注词是语义互斥的,这在实际应用中是无效的。

最近,相关性语言模型[75]被成功应用于自动图像语义标注,核心思想是首先找到与测试图像相似的已标注图像,然后使用相似图像的标注语义词标注测试图像。这一类方法中的一个模型是多伯努利相关性模型[75],该模型是基于连续空间相关模型[134],语义词的概率是使用多伯努利模型估计的,而图像块的特征概率是使用非参数核密度函数估计的。已知的实验表明,多伯努利相关性模型优于前面的连续空间相关模型,连续空间相关模型假设对于给定图像的语义标注词服从多项式分布,并使用图像分割获得要标注的图像团块。

在很多情况下,图像和文本对用户来说都是他们感兴趣的需要检索的内容,如 Web 搜索引擎。多模态图像数据挖掘和检索,如通过收集到的文本信息改善图像挖掘与检索的性能,以及增加用户检索的方式,已经被证明是非常有前景的。有关该问题的研究已有报道,Chang 等[40]利用贝叶斯点学习机(Bayes point machine)将语义词与图像相关联来实现多模态图像挖掘与检索。在文献[252]中,潜在语义索引方法与文本和视觉特征相结合来抽取 Web 文档的潜在语义结构,据称由于两种模态的结合使用,使得挖掘与检索的结果得到改善。

7.4　概率语义模型

为了实现自动图像语义标注和多模态图像数据挖掘和检索,我们针对训练图像数据库及其相关的文本语义标注词数据库,提出一个概率语义模型。该概率语言模型通过使用期望最大化技术确定连接图像特征和文本语义词间的隐层。该隐层由图像与语义词的配合发现的语义概念组成,以便图像与语义间的协同工作。

7.4.1　概率语义标注图像模型

首先,给出一些描述, f_i , $i\in[1,N]$ 表示训练数据库中图像的视觉特征向量, N 是图像数据库的大小, w^j , $j\in[1,M]$ 表示训练语义词集合中不同的语义词, M 是训练语义词库中语义词典的大小。

在概率模型中,假设图像库中图像视觉特征 $f_i=[f_i^1,f_i^2,\cdots,f_i^L]$, $i\in[1,N]$ 是一个来自未知分布的独立同分布随机抽样,视觉特征的维度是 L 。此外,假设特定的视觉特征与语义标注词对 (f_i,w^j) , $i\in[1,N]$, $j\in[1,M]$ 也是来自未知分布的独立同分布随机抽样。进一步,假设这些样本与一个未观察到的语义概念变量 z $\in Z=\{z_1,z_2,\cdots,z_K\}$ 相关,一个视觉特征 $f\in F=\{f_1,f_2,\cdots,f_N\}$ 的每次观察都属于一个或多个概念类 z_k ,而在图像 f_i 中语义词 $w\in V=\{w^1,w^2,\cdots,w^M\}$ 的每个观察都属于一个概念类。为了简化模型,我们还有两个假设,第一,观察对 (f_i,w^j) 是独立产生的;第二,随机变量对 (f_i,w^j) 在相应的隐含概念 z_k 下是条件独立的,则

$$P(f_i,w^j\mid z_k)=P_F(f_i\mid z_k)P_g(w^j\mid z_k) \tag{7.1}$$

视觉特征与语义词分布可以看做是一个随机数据生成过程,描述如下。

① 以概率 $P_Z(z_k)$ 选取一个概念。

② 以概率 $P_F(f_i\mid z_k)$ 选取一个视觉特征。

③ 以概率 $P_V(w^j\mid z_k)$ 选取一个语义词。

这样,我们可以得到一个观察对 (f_i,w^j) ,而概念变量 z_k 可以丢弃。该模型如图7.1所示。

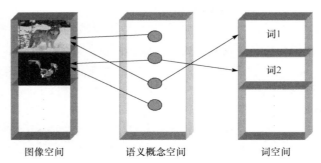

图像空间　　　　　语义概念空间　　　　　词空间

图 7.1　利用图像与文本协同的随机数据生成模型的图形表示

将这一过程转换成一个联合概率模型,即

$$P(f_i,w^j)=P(w^j)P(f_i\mid w^j)=P(w^j)\sum_{k=1}^{K}P_F(f_i\mid z_k)P(z_k\mid w^j) \tag{7.2}$$

使用贝叶斯定理,将式(7.2)中的条件概率反转,有

$$P(\boldsymbol{f}_i, w^j) = \sum_{k=1}^{K} P_Z(z_k) P_F(\boldsymbol{f}_i \mid z_k) P_\vartheta(w^j \mid z_k) \tag{7.3}$$

假设特征-概念条件概率 $P_F(\cdot \mid Z)$ 服从高斯混合分布[60]。换句话说,视觉特征是由 K 个高斯分布产生的,每一个对应一个 z_k。对于一个特定的语义概念变量 z_k,视觉特征 $\boldsymbol{f}_i$ 的条件概率密度函数为

$$p_F(\boldsymbol{f}_i \mid z_k) = \frac{1}{(2\pi)^{L/2} \mid \sum_k \mid^{1/2}} e^{-\frac{1}{2}(f_i - \mu_k)^{\mathrm{T}} \sum_k^{-1} (f_i - \mu_k)} \tag{7.4}$$

其中, $\sum_k$ 和 μ_k 分别是属于类别 z_k 的视觉特征的协方差矩阵和均值。

语义词-概念对的条件概率通过使用训练集拟合概率模型。

依据似然原理,我们通过对数似然函数的最大化来确定 $P_F(\boldsymbol{f}_i \mid z_k)$,即

$$\log \prod_{i=1}^{N} P_F(\boldsymbol{f}_i \mid Z)^{u_i} = \sum_{i=1}^{N} u_i \log \Big[\sum_{k=1}^{K} P_Z(z_k) P_F(\boldsymbol{f}_i \mid z_k) \Big] \tag{7.5}$$

其中, u_i 是图像 $\boldsymbol{f}_i$ 的语义标注词的数目。

类似地, $P_Z(z_k)$ 和 $P_v(w^j \mid z_k)$ 也可以通过对数似然函数的最大化来确定,即

$$L = \log P(F, V) = \sum_{i=1}^{N} \sum_{j=1}^{M} n(w_i^j) P \log P(\boldsymbol{f}_i, w^j) \tag{7.6}$$

其中, $n(w_i^j)$ 表示图像 $\boldsymbol{f}_i$ 中语义标注词 w^j 的权重,即出现的频度。

7.4.2　基于期望最大化的模型拟合过程

由式(7.5)、式(7.6)和式(7.2),我们可知该模型是一个统计混合模型[150],因此可以通过使用期望最大化技术得到解决[58]。期望最大化是一个两步交替迭代的过程。

① 期望(E)步,基于当前的参数估计,计算隐变量 z_k 的后验概率。

② 最大化(M)步,在给定前面 E 步后验概率的情况下,通过使全数据似然 $\log P(F, V, Z)$ 期望最大化来更新相应参数。从而概率可以通过使用训练图像库和相关语义标注词来拟合模型而确定。

应用贝叶斯定理于式(7.3),我们得到在 $\boldsymbol{f}_i$ 和 $(\boldsymbol{f}_i, w^j)$ 条件下 z_k 的后验概率,即

$$P(z_k \mid \boldsymbol{f}_i) = \frac{P_Z(z_k) P_F(\boldsymbol{f}_i \mid z_k)}{\sum_{t=1}^{K} P_Z(z_t) P_F(\boldsymbol{f}_i \mid z_t)} \tag{7.7}$$

$$P(z_k \mid \boldsymbol{f}_i, w^j) = \frac{P_Z(z_k) P_Z(\boldsymbol{f}_i \mid z_k) P_v(w^j \mid z_k)}{\sum_{t=1}^{K} P_Z(z_t) P_F(\boldsymbol{f}_i \mid z_t) P_v(w^j \mid z_t)} \tag{7.8}$$

由式(7.8)可得,估计 $P(Z \mid F, V)$ 的全数据似然 $\log P(F, V, Z)$ 的数学期望为

$$\sum_{(i,j)=1}^{K} \sum_{i=1}^{N} \sum_{j=1}^{M} n(w_i^j) \log\left[P_Z(z_{i,j}) P_F(\boldsymbol{f}_i \mid z_{i,j}) P_v(w^j \mid z_{i,j})\right] P(Z \mid F, V) \quad (7.9)$$

其中，$P(Z \mid F, V) = \prod_{s=1}^{N} \prod_{t=1}^{M} P(z_{s,t} \mid \boldsymbol{f}_s, w^t)$。

在式(7.9)中，$z_{i,j}$ 表示与特征-语义词对 $(\boldsymbol{f}_i, w^j)$ 相关联的概念 $z_{i,j}$，换句话说，当 $t=(i,j)$ 时，$(\boldsymbol{f}_i, w^j)$ 属于概念 z_t。

类似地，由式(7.7)可知估计 $P(Z|F)$ 的似然 $\log P(F, Z)$ 的数学期望为

$$\sum_{k=1}^{M} \sum_{i=1}^{N} \log(P_Z(z_k) P_F(\boldsymbol{f}_i \mid z_k)) P(z_k \mid \boldsymbol{f}_i) \quad (7.10)$$

分别应用拉格朗日算子到 $P_Z(z_l)$、$P_F(\boldsymbol{f}_u \mid z_l)$ 和 $P_v(w^v \mid z_l)$，使得式(7.9)和式(7.10)取最大值，在如下归一化条件下，即

$$\sum_{k=1}^{K} P_Z(z_k) = 1, \quad \sum_{k=1}^{K} P(z_k \mid \boldsymbol{f}_i, w^j) = 1 \quad (7.11)$$

对于任意的 $\boldsymbol{f}_i$、w^j 和 z_l，参数可以通过如下公式计算，即

$$\mu_k = \frac{\sum_{i=1}^{N} u_i \boldsymbol{f}_i P(z_k \mid \boldsymbol{f}_i)}{\sum_{s=1}^{N} u_s P(z_k \mid \boldsymbol{f}_s)} \quad (7.12)$$

$$\sum_k = \frac{\sum_{i=1}^{N} u_i P(z_k \mid \boldsymbol{f}_i)(\boldsymbol{f}_i - \mu_k)(\boldsymbol{f}_i - \mu_k)^{\mathrm{T}}}{\sum_{s=1}^{N} u_s P(z_k \mid \boldsymbol{f}_s)} \quad (7.13)$$

$$P_Z(z_k) = \frac{\sum_{j=1}^{M} \sum_{i=1}^{N} u(w_i^j) P(z_k \mid \boldsymbol{f}_i, w^j)}{\sum_{j=1}^{M} \sum_{i=1}^{N} n(w_i^j)} \quad (7.14)$$

$$P_v(w^j \mid z_k) = \frac{\sum_{i=1}^{N} n(w_i^j) P(z_k \mid \boldsymbol{f}_i, w^j)}{\sum_{u=1}^{M} \sum_{v=1}^{N} n(w_v^u) P(z_k \mid \boldsymbol{f}_v, w^u)} \quad (7.15)$$

使用式(7.12)~式(7.15)替换式(7.7)和式(7.8)，使得式(7.9)和式(7.10)中的数学期望收敛到局部最大值。

7.4.3　概念数估计

对于期望最大化模型拟合，概念数 K 必须事先确定。理想地，我们设法去选取一个最能与训练集中语义类别数一致的 K 值，现实可行的一个拟合质量的评价标准就是对数似然函数。基于这一准则，我们可以应用最小描述长度原理[175]在

K 的取值中选择,这个过程可以通过如下方式完成[175],选取使下式最大化的 K,即

$$\log(P(F,V)) - \frac{m_K}{2}\log(MN) \tag{7.16}$$

其中,第一项由式(7.6)计算;m_K 是具有 K 个混合分量的模型所需要的自由参数个数。

在我们的概率模型中,有

$$m_K = (K-1) + K(M-1) + K(N-1) + L^2 = K(M+N-1) + L^2 - 1$$

基于这一原理,当有多个不同 K 值的模型都对数据拟合的相当好的时候,我们将选择相对简单的模型。在 7.6 节的实验数据库中,K 选取使式(7.16)取最大值的 K。

7.5　基于模型的图像语义标注与多模态图像挖掘和检索

在基于期望最大化的迭代过程收敛之后,我们得到利用训练集拟合后的模型。这样便可以在确定的 $P_Z(z_k)$、$P_F(f_i | z_k)$ 和 $P_v(w^j | z_k)$ 贝叶斯框架下进行图像语义标注和多模态图像挖掘与检索。

7.5.1　图像语义标注与图像到文本查询

图像自动语义标注的目标就是返回最能反映图像视觉内容的语义词,在本章提出的方法中,我们使用联合分布对属于语义概念 z_k 的语义词 w^j 是图像 f_i 的语义标注词这一事件的概率进行建模。由式(7.1)可知,联合概率为

$$P(w^j, z_k, f_i) = P_Z(z_k)P_F(f_i | z_k)P_v(w^j | z_k) \tag{7.17}$$

通过应用贝叶斯定理和整合 $P_Z(z_k)$,我们可以得到如下表达式,即

$$
\begin{aligned}
P(w^j \mid f_i) &= \int P_v(w^j \mid z)P(z \mid f_i)\mathrm{d}z \\
&= \int P_v(w^j \mid z)\frac{P_F(f_i \mid z)P(z)}{P(f_i)}\mathrm{d}z \\
&= E_z\left\{\frac{P_v(w^j \mid z)P_F(f_i \mid z)}{P(f_i)}\right\}
\end{aligned}
\tag{7.18}
$$

其中

$$P(f_i) = \int P_F(f_i \mid z)P(z)\mathrm{d}z = E_z\{P_F(f_i \mid z)\} \tag{7.19}$$

式中,$E_z\{\cdot\}$ 表示语义概念变量概率 $P(z_k)$ 上的数学期望。

式(7.18)提供了一个确定正在进行语义标注的图像 f_i 的语义词 w^j 的概率的原则性方法。

通过式(7.18)和式(7.19)的组合,在贝叶斯框架下可以完全解决自动图像语义标注问题。

在实际应用中,通过使用蒙特卡罗抽样方法[79]可以得到式(7.18)数学期望的近似,将蒙特卡罗方法引入式(7.18),可得下式,即

$$P(w^j \mid \boldsymbol{f}_i) \approx \frac{\sum\limits_{k=1}^{K} P_v(w^j \mid z_k) P_F(\boldsymbol{f}_i \mid z_k)}{\sum\limits_{h=1}^{K} P_F(\boldsymbol{f}_i \mid z_h)}$$

$$= \sum_{k=1}^{K} P_v(w^j \mid z_k) x_k \qquad (7.20)$$

其中,$x_k = \dfrac{P_F(\boldsymbol{f}_i \mid z_k)}{\sum\limits_{h=1}^{K} P_F(\boldsymbol{f}_i \mid z_h)}$,返回具有最大 $P(w^j \mid \boldsymbol{f}_i)$ 取值的语义词来标注图像。

在这一图像语义标注机制下,图像到文本的检索过程可以通过基于传统的文本检索技术检索文档得到返回的语义词来实现。

7.5.2　文本到图像查询

在传统的基于文本的图像检索系统中,如 Google 图像检索,仅使用文本信息来检索图像。我们知道这种方法无法得到令人满意的效果,出于这一原因促使了基于内容的图像检索研究。基于 7.4 节通过使用图像与文本的协同所得到的模型,这里开发了一个替代的、更加有效的方法。该方法使用贝叶斯框架实现对给定文本检索词的图像数据挖掘与检索。

与 7.5.1 节的过程类似,对于给定的检索词,我们通过计算条件概率 $P(\boldsymbol{f}_i \mid w^j)$ 来检索图像,即

$$P(\boldsymbol{f}_i \mid w^j) = \int P_F(\boldsymbol{f}_i \mid z) P(z \mid w^j) \mathrm{d}z$$

$$= \int P_v(w^j \mid z) \frac{P_F(\boldsymbol{f}_i \mid z) P(z)}{P(w^j)} \mathrm{d}z$$

$$= E_z \left\{ \frac{P_v(w^j \mid z) P_F(\boldsymbol{f}_i \mid z)}{P(w^j)} \right\} \qquad (7.21)$$

数学期望可以通过下式估计,即

$$P(\boldsymbol{f}_i \mid w^j) \approx \frac{\sum\limits_{k=1}^{K} P_v(w^j \mid z_k) P_F(\boldsymbol{f}_i \mid z_k)}{\sum\limits_{h=1}^{K} P_v(w^j \mid z_h)}$$

$$= \sum_{k=1}^{K} P_F(\boldsymbol{f}_i \mid z_k) y_k \qquad (7.22)$$

其中, $y_k = \dfrac{P_v(w^j \mid z_k)}{\sum_h P_v(w^j \mid z_h)}$ 。

在数据库中, 具有最高 $P(f_i \mid w^j)$ 取值的图像被返回作为每个检索词的检索结果。

7.6　实　　验

原型系统的体系结构如图 7.2 所示。该系统既支持图像到文本的检索, 如图像语义标注, 也支持文本到图像的检索。

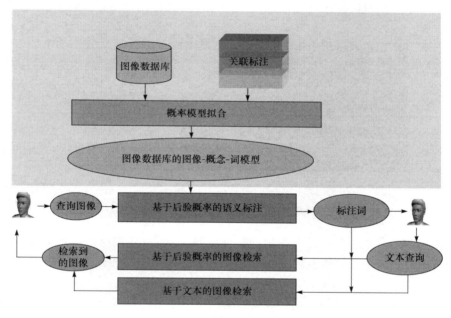

图 7.2　原型系统体系结构

7.6.1　数据库与特征集合

值得注意的是, 最近提出的自动图像语义标注系统[14,70,75,136] 使用的数据库并不能反映许多实际图像数据库中内在的困难。这里介绍的实验系统的设计需要考虑两个问题: 第一, 通用的 COREL 图像数据库对于图像语义标注和检索问题来说比较容易, 这是因为在该图像数据库中所含的语义比较有限, 而且图像中视觉内容变化较小; 第二, 在最近文献中提到的小规模数据集与实际应用领域数据库相比, 远远没有达到实用的程度。为了解决这一问题, 我们在原型系统的评价过程中, 不使用 COREL 图像数据库, 而是在一个从 Web 上抓取来的、大规模实际数据库中评价我们的系统。抓取的网页来自于 Yahoo! 图片网站,然后使用 VIPS 算法[32],从包含图像的一块网页内容中,抽取出图像及包围它的描述其内容的文字。图像周边的文字使用标准文本处理技术处理,得到语义标注词。除了图像和语义标注词,图像的每一个语义标注词的权重使用结合 TF、IDF,以及 VIPS 中标签信息的计算方法得到,并将其结果归一化到 $(0,10]$。在作为模型拟合的训练数据和测试数据前,图像-语义标注词对经过了词干处理和手工清理。整个数据集由 17 000 个图像和 7736 个语义标注词组成,其中 12 000 个图像作为训练集,其余的 5000 个图像作为测试集。与 COREL 图像库中的图像相比,在上述集合中的图像在语义和视觉内容上都更加多样,这反映了在实际图像检索应用领域中的真实情况。图 7.3 展示了生成的数据库中图像与其关联的语义标注词的一个例子。

{人(6),山脉(6),天空(5)}

图 7.3　在生成的数据库中图像及与其关联的语义标注词的一个例子
(跟随每个语义词的数字是该词对应的权重)

本章的研究重点并不是在图像的特征选择上,而且所提出的方法独立于任何一个视觉特征。为了系统实现简单和易于比较的目的,在原型系统中使用与文献 [75]相同的特征。具体来讲,视觉特征是一个 36 维的向量,有 24 个颜色特征(8 个量化颜色和 3 个曼哈顿距离计算的自相关特征)和 12 个纹理特征(在 3 个方向和 4 个尺度上计算的 Gabor 能量特征)。

7.6.2　评估度量

为了评价原型系统在多模态图像数据挖掘和检索上的有效性和前景,我们定义如下性能评价标准。

① 命中率 3(HR3)。在测试集上,测试图像的已知基准语义词在前 3 个返回的语义词中至少包含一个平均比率。

② 完全词长(CL)。在测试集中,对于给定的一个测试图像,返回语义词中包含所有已知基准词的平均最小长度。

③ 单个查询词精度(SWQP(n))。在测试集中,对于给定的一个检索词所返

回的前 n 个图像中的相关图像("相关"的意思是这个图像的已知基准标注中包含该检索词)的平均比率。

　　HR3 和 CL 度量的是图像语义标注(或者是图像到文本检索)的精度,HR3 越大,和/或 CL 越小,标注精度越高。SWQP(n)度量的是文本到图像检索精度,SWQP(n)越大,文本到图像检索精度越高。

　　此外,我们也使用文献[75]定义的语义召回率和精度来度量图像语义标注的精度,recall=B/C 和 precision=B/A,式中 A 是被在前 10 个返回的语义词列表中的词所自动语义标注的图像数量;B 是被在前 10 个返回的语义词列表中的词正确语义标注的图像数量;C 是在基准语义标注中具有该词的图像的数量。理想的图像语义标注系统应该在具有高的平均语义召回率的同时,也具有较高的语义精确度。

7.6.3　图像自动语义标注结果

　　自动图像语义标注原型系统的界面如图 7.4 所示。在该系统中,语义词和它们的置信度评分(条件概率)作为欲标注图像的结果,返回给最终检索用户。

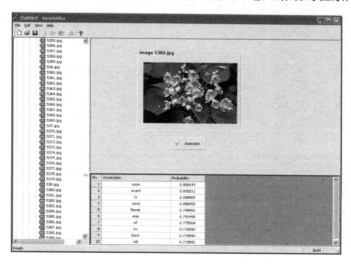

图 7.4　自动图像语义标注原型系统界面

　　在训练图像集上,使用 7.4.3 节描述的隐层概念数估计方法,得到的概念数为262,与训练集合中的 12 000 个图像,以及去词干和人工清理后的标注语义词个数相比,语义概念变量的个数是相当少的。就计算复杂度而言,模型的拟合过程是一个高强度的计算,在 Pentium IV 2.3GHz 的 CPU 和 1G 内存的计算机上,它需要花费 45 个小时来拟合模型。幸运的是,这一过程是离线的,仅需要进行一次。对于在线的语义标注和单个语义词的图像检索,反应时间是可以接受的(小于 1s)。

为了证明在图像语义标注中概率模型的有效性和前景,我们对提出的方法与MBRM方法[75]的精度进行了比较。在 MBRM 方法中,语义词的概率是使用多伯努利模型估计的,而且没有使用在视觉特征和语义词间的连接层。之所以将我们的系统与 MBRM 进行比较,是因为 MBRM 反映了当前自动图像语义标注研究的最优性能。此外,由于我们使用了与 MBRM 相同的图像视觉特征,这样能够进行相对公正的比较。表 7.1 显示了在实验图像集上我们提出的原型系统和 MBRM所得到的自动语义标注例子,其中前 5 个语义词(根据概率)被看做图像的自动语义标注。表 7.1 中显示的比较结果明显表明,我们所提出的系统优于 MBRM。

表 7.1 所提出系统与 MBRM 系统得到的自动语义标注结果比较

系统	MBRM	我们的系统
	动物、水、狼、房子、老虎	狼、水、荒野、动物、石头
	男人脸、头发、人、熊、天空	男人脸、人、头发、男人、独角戏
	鸟、草、豹、帆船、布谷鸟	鸟、布谷鸟、黄色、沙子、天空
	花、红色、树、草地、室外	花、红色、叶子、杜鹃花、山水画

系统	MBRM	我们的系统
	沙漠、海滩、木乃伊、建筑物、教堂	金字塔、埃及、沙漠、木乃伊、沙滩

在测试集上的系统评价结果如表 7.2 所示。最终结果是在一个具有 7736 个语义词数据库上的结果。所提出的系统明显好于 MBRM,平均召回率提高了 48%,而平均精度提高了 69%。在 MBRM 中,语义词的多伯努利生成过程是手工的,语义词和特征间的关联存在噪声。相反,在我们所提出的模型中,并不对语义词的分布做出假设,被隐层概念变量所使用的视觉特征和语义词间的协同工作大大减少了噪声。此外,我们系统某些返回的、排在前面的语义词,对于给定的检索图像通过主观检查,发现它们也是与图像语义相关的。在表 7.2 的性能计算中,我们没有对这些语义词进行统计,因此表中的我们提出系统的 HR3、召回率和精度实际上是被低估了,而 CL 被高估了。

表 7.2　在测试集上自动图像语义标注结果比较

模型	MBRM	我们提出的系统
HR3	0.56	0.83
CL	1265	574
召回率大于 0 的语义词数	3295	6078
在所有的 7736 个语义词上的结果		
语义词的平均召回率	0.19	0.28
语义词的平均精度	0.16	0.27

7.6.4　单个文本到图像的查询结果

在 500 个随机抽取的检索语义词集合上的单一文本到图像的检索结果如图 7.5 所示。该图给出了我们提出的系统和 MBRM 系统的平均 SWQP(2,5,10,15,20)。如果该检索词被包含在图像基准语义标注词表中,那么可以认为返回的图像与单一检索词相关。从图中可以看出,所提出的概率模型比 MBRM 具有更高的整体 SWQP 值。另外,随着返回图像个数的增加,我们提出系统的 SWQP(n) 比 MBRM 衰减的要慢,这也是我们提出的系统的另一个优势。

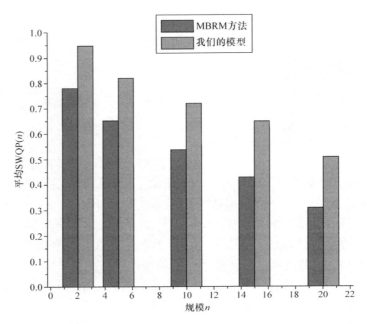

图 7.5　MBRM 和我们所提出的方法平均 SWQP(n) 比较结果

7.6.5　图像到图像的查询结果

　　由式(7.18)和式(7.21)可知,如果检索图像 q_f 基于式(7.18),我们立刻就可以根据概率 $P(w^i|q_f)$ 得到前 m 个语义标注词。对于每一个语义标注词,根据式(7.21),由概率 $P(f_i|w^i)$ 可以立刻得到图像列表。最终,我们基于后验概率 $P(f_i|w^i)P(w^i|q_f)$,将 m 个排序的列表合并为最终的检索结果。很明显,对于通常的语义词和图像的检索来说,检索的每一部分可以单独处理,最终的检索结果可以通过合并基于后验概率的所有的检索列表得到。为了讨论方便,我们将这种通常的索引与检索方法称为 UPMIR 方法,代表基于组合后验概率的多媒体信息检索。对于图像到文本语义标注检索和单一文本到图像的检索,我们已经对 UPMIR 和 MBRM 进行了评价,由于原来讨论 MBRM 方法时,并没有包括图像到图像的检索,因此我们在文献[47]中讨论了 UPMIR 和 UFM 图像到图像的比较结果。图7.6 和图 7.7 给出了与 UFM 比较的平均精度和召回率,该比较过程是在图像到图像检索模式下同一个评价数据集的 600 个检索图像上进行的。很明显,使用单纯的图像检索模式,UPMIR 性能至少与 UFM 相同,在大多数情况下都优于 UFM,如对于前两个检索的图像,UPMIR 的检索精度比 UFM 好 10%。为了进一步验证 UPMIR 比 UFM 在图像检索中更加有效,我们让 UPMIR 和 UFM 都在相同的环境下运行和评价,该环境为 Pentium IV 2.26GHz CPU 和 1G 的内存。给定 17 000

幅图像和 7736 个语义词典,UPMIR 检索的平均响应时间为 0.936 秒,而 UFM 为 9.14 秒。很明显,UPMIR 远远优于 UFM,这是因为 UPMIR 比 UFM 具有更低的复杂度,导致这一情况的原因是 UFM 是基于区域的,而且对于两个图像的每一次比较 UFM 都需要进行组合运算,而 UPMIR 的复杂度是一个常数。

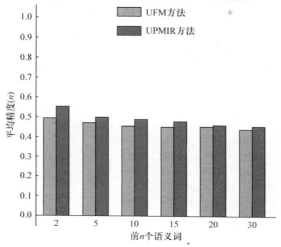

图 7.6　UPMIR 与 UFM 的精度比较

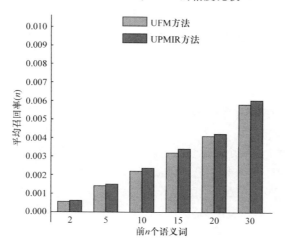

图 7.7　UPMIR 与 UFM 的召回率比较

7.6.6　与纯文本查询方法的性能比较结果

由于 UPMIR 偏向文本方面的检索,我们打算用实验验证 UPMIR 还是能够比纯文本检索的系统得到更好的图像检索效果。出于这一目的,我们使用纯文本方式(如单一语义词到图像检索方式)对 UPMIR 与 Google 和 Yahoo! 进行人工评价。我们从 7736 个语义词组成的词典中随机选取 20 个语义词,然后用每一个语义词作为纯文本检索分别提交给 UPMIR、Google 图像检索引擎和 Yahoo! 图像检索引擎,最后人工检查精度。图 7.8 表明,对于不同数量的前几个检索到的图像,UPMIR 明显优于 Google 和 Yahoo!。由于我们无法得到 Google 和 Yahoo! 的图像数据库,虽然比较的数据库在大小和内容上存在差异,但是对于比较性能,这也是我们能做到的最好的了,目的就是为了证明:对于图像检索,像 UPMIR 这样的多模态数据挖掘和检索系统明显优于纯文本的检索系统。

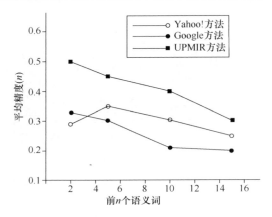

图 7.8　UPMIR、Google 图像检索引擎和 Yahoo! 图像检索引擎间的平均精度比较

7.7　小　　结

本章提出一个概率语义模型,用于自动图像语义标注和多媒体数据挖掘与检索。不似许多已有的系统,人为假定语义标注词的分布和不可靠的关联关系,我们假设存在一个隐概念层,并将视觉特征与标注语义词相关联,发现的隐层概念变量和相关概率通过使用训练集拟合生成式模型。模型的拟合过程是在 MLE 标准下完成的,而使用基于期望最大化的迭代学习过程来得到局部最大值。基于得到的模型,在贝叶斯框架下开展图像到文本和文本到图像的检索过程,贝叶斯框架对于数据集是自适应的,而且有置信度度量可以明确解释,提出的系统在图像语义标注和多模态图像数据挖掘与检索方面具有广阔的前景,这一点已经通过原型系统在从 Web 上自动抓取的 17 000 幅图像和 7736 个文本语义标注词上的实验得到了验证。与现有的最好的语义标注系统 MBRM 及 UFM 图像检索系统相比,在存在噪声、多样的语义和多变的视觉内容的情况下,系统表现出了较高的可靠性和有效性。

第8章 视频数据库概念发现与挖掘

8.1 引　言

本章将讨论的焦点转向视频数据库,同时使用生成式模型和判别式模型发现视频数据库中的概念。特别地,我们重点讨论自然视频数据库的检索问题——Web 视频检索,并给出概念发现和挖掘如何帮助得到 Web 视频检索结果的一个有效解决方案。

在 Web 上构建视频检索引擎是一个非常具有挑战性的课题,与 Web 网页检索相比,视频检索面临着特有的挑战,如每一个视频都具有大量的数据,以及多模态信息的存在,包括元数据、视觉内容、音频和所含文字等。我们研究几个具有广阔应用前景的方法,提高 Web 上大规模视频检索引擎的检索相关性。具体来讲,描述一个我们开发的、专门的视频分类框架,该框架集成了基于不同模式的多个分类器。通过学习用户的检索历史和点击日志,我们提出一个自动的检索预置文件生成技术,以及应用该预置文件去对提交的检索进行分类。基于这一框架,提出一个高度可扩展的原型系统,该系统集成了在线的检索分类和离线的视频分类过程。我们在一个来自 Web 上的大规模视频数据集上评估多项式混合分布的朴素贝叶斯分类、最大信息熵分类和支持向量机分类方法,以及预置文件学习技术。系统的评估结果和用户的研究表明,查询和视频联合分类提高了视频检索的相关度和用户检索体验。所提出方法的高效率也通过原型系统在 Web 搜索引擎上得到验证。

8.2 研究背景

Web 视频搜索引擎的任务是对用户给定的内容检索出大量的 Web 视频。为了开发一个能够成功应用的视频搜索引擎,有几个因素是必须要考虑的。第一,检索视频的覆盖度要足够大,以使得 Web 上大多数视频都能被检索到。第二,检索结果的相关度要足够高,使得对个体用户来说是有用的和个性化的。第三,检索的系统要有足够高的可扩展性,而且用户检索的反应时间不能依赖于视频集的大小(至少不能线性依赖)。与已知的成功应用的 Web 网页搜索技术相比,Web 视频检索技术仍处于初始阶段,虽然视频检索与 Web 网页检索在信息检索和数据挖掘方面具有许多共性,但视频检索(多媒体检索也是一样)仍有许多特有的难点。

一个难点就是 Web 视频中的语义通常不是被明显标注出来的,这使得实现精确的检索变得非常困难。另一方面,视频比其他媒体更富含内容,因为视频包含如视觉、听觉和文字等附加信息,虽然基于内容的视频检索已经被广泛研究了十余年[98],也提出了许多特征[99,190,185]和相似性度量方法[192]。此外,对于视频数据挖掘和检索,基于文本的检索和基于概念的检索[10]对于需要检索内容的用户来说已经被证明是非常有用和方便的,然而基于实例的检索对于一般用户来说还未表现出足够的吸引力。为了减少语义鸿沟,使用多模态信息,如文本、音频、视频和图像的多媒体数据挖掘被提出来,并表现出了广阔的前景[245]。我们的目标就是开发一个实用的,满足上述要求的 Web 视频搜索引擎。

通过对视频搜索引擎的检索日志研究,我们发现大多数 Web 用户对视频的检索都局限于某些领域,如新闻、电影和音乐等,但是他们通常只是输入非常短的检索词(超过 90%的检索词少于 3 个字)。例如,用户检索"卡特里娜飓风"实际上是要找最近的有关飓风"卡特里娜"的视频,而不是由"卡特里娜"讲授的有关飓风产生的视频。再如,用户检索"麦当娜",多数情况下是对流行歌手"麦当娜"的音乐视频感兴趣,而不是名字为"麦当娜"的搞笑视频。我们的目的就是得到用户检索的类别,然后使用这一类别进一步指导或限制视频的检索。此外,要检索的视频将被自动分类。通过这种方式,返回的视频可以很好地满足用户检索的需求。这一过程可以通过利用已标注训练视频数据和用户检索历史去提高搜索的相关性,本章提出对视频和用户检索进行自动分类的方法,并进行评价。

① 描述一个专门的视频分类框架结构。该框架将基于元数据和内容特征的多个分类器组合在一起,实现了三个分类学习方法,包括多项式混合贝叶斯分类器[173]、最大熵分类器[159]和支持向量机分类器[207]。

② 通过对用户检索历史和点击日志的学习,我们提出一个自动的检索预置文件生成技术,并将该预置文件应用到检索分类。

③ 开发了一个高度可扩展的原型系统。该系统集成了在线检索分类和离线视频分类,比较了不同的分类器和预置文件学习技术,并研究了它们的性能差异。我们在大规模的成百上千的检索和百万级规模的视频库上对开发的原型系统进行了评估,结果表明在搜索精度方面得到了极大的改进。

8.3　相关工作

本章关注的视频分类是在视频检索引擎背景下的,属于一个宽输入域视频分类问题。宽输入域具有无限的、不可预知的形式上的变化,即便是相同的语义内容[192],包括播放的新闻视频、运动视频、主流娱乐视频等。这类视频分类问题自从 20 世纪 90 年代中期以来已经被广泛研究[61,204],开创性的研究工作之一就是 Fischer 等的研究工作[78],他们提出三步方法对新闻、商业、卡通和体育运动视频进行分类。第一步收集基本的听觉和视觉的统计信息;第二步设法得到样式属性,包括场景长度、镜头运动强度、字幕检测等;第三步利用样式属性的分布区分视频的类别。由于方法很简单,且分类过程是基于特定的规则,因此系统不具有鲁棒性,且不具有很好的泛化能力。大多数现有的视频分类研究工作都集中于视频底层的特征表示[111,112],很少将视频分类集成到视频搜索引擎,以及研究视频分类对检索相关度的影响。

如何为用户的检索提供更多的背景信息以实现个性化的检索过程是搜索引擎研究领域的另外一个研究热点,许多研究人员从信息过滤[39,218]和智能代理[165]角度来研究这一问题。这些方法中的大部分是使用用户预置文件来推荐文档[6]。然而,我们研究的技术是去检索那些对用户查询来说感兴趣的类别,并引导用户到与其检索兴趣最匹配的视频类别中去。虽然捕获用户对多媒体内容检索的需求比一般的 Web 检索要复杂得多,但是研究表明基于文本的检索仍然比基于其他形式,如基于例子的检索、基于勾勒的检索要准确和方便得多。在 Web 多媒体检索应用方面,我们还没有看到有关在无用户明显察觉的情况下用户检索分类方面的报道。

考虑到视频具有丰富的内容可以用于分类和检索,而且已经开发了很多集成的方法实现从多个模态中合成检索结果。Lin 和 Hauptmann[139]提出一个元分类组合策略,通过合并单一模态分类器集成输出结果,构建了一个基于元分类器的支持向量机。与基于概率的方法[127]相比,该方法可以得到较优的结果。最近提出的检索-类依赖加权方法用于从多个模态得到的视频检索结果[224]的合成。在该方法中,对于不同模态通过将问题构建为一个最大似然估计问题,并通过期望最大化技术解决该问题,而其权值从用户提交的检索学习得到。直觉上是简单的,但期望最大化学习方法将镜头拟合到隐变量有多好却不清楚,而且最终的效果对检索的分类精度比较敏感,更重要的是上述两个方法仅是在几百个视频上进行评估的。由于具有较高的计算复杂度,它们并不能用于成百上千万规模的视频,以及每天百万级规模的查询任务,而这些正是 Web 视频搜索引擎所需要面对的。Wu 等[222,223]提出一个两步的在视频分类背景下最优多模态融合方法。该方法首先从元特征中找到一个统计相互独立的模态集合。这些元特征是从多媒体数据源中通过主成分分析、独立成分分析和独立模态分组方法依次抽取的。然后,利用支持向量机级联分类器确定单个模态的最优组合,该级联分类器被称为超核融合。通过使用支持向量机的核变换得到了非线性融合,在实验中分类精度得到了改善。虽然在本方法中,使用了特征间的相互独立性,以及非线性融合,然而严重影响融合效果的因素,如模态独立性、维度灾难、融合模型复杂度却是手工调整的。

自从 2001 年,TRECVID[108]成为评估视频检索系统的基准视频库,在 TRECVID 中的检索主题不仅包括文本,也包括表示用户信息需求的例子,如视频、音频和图像。在 TRECVID 中,一些基准度量与 Web 视频检索并不相关,这是因为 Web 视频的质量和内容比 TRECVID 视频库中的更加多样。此外,Web 搜索的检索模式与 TRECVID 使用的检索模式是不同的。例如,要检索 Web 视频,文本检索形式对用户而言是直观、有效的,基于例子的检索对于 Web 视频搜索引擎来说并未被广泛使用。

本章描述的研究工作的目标是开发一个用于 Web 视频搜索的查询和视频联合分类框架,通过挖掘 Web 视频内容的多模态信息来实现概念发现。Web 视频搜索的超大规模,以及查询和视频分类的高效性要求在以前的文献中还从未被正式地阐述过。

8.4 视 频 分 类

为了实现视频的分类,我们使用多模态特征,如文本特征、视频内容特征和多个分类模型来评估和比较。从训练视频数据中收集元数据和抽取视频内容特征后,我们训练两个分类器,分别对应一个模态,使用不同的分类模型,并对这些模型进行改进以适应视频检索任务。查询和视频联合分类框架的体系结构如图 8.1 所示。

8.4.1 朴素贝叶斯分类器

朴素贝叶斯[66]是已经被深入研究的分类技术,且在 3.2.4 节进行过讨论。尽管有很强的独立性假设,但是其吸引人的地方主要在于较低的计算代价、相对低的内存开销和处理异构特征与多类别的能力。在伴有文本信息的视频分类中,视频的元数据中每个文本域的词语分布被模型化为多项式分布,文本域被看做是词语的系列,并且假定每个词的位置彼此是相对独立产生的。因此,每个类别具有一个固定集合的多项式参数,类别 c 的参数向量表示为 $\boldsymbol{\theta}_c = \{\theta_{c_1}, \theta_{c_2}, \cdots, \theta_{c_n}\}$,其中 n 是词汇表的大小,θ_{c_i} 是词语 i 出现在该类中的概率,且满足 $\sum_i \theta_{c_i} = 1$。视频段的似然估计是出现在段落中的词语参数的乘积,即

$$P(o \mid \boldsymbol{\theta}_c) = \frac{(\sum_i \sum_k w_k t_{i,k})!}{\prod_{i,k} (w_i t_{i,k})!} \prod_{i,k} (\theta_{c_i})^{w_k t_{i,k}} \tag{8.1}$$

其中,$t_{i,k}$ 是视频对象 o 在域 k 中词 i 出现的频度数;w_k 是权。

这里,我们考虑了域的重要性(w_k),因为从 Web 视频中我们可以观察到,在精度和区分能力方面,视频元数据中的不同域对于描述视频语义内容的贡献度是不一样的。这一模型的调整改进了视频的分类精度,这一点在 8.6 节中的实验中

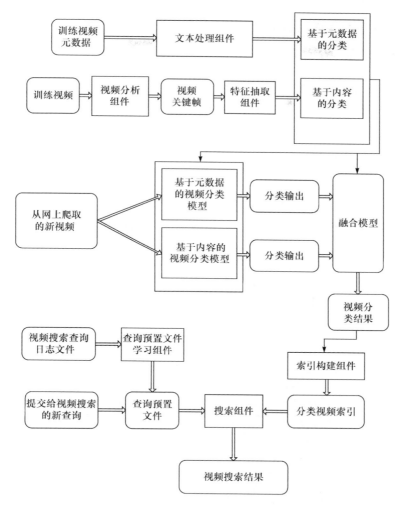

图 8.1　查询和视频联合分类框架系统体系结构

得到了证实。通过对类别集合赋予一个先验概率分布 $P(\boldsymbol{\theta}_c)$，我们得到一个最小错误分类准则[66]。该准则选择具有最大后验概率的类别，即

$$l(o) = \arg\max_c[\log P(\boldsymbol{\theta}_c) + \sum_i\sum_k w_k t_{i,k}\log\theta_{c_i}]$$
$$= \arg\max_c[b_c + \sum_i\sum_k w_k t_{i,k}z_{c_i}] \tag{8.2}$$

式中，b_c 是一个阈值项；z_{c_i} 是词 i 的第 c 个类别的权；参数 $\boldsymbol{\theta}_c$ 是通过训练数据估计得到的，该估计在我们的原型系统中是通过选择狄利克雷先验概率和取后验概率参数的期望得到的。

　　这给了我们一个多项式参数估计的简单形式，涉及在属于类别 c 的视频段落

中出现的词 i 次数加权（$\sum_k w_k N_{i,k,c}$，其中 $N_{i,k,c}$ 是类别 c 中的视频域 k 上词 i 出现的次数）除以在类别 c 域 k 上词出现的总的加权数（$\sum_k w_k N_{k,c}$）。对于词 i，加入一个设想的出现先验概率 α_i，使得该估计是一个平滑的最大似然估计，即

$$\theta_{c_i} = \frac{\sum_k w_k N_{i,k,c} + \alpha_i}{\sum_k w_k N_{k,c} + \alpha} \tag{8.3}$$

其中，α 是 α_i 的和；α_i 对于不同的词可以设置不同，我们遵循通常的情况，对所有的词都设置为 $\alpha_i = 1$。

在基于视觉内容的视频分类中，每一个特征为 v_d 模型化为在类别 c 上的高斯分布，即

$$P(v_d \mid c) = \frac{1}{\sqrt{2\pi}\sigma_{c,d}} \exp\left[-\frac{(v_d - m_{c,d})^2}{2\sigma_{c,d}^2}\right] \tag{8.4}$$

其中，$m_{c,d}$ 是 v_d 的均值；$\sigma_{c,d}$ 是类别 c 中 v_d 的标准方差。

在每个类别 c 的训练数据上使用最大似然方法[25]，我们可以得到如下均值 $m_{c,d}$ 和标准方差 $\sigma_{c,d}$ 的无偏估计，即

$$\hat{m}_{c,d} = \frac{1}{U_c} \sum_{i \in c} v_{i,d} \tag{8.5}$$

$$\hat{\sigma}_{c,d}^2 = \frac{1}{U_c - 1} \sum_{i \in c} (v_{i,d} - \hat{m}_{c,d})^2 \tag{8.6}$$

其中，$v_{i,d}$ 是特征向量 v_i 的第 d 维；U_c 是属于类别 c 的视频数。

给定假设视觉特征是相对类别 c 条件独立的，那么分类过程可以通过与式(8.2)相似的公式实现。

8.4.2　最大熵分类器

最大熵[116]是一个通用的用于估计数据概率分布的技术。最大熵方法最重要的一个原则就是在什么都不知道的情况下，分布应该尽可能的平均，也就是说，应该具有最大熵值。最大熵分类器[45]估计在给定训练数据中指定约束的视频条件下其类别的条件分布，每个约束表示训练数据的一个特征，而这些特征也应该出现在学习得到的分布中。从广义上来讲，类别 c 中的每个视频对象 o 可以表示为 $f(o,c) = \{f_1(o,c), f_2(o,c), \cdots, f_n(o,c)\}$。最大熵分类器允许我们将模型的分布限制为对特征 $f_i(o,c)$ 与所看到的训练数据具有相同的期望值，因此可以约定学习得到的条件概率 $P(c|o)$ 必须具有如下属性，即

$$\frac{1}{U} \sum_o f_i(o, c(o)) = \sum_o P(o) \sum_c P(c \mid o) f_i(o, c) \tag{8.7}$$

其中,U 是训练视频个数。

值得注意的是,视频分布 $P(o)$ 是未知的,而且我们对其建模并不感兴趣,因此使用没有类别标注的训练集作为视频分布的估计,并满足如下限制条件,即

$$\frac{1}{U}\sum_o f_i(o,c(o)) = \frac{1}{U}\sum_o \sum_c P(c\mid o)f_i(o,c) \tag{8.8}$$

其中,特征 $f_i(o,c)$ 是标准化后元数据的词的数量,或者是从视频帧中抽取的视觉特征。

对于每一个特征,我们计算其在训练数据中的期望值,并将该值作为模型分布的一个限制条件。当限制条件以这种方式估计后,可以确保存在唯一的一个具有最大熵的分布,而且这一分布总是具有指数的形式[168],即

$$P(c\mid o) = \frac{1}{Z(o)}\exp\Big[\sum_i \lambda_i f_i(o,c)\Big] \tag{8.9}$$

其中,λ_i 是要估计的参数;$Z(o)$ 是一个确保正确概率的标准化因子,即

$$Z(o) = \sum_c \exp\Big[\sum_i \lambda_i f_i(o,c)\Big] \tag{8.10}$$

最大熵分类器的形式是一个 logistic 回归分类器[151] 的多类推广形式。当限制条件从已标注的训练数据估计后,最大熵问题的解也是同样指数形式模型的对偶最大似然问题的解。这一模型吸引人的地方是能够确保似然表面是一个只具有全局最大值而没有局部最大值的凸多面模型,我们在似然空间上利用爬山算法[168] 寻找其全局最大值。为了减少过拟合,我们引入高斯先验概率,该模型具有均值为零和一个对角协方差矩阵,这一先验知识使特征权值倾向于接近零值,也就是较少的极端。模型的先验概率是所有具有 σ_i^2 方差的特征值 λ_i 的高斯分布的乘积,即

$$P(\Lambda) = \prod_i \frac{1}{\sqrt{2\pi\sigma^2}}\exp\Big(\frac{-\lambda_i^2}{2\sigma_i^2}\Big) \tag{8.11}$$

当稀疏数据引起过拟合时,对于语言建模问题来说,引入高斯先验概率于每一个 λ_i 可以改善性能,相似的改善结果在 8.6 节的实验中也得到了证实。

8.4.3 支持向量机分类器

经典的支持向量机[207] 是一个基于判别式模型的二元分类方法,判别式模型采用结构风险最小化原则。支持向量机创建了一个具有最小 VC 维的分类器,使泛化错误率的上界最小化。支持向量机吸引人的地方就是在不需要引入领域知识的情况下能得到较好的泛化效果。我们将视频分类问题形式化为二元分类问题的集成问题,其中每个支持向量机分类器对应一个类别。对于二元分类问题,如果两个类别是线性可分的,那么分割超平面可以通过 $\boldsymbol{w}^{\mathrm{T}}\boldsymbol{o}+\boldsymbol{b}=0$ 计算,其中 $\boldsymbol{w}$ 是权向

量,b 是一个偏置。支持向量机的目标就是寻找最优超平面的参数 w 和 b,使得在超平面和最近数据点间(支持向量)的距离最大,即

$$(w^\mathrm{T} o + b)c \geqslant 1 \tag{8.12}$$

如果两个类别是非线性可分的,那么输入向量可以通过内积核函数 $K(x, x_i)$ 非线性映射到高维的特征空间。这里特征空间是一个在支持向量机文献中惯用的名字,与我们通常使用的用于表示视频的特征是不同的。典型的核函数包括多项式、径向基和 Sigmoid[207]。通过构建最优超平面来分割高维特征空间中的数据,相对于训练数据,从作为最大间隔分类器的角度而言超平面是最优的。

在其标准形式中,支持向量机仅输出预测值 +1 和 −1,没有任何相关置信度量。在我们提出的系统中,对支持向量机做相应修改,可以输出一个后验的类别概率。这一修改既保留了支持向量机强大的泛化能力,也为进一步的扩展,如整合到概率框架中奠定了基础。支持向量机的概率扩展输出一个与类别相关的隶属度概率。对于我们的工作,类似于文献[230]提出的方法,使用支持向量机的概率版本,这里类别 $y, y \in \{+1, -1\}$ 的隶属度概率计算公式如下,即

$$P(y \mid o) = \frac{1}{1 + \exp[-yA(w^\mathrm{T} o + b)]} \tag{8.13}$$

其中,A 是用于确定 Sigmoid 函数坡度的参数。

这个改进的支持向量机恰好保留了与 $w^\mathrm{T} o + b = 0$ 相同的决策边界,输出可以与其他基于生成式模型的分类方法相媲美。

对于每个类别,使用交叉验证机制设置这个参数 A,在提出的原型系统中,我们将概率支持向量机分类器应用到每一类训练视频数据的元数据和内容特征上。

8.4.4　基于元数据与基于内容的分类器组合

在构建基于视频的元数据和内容特征的分类器之后,理想情况下,两个模态的分类器应该是互补的,因此我们设法将两个模态的分类输出结果组合来提高分类精度。这样选择最有效的分类器和确定最优的组合权值的问题便随之而来。实验表明,对某些类别,如新闻视频、音乐视频,基于元数据的分类法比基于内容特征的分类法有更好的精度;对其他的类别,如成人视频,基于内容特征的分类器效果更好。为了利用这一先验知识,我们提出一个基于投票的、类别依赖的组合策略实现融合输出。具体来讲,每个视频都对应多个类别,如财经新闻视频既属于新闻视频类别,也属于财经视频类别。因此,我们就每一个类别构建一个二元分类器,在训练阶段,执行 k 折验证过程,通过基于模态 m 的分类器获得每一类别 c_i 的估计分类精度 $a_{i,m}$,组合方式为

$$P(c_i \mid o) = \frac{\sum_m a_{i,m} P_m(c_i \mid o)}{\sum_m a_{i,m}} \tag{8.14}$$

视频被赋予类别 c_i,如果 $P(a_i|o)$ 大于给定的阈值。$a_{i,m}$ 反映了模态 m 对于类别 c_i 的有效性,而 $P_m(c_i|o)$ 是通过基于模态 m 的分类器将 o 分配到类别 c_i 的置信度。该方法是一个校验精度加权组合的方法,且基于两个模态的分类器的各自优点得到整合,使最终的分类召回率和精度得到了改进。该方法易于实现,且具有高效性,相比之下,文献[224]中方法的计算复杂度使其对于每秒钟几百个查询和成百上千万级规模的搜索引擎来说是不实用的,而且使用该方法召回率-精度的收益在实验中[224]是相当有限的。与文献[222]中的方法相比,这个融合的方法消除了主成分分析、独立成分分析和独立模态分组的昂贵的计算过程,这是因为我们使用的特征通过使用基于互信息的特征选择[133]在统计上是相互独立的。该融合模型的另外一个重要优点是较低的复杂度,在文献[222]中超核融合有更高的复杂度,从而损害了模型的泛化能力,而且昂贵的计算代价也阻碍了其在实际分类领域中的应用。

8.5　查　询　分　类

如何实现用户视频检索过程的个性化是一个巨大的挑战,当相同的检索问题被不同的用户提交时,一般的搜索引擎都会返回相同的结果,不管是谁提交了检索请求,可能对于具有不同信息需求的用户来说不太合适。例如,对于检索"苹果",有些用户可能对将"苹果园"看作一个"果园"的视频感兴趣,而其他用户可能期望看到有关苹果计算机公司的相关新闻或财经方面的视频。区分检索中词语的一种方式就是人为地将一个小的类别集合与检索词相关联,然而用户对于提交检索词去识别其正确的类别显得不够耐心。基于用户的检索历史,我们提出一种方法对用户提交的每一个检索词提供一个小的类别集合作为背景知识。具体来讲,就是我们提供了一种策略对用户的搜索历史进行搜集和建模,构建检索预置文件。基于该检索预置文件,对每个用户的检索都自动提供一个合适的类别集。

为了构建这个检索预置文件,我们对搜索引擎中的用户检索日志进行分析,抽取用户检索的历史和相应的点击视频结果。根据该日志,我们生成如表 8.1 所示的两个矩阵($\boldsymbol{VT}$ 和 $\boldsymbol{VC}$)。

表 8.1　用户检索日志的矩阵表示

矩阵 $\boldsymbol{VT}$,V1~V4 是视频						
视频/项	汤姆克鲁斯	电影	好莱坞	足球	橄榄球超级碗	橄榄球得分
V1	1	1	0.8	0	0	0
V2	1.3	0.8	0.6	0	0	0
V3	0	0	0	1	0	1
V4	0	0	0	0.62	0.7	0.3

续表

矩阵 **VC**,V1~V4 是视频		
视频/类别	电影	运动
V1	1	0
V2	1	0
V3	0	1
V4	0	1

矩阵 **VT** 中的每个单元格表示被用户点击的相关视频描述项的重要性,是通过标准的信息检索技术(TF-IDF)[12]计算得到的。**VC** 是由 Web 浏览者生成,用于描述类别与视频间的关系,我们打算生成的是如表 8.2 所示的检索预置文件矩阵 **QP**。

表 8.2　检索预置文件矩阵表示 QP

视频/项	汤姆克鲁斯	电影	好莱坞	足球	橄榄球超级碗	橄榄球得分
电影	0.7	1	0.9	0	0	0
运动	0	0	0	1	0.67	0.55

为了从 **VT** 和 **VC** 中学习得到 **QP**,我们使用基于线性最小平方拟合方法(LLSF)[226]。在该方法中,**QP** 通过使得 $VT \times QP^{T} \approx VC$ 具有最小的平方误差和来计算,利用奇异值分解[56]解决该问题,即

$$QP = VC^{T} \times U \times S^{-1} \times V^{T} \qquad (8.15)$$

其中,**VT** 的奇异值分解是 $VT = U \times S \times V^{T}$;**U** 和 **V** 是正交矩阵;**S** 为对角阵。

对于每个检索项,我们通过使用 **QP** 预测其相关类别,并依此对其分类。具体来讲,检索向量 **q** 和检索预置文件 **QP** 中的每一个类别向量 **qp** 的相似度是通过余弦函数计算的[12],然后类别以相似度降序排序,排序较高的几个检索提供给用户,让用户去选择一个作为它们检索的背景知识。

8.6　实　　验

为了评估视频和检索的联合分类,及其对检索结果的影响,我们构建了一个实验平台。

8.6.1　数据集

我们的目标是开发 Web 视频搜索引擎,与 TREC 视频比较。Web 视频具有许多不同的特点。第一,一般 Web 上的视频具有相当多的且多样的元数据,而且

就视觉内容和语义而言具有较高的异构性,但是视频的持续时间通常较短。另一方面,TREC 视频数据并不具有较多的元数据,而且多数 TREC 视频数据都是播放的新闻视频[98],从这个意义上讲,TREC 视频数据并不能很好地反映 Web 视频数据。第二,TREC 视频库中的镜头数目,例如在 TREC-2003 视频库中仅 32 318 个镜头远小于 Web 视频的镜头数目(成百上千万规模)。出于这些原因,不去使用 TREC 视频测试库,而是从 Web 上爬取视频组成测试库。我们测试库中的视频数目远大于 TREC 视频数据库中视频的数量。使用这一视频测试集,在实际的 Web 搜索环境下评估我们的原型视频搜索引擎。

在实验平台下,我们已经收集了 400 000 多视频,以及 Web 上与其关联的元数据,在这些数据中,385 739 个预分类的数据属于 5 个不同的类别(新闻、音乐、电影、财经和搞笑视频)①,这些视频组成测试集,共有 2000GB 的 AVI 文件,持续时长为 15 572 小时(平均 2.34 分钟/视频)。对于文本特征,我们搜集了包含在 Web 视频周边页面的文字,同时收集了用于标注视频的元数据,如文件名、题目、视频字幕和用户标签。每一个视频的文本特征由一些域组成,而每一个域有一个相关的权值,每个域或者是文本段落,或者是类别域。由于视频内容具有相对复杂的特点,对视频内容特征表示的深入研究是必要的,同时许多内容特征,如光流、图像序列、视频文字识别和音频信息对于视频分类/检索应用是相当有意义的。由于研究的目标并不是特征选择,我们使用易于计算且从视频数据中抽取的有效的内容特征。为了训练基于内容的分类器,实验视频集中的所有视频都进行了分割,并从每一个视频片断中选取最具有代表性的关键帧[68]。我们使用视频的这一表示主要是出于简单性和降低计算代价考虑,虽然简单,但实验证明这一表示是有效的。为了表示视频数据关键帧的空间颜色分布,计算了颜色自相关系数[112]。颜色自相关系数用来计算不同距离的颜色对直方图,可形式化定义为

$$\Gamma_{c_i,c_i}^{(k)}(I) \equiv |\{p_1 \in I_{c_i}, p_2 \in I_{c_i} \mid |p_1-p_2|=k\}| \tag{8.16}$$

其中,$|p_1-p_2|$ 是在桶 c_i 内的颜色 p_1 和 p_2 间的 L1 距离,已经证明自相关系数在图像检索中是有效的[118]。

另一个抽取的内容特征是关键帧纹理特征。为了表示纹理特征,我们将每一个关键帧划分成一些图像块,并且对每一图像块通过一个滤波器组计算其 Gabor 小波系数[145]。二维的 Gabor 函数 $g(x,y)$ 及其傅里叶变换形式可写为

$$g(x,y) = \left(\frac{1}{2\pi\sigma_x\sigma_y}\right)\exp\left[-\frac{1}{2}\left(\frac{x^2}{\sigma_x^2}+\frac{y^2}{\sigma_y^2}\right)+2\pi jWx\right]$$

$$G(u,v) = \exp\left\{-\frac{1}{2}\left[\frac{(u-W)^2}{\sigma_u^2}+\frac{v^2}{\sigma_v^2}\right]\right\}$$

① 在训练集合中,每一个视频被标注为一个且仅有一个类别。

其中，$\sigma_u=1/2\pi\sigma_x$；$\sigma_v=1/2\pi\sigma_y$；W 表示数据的上部中心频率。

基于母 Gabor 小波 $g(x,y)$，自相似滤波器字典可以通过生成函数使用恰当的 $g(x,y)$ 膨胀和旋转得到，即

$$g_{mn}(x,y)=a^{-m}G(x',y'), \quad a>1, \quad m,n=整数$$
$$x'=a^{-m}(x\cos\theta+y\sin\theta), \quad y'=a^{-m}(-x\sin\theta+y\cos\theta)$$

其中，$\theta=n\pi/K$，K 是方向总数；尺度因子 a^{-m} 的目的是度量独立于 m，$m=0,1,\cdots,$ $S-1$ 的能量。

通过使用 S 个尺度和 K 个方向的滤波器响应，可以得到一个用以描述纹理特征的每个图像块的向量。颜色自相关系数和 Gabor 小波系数合在一起用来组成视频关键帧的内容特征。

除了上述视频数据库，我们还收集了一个视频库。该视频库由被标注为"令人讨厌的视频"的 10 000 个视频组成，其中有 7000 个视频用于训练。对于基于元数据的分类，我们使用标准的文本处理过程，包括大小写转换、停词处理、短语识别和词干处理。

8.6.2 视频分类结果

首先，我们分别研究基于元数据和内容特征的三种分类模型的有效性问题，在提出的原型系统中，考虑到每个视频可能具有多个标签，我们对每个类别训练了一个二元分类器，最终的视频标签是这些二元分类器返回为正的这些类别。对于每一个实验，使用 10 折交叉验证策略[153]来验证学习的模型。由于基于元数据的分类方法，其特征数目非常大（实验中是 58 732），为了改善时间/空间性能和减少过学习问题，我们进行了基于互信息[133]的特征选择，且最优的特征数目是通过交叉验证确定的。对于基于内容的分类，我们没有进行特征选择，因为特征的维度并不高（192 维），基于元数据方法的测试数据的混淆矩阵如表 8.3～表 8.5 所示。在最大熵分类器中，高斯先验概率的方差是通过经验设定的，而迭代次数是由指数似然相对增长的上界和迭代次数的上界来控制的。由于需要训练大量的视频，且分类必须很快，因此出于高效率的原因，我们使用文献[124]中描述的线性支持向量机分类器。可以看出，最大熵分类器比朴素贝叶斯分类器得到了更好的召回率（高 4.8%）和精度（高 6.47%），部分原因可能是在朴素贝叶斯中所做的假设太强，每个特征彼此都是独立产生的。最大熵分类器中后验概率的指数形式很好地拟合了数据，得到了比朴素贝叶斯分类器更高的对数似然。支持向量机分类器得到了最好的结果，这表明对于视频分类问题来说判别式模型优于生成式模型。从表中我们看到，使用朴素贝叶斯或最大熵分类器比使用支持向量机分类器，相当多的具有一个真正标注的视频被归类为多个类别，如新闻被归类为新闻和音乐，电影被归类为电影和音乐，以及电影被归类为电影、音乐、搞笑，这表明支持向量机分类器的区

分能力要优于其他两个。它们之间的不同可以通过两类模型的不同优化目标来解释，支持向量机通过使得分割超平面和两个类别之间的间隔最大化来优化分类精度，而朴素贝叶斯分类器和最大熵分类器则是使得用于学习得到模型的数据集的指数似然最大化。虽然得到的模型具有较高的生成当前数据的概率，但是模型的分类错误并没有被最小化。图 8.2 给出了三个模型的平均分类召回率和精度的比较。

表 8.3　基于元数据的朴素贝叶斯分类器的混淆矩阵

P/A	a	b	c	d	e	t	p
f	35	0	6	11	0	52	0
a	25 480	1	8	2	0	25 491	99
a,b	185	27	0	0	0	212	0
a,d	126	0	0	19	0	145	0
a,e	13	0	0	0	0	13	0
b	57	19 460	2	0	0	19 519	99
c	32	0	23 345	3	0	23 380	99
c,a	717	0	221	0	0	938	0
c,a,d	14	0	0	6	0	20	0
c,d	4	0	1794	3402	0	5200	0
c,d,e	0	0	4	0	0	4	0
c,e	0	0	71	0	1	72	0
d	15	0	0	7768	0	7783	99
e	0	0	0	0	2910	2910	100
t	26 678	19 488	25 451	11 211	2911	85 739	x
r	95	99	91	69	99	x	x

注："A"表示实际类别，"P"表示预测类别，"Negative"表示没有分类器给出合适预测，a-新闻视频，b-财经视频，c-电影，d-音乐视频，e-搞笑视频，f-没有分类器给出合适预测视频，t-整体，p-精度，r-召回率，x-不可用

表 8.4　基于元数据的最大熵分类器的混淆矩阵

P/A	a	b	c	d	e	t	p
f	181	160	158	175	10	684	0
a	26 094	0	42	0	0	26 136	99
a,b	123	0	0	0	0	123	0
a,b,d	2	0	0	0	0	2	0
a,c	91	0	0	2	0	93	0
a,e	5	0	0	0	0	5	0

续表

P/A	a	b	c	d	e	t	p
b	24	19 328	5	0	0	19 357	99
c,b	0	0	1	0	0	1	0
c,d	0	0	25	29	0	54	0
c,e	0	0	2	0	0	2	0
c	108	0	25 175	75	0	25 358	99
c,a	40	0	9	0	0	49	0
d	10	0	33	10 930	0	10 973	99
e	0	0	1	0	2901	2902	99
t	26 678	19 488	25 451	11 211	2911	85 739	x
r	97	99	98	97	99	x	x

注："A"表示实际类别,"P"表示预测类别,"Negative"表示没有分类器给出合适预测,a-新闻视频,b-财经视频,c-电影,d-音乐视频,e-搞笑视频,f-没有分类器给出合适预测视频,t-整体,p-精度,r-召回率,x-不可用

表8.5　基于元数据的支持向量机分类器的混淆矩阵

P/A	a	b	c	d	e	t	p
f	0	1	2	6	0	9	0
a,d	0	5	0	0	0	5	0
a	0	26 669	0	0	0	26 669	100
b	0	0	0	0	0	19 486	100
b,d	0	0	0	0	0	1	0
c,b	0	0	0	0	0	1	0
c,d	0	0	2	0	0	2	0
c	0	0	25 442	0	0	25 441	100
c,a	0	2	1	0	0	3	0
c	0	1	4	11 205	0	11 210	99
e	0	0	0	0	2911	2911	100
t	0	26 678	25 451	11 211	2911	85 739	x
r	x	99	99	99	100	x	x

注："A"表示实际类别,"P"表示预测类别,"Negative"表示没有分类器给出合适预测,a-新闻视频,b-财经视频,c-电影,d-音乐视频,e-搞笑视频,f-没有分类器给出合适预测视频,t-整体,p-精度,r-召回率,x-不可用

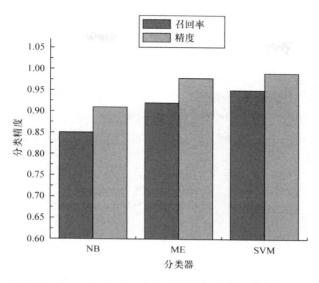

图 8.2　基于元数据的三个分类器的平均分类精度的比较

　　在基于内容特征的分类方面,我们使用相同的度量,结果稍微有所不同。图 8.3显示了使用不同分类器的平均分类精度,基于内容特征的分类结果要比基于元数据的分类算法差,但仍然可以接受,这是我们所期望的。与在基于元数据分类比较一样,支持向量机分类器效果最好,有趣的是,朴素贝叶斯分类器比最大熵分类器结果要稍微好些(3.02%)。在朴素贝叶斯分类器中,假设内容特征的每一

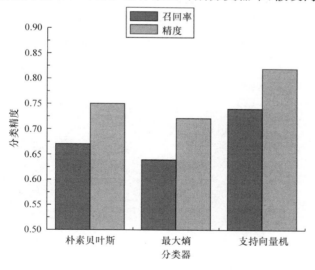

图 8.3　三个基于内容特征分类器的平均分类精度比较

维都服从高斯分布,这可以解释为最大熵分类器比朴素贝叶斯分类器对于特征选择更为敏感,而相比于最大熵分类器,朴素贝叶斯分类器对内容特征更加自然。另一个观察到的情况是,对于令人讨厌的视频类别,基于内容特征的分类器比基于元数据特征的分类器具有更好的分类精度。图 8.4 比较了基于元数据的支持向量机分类器和基于内容特征的支持向量机分类器在令人讨厌的视频类别上的分类召回率和精度。这一结果证实了我们的初衷,即视频的不同模态间可以互补,从而得到更高的精度。通过应用我们提出的基于投票的类别依赖组合机制,分类精度得到提升,结果如表 8.6 所示。

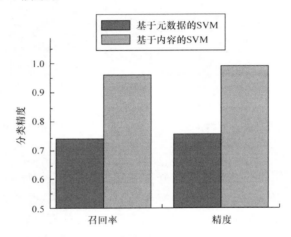

图 8.4　对于令人讨厌的视频类别分类精度比较
(基于元数据和基于内容特征的支持向量机分类器)

表 8.6　不同模态的分类精度结果比较

类别		元数据	内容特征	组合
新闻	召回率	0.92	0.72	0.92
	精度	0.90	0.74	0.91
音乐	召回率	0.95	0.76	0.96
	精度	0.98	0.74	0.96
电影	召回率	0.96	0.72	0.97
	精度	0.98	0.65	0.98
令人讨厌的视频	召回率	0.82	0.97	0.98
	精度	0.62	0.99	0.99

8.6.3　查询分类结果

除了在 TRECVID 中使用的评价标准,如平均准确率(MAP)和平均倒数排名
(ARR)[98]来度量查询的分类精度,我们还使用如下结果度量标准,即

$$QC = \Big(\sum_{c \in \text{top}N} s_c \Big)/T = \Big(\sum_{c \in \text{top}N} \frac{1}{1 + \text{rank}_c - \text{Trank}_c} \Big)/T \tag{8.17}$$

其中,T 是与查询相关的类别数;s_c 是被列为前 N 个返回类别的相关类别 c 的
评分。

在实验中,我们设置 N 为 3,rank_c 是类别 c 的排序,Trank_c 是类别 c 的最高的
可能排序。随机抽样 100 个查询,并对每个查询计算 QC。例如,假设 c_1 和 c_2 是与
查询相关的两个类别,它们被系统排序为第一个和第三个,那么精度就可以以下列
方式计算,$s_{c_1} = 1/(1+1-1) = 1, s_{c_2} = 1/(1+3-2) = 0.5$,从而最终精度是 $QC = (1 + 0.5)/2 = 0.75$,QC 可以用来度量查询分类的精度,取值越高,精度越好。

我们在从查询日志中随机抽取的 100 个查询集合上对 8.5 节提出的查询分类
方法进行了实现和评价。表 8.7 显示了对于 5 个不同的查询例子的 QC 和实验集
中那 100 个查询的平均 QC。100 个查询的平均 QC 表明,对于大多数查询,分类
结果是令人满意的。

表 8.7　查询分类结果

项目	#		查询		返回的类别	
实验集上的查询例子 及其分类结果	q1		迈克尔 · 杰克逊		新闻、音乐、搞笑	
	q2		赛车		电影、搞笑、新闻	
	q3		战争世界		电影、新闻、财经	
	q4		伊拉克战争		新闻、财经、音乐	
	q5		中国万里长城		搞笑、新闻、小孩	
查询实例和在实验集上 的 100 抽样查询的 QC	q1	q2	q3	q4	q5	q6
	QC	0.826	0.784	0.923	0.585	0.892	0.845

8.6.4　查找相关性结果

由于实验使用的视频数非常大,不可能对每个查询估计其检索的召回率,因此
使用下面的过程对结果进行评估。首先,用户提交一个查询,与没有使用任何分类
的查询视频结果一起,返回查询分类得到的前三个相关类别;第二,用户选择适合
他/她检索查询内容的类别;第三,利用用户选择的类别信息开始新的查询,返回最
终结果。视频和查询联合分类对检索相关性的影响可以通过计算不同个数结果的

精度来度量,10 位非专业人员被请来分别对使用联合分类功能和不使用联合分类功能的系统进行测试,返回视频的相关性通过主观判断来确定。图 8.5 记录了223 个查询的平均精度-范围曲线。

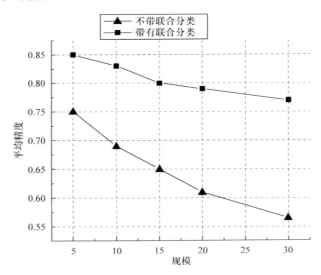

图 8.5　使用和没有使用查询与视频联合分类的检索相关性比较结果,
平均精度与范围(前 N 个结果)曲线

该图表明,使用我们提出的查询和视频的联合分类方法可以极大地改进检索的相关度(精度提高 10%～20%)。

值得注意的是,视频分类是离线完成的,而查询分类是在线的。分类一个视频的平均时间少于 0.1 秒,而分类一个查询的平均时间少于 0.05 秒,因此类内的检索是非常高效的。所提出的原型系统对用户的查询平均响应时间少于 0.2 秒,这样的高效率使得该系统可以成为真实 Web 视频检索的实用搜索引擎。

8.7　小　　结

本章通过展示我们开发的 Web 视频搜索引擎原型系统,演示了在大规模视频数据库上进行概念发现与挖掘的例子。我们研究了几种具有广阔前景的方法用以提升大规模 Web 视频搜索引擎检索的相关性,提出一个专门的视频分类框架。该框架将基于不同模态的多个分类器进行组合,通过学习用户的查询历史和点击日志,提出一个自动的查询预置文件生成技术,并将该预置文件应用于查询分类,开发了一个高度可扩展的、融合在线查询分类和离线视频分类的原型系统。我们在上千万规模的 Web 视频上评估了具有多项式混合分布的朴素贝叶斯分类器、最大熵分类器、支持向量机分类器方法,以及预置文件学习技术。评估结果和用户分析表明,查询和视频联合分类提高了视频检索的相关性,同时也提升了用户检索的体验,所提出方法的高效率也被 Web 上的视频搜索引擎原型系统的较好响应而得到证实。

第9章 音频数据库概念发现与挖掘

9.1 引　　言

在前面 4 章,我们列举了比较常见的多媒体数据库上的知识发现和数据挖掘的例子。这些数据库包括图像数据库、视频数据库,以及与多种模式(如图像与文本结合、视频与文本结合)相结合的多媒体数据库。本章主要讨论知识发现和数据挖掘在音频数据库上的应用。

音频数据完全不同于其他形式的数据,如文本、图像和视频等。从某种意义上讲,音频数据基本上是一维的数据。像我们前面几章讨论过的其他类型的多媒体数据库知识发现一样,音频数据库知识发现也依赖上下文,是面向任务的。本章主要讨论音频数据库的概念发现和挖掘。具体来讲,我们通过一个具体实例来阐述音频数据库上的概念发现和数据挖掘问题。该例子是一个有混合类型的音频数据组成的典型音频数据库的分类例子,包括音乐、语音、非语言声音、动物声音、环境声音和噪声等。值得注意的是,一个音频数据库包含高达百万级的音频片断并不是罕见的,这就导致在任何更为复杂的知识发现任务开始前,音频分类成为首要的、基本的概念发现与挖掘任务。另一方面,给定一个具有百万级规模的音频片断数据库,即便不是不可能的,但是实现音频数据的手工分类却是一个相当乏味的工作。因此,我们有必要研究作为音频数据库概念发现与挖掘的音频分类问题。

作为实例,我们探讨了一个音频数据分类方法,即由 Lin 等[138] 提出的方法。之所以选择该方法作为讨论的例子,主要是出于下面的考虑。首先,该研究工作发表于 2005 年,因此代表音频数据挖掘的最新进展。然后,与许多现有在音频数据挖掘领域的其他方法不同,其他方法主要集中于特定类型音频数据的挖掘,如语音数据挖掘,而该方法考虑全部不同类型音频数据的分类。最后,分类是音频数据挖掘最重要的应用之一,也代表着当今音频数据挖掘实际应用领域的一个最为急迫的需求。为了引用目的,我们称该方法为 LCTC 方法。

9.2　研究背景与相关工作

音频数据表示的是声音信息。正如 2.2.2 节讨论的,音频数据是一维数据,可以绘制为一个一维的波形图。根据声音源的不同,音频数据看起来可能是不同的,图 9.1 给出了一个不同类型音频数据的样本,可以看出,不同类型的音频数据具有不同形状的波形。例如,在图 9.1 中,语音数据看起来不同于音乐数据。由于这一差别,对于不同的挖掘问题,我们必须选择和使用不同的音频特征。例如,如果音频数据挖掘问题是分类音频数据,那么我们需要确保所选择的特征能够足够区分不同类型的音频数据。另一方面,如果音频数据挖掘问题是与语音识别与检索相关的问题,那么我们需要确保所选择的特征能够很好地反映语音数据。

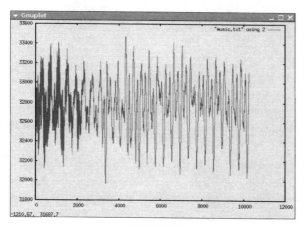

(a) 音乐例子

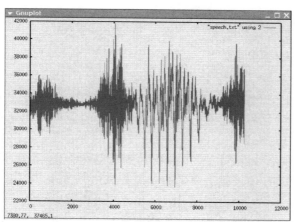

(b) 语音例子

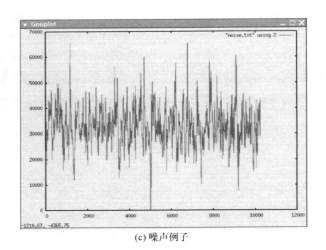

(c) 噪声例子

图 9.1　典型音频数据例子

　　音频数据挖掘可以追溯到 20 世纪 90 年代初期,随着多媒体数据开始发展,音频数据索引和检索受到越来越多的关注。一个著名的例子就是新西兰数字图书馆项目[13,219]。该数字图书馆存储了一些音乐演奏数据,以便实现对其的索引和检索。由于不同类型的音频数据需要不同的特征表示,这就需要使用不同的数据挖掘技术,另外由于我们列举了一个音频数据分类的例子,因此下面就音频分类的研究工作加以简单回顾。

　　音频数据分类的早期工作可以追溯到 Wold 等[220] 开发的 MuscleFish 数据库,该数据库后来被许多文献用作标准数据库[5]。音频分类文献通常使用不同的特征,包括 Mel 频率倒频谱特征[137]、小波特征[138,44,106]、亮度与带宽特征[137]、子带能量特征[137,106]和音调特征[44]。就分类技术而言,用于分类的技术主要是经典的统计技术,包括神经网络、隐马尔可夫模型和支持向量机。Zhang 和 Kou[247] 提出一个基于规则的方法来分类不同类型的音频数据。Lu 等[141] 提出一个音频数据分类方法,包含两步,第一步是语音和非语音的二元分类,使用 K 近邻方法和线谱对矢量量化方法;第二步使用基于规则的分类方法进一步将非语音数据分类为不同类型的音频数据。Li[137] 提出使用最近邻线方法分类音频数据。Guo 和 Li 进一步改进 Li 提出的方法[137],通过使用支持向量机,而不是最近邻线[94] 方法。Lin 等[138]在 Guo 和 Li 的方法基础上提出一种新的用于音频数据分类的方法,该方法通过融入小波特征,并使用自底向上的支持向量机方法,即本章介绍的 LCTC 方法。最近,Ravindran 等[172] 提出使用基于高斯混合模型的分类器用于音频分类,而 Sainath 等使用扩展的 Baum-Welch 算法实现音频数据分类[183]。

9.3　特 征 抽 取

LCTC 方法使用的特征既包括感知特征,又包括被称为频率倒频谱系数的变换特征。在特征抽取之前,原始的音频信号需要进行预处理识别全部的非静默帧,原始音频信号以 8000 赫兹 16 比特采样精度进行采样,每一个音频片断数据流被分割成若干帧,帧的长度设置为 256 个采样,对应 32 毫秒,其中有 192 个采样(75%)相邻帧间彼此重叠。典型的语音信号在频率谱中相对低的振幅是由嘴唇发出声音的辐射效果产生的,因此需要在频谱的高频端使用能量增强技术。这一过程通过使用如下能量增强滤波器实现,即

$$s'_n = s_n - 0.96 s_{n-1}, \quad n = 1, 2, \cdots, 255 \tag{9.1}$$

$$s'_0 = s_0$$

其中,s_n 和 s'_n 分别是滤波器使用前和使用后那一帧的第 n 个音频采样。

对进一步滤波后的音频信号进行海明加权计算,即

$$s^h_n = s'_n h_n, \quad n = 0, 1, \cdots, 255 \tag{9.2}$$

$$h_n = 0.54 - 0.46 \cos\left(\frac{2\pi n}{255}\right)$$

在预处理之后,如果一帧满足如下条件,那么该帧称为非静默帧,即

$$\sum_{n=0}^{255} (s^h_n)^2 > 400^2 \tag{9.3}$$

其中,400 是文献[137],[94]中提到的经验阈值。

预处理后可以得到原始音频信号的全部非静默帧,这样我们便可以着手定义和抽取全部特征用于实现音频数据分类。从本质上讲,LCTC 方法既使用感知特征,也使用变换特征。具体来讲,感知特征是通过应用傅里叶变换和小波变换得到的,而变换特征是通过使用频率倒频谱系数得到的。下面我们给出这些特征的具体描述。

(1) 子带能量 P_j

子带能量的三个部分是在小波域上计算的[144,31]。设 ω 是半采样频率,那么子带区间就是 $[0, \omega/8]$、$[\omega/8, \omega/4]$ 和 $[\omega/4, \omega/2]$,分别对应于小波变换的近似系数和细节系数,从而子带能量计算公式为

$$P_j = \sum_k z_j^2(k) \tag{9.4}$$

式中，$z_j(k)$ 是子带 j 的对应近似或细节系数。

（2）音调频率 f_p

由 Chen 和 Wang[44] 提出来的基于噪声鲁棒的小波音调检测方法被用来抽取音调频率。该方法的第一个阶段是应用具有混叠补偿[144] 的小波变换将输入信号分解为三个子带，接着利用由前一阶段得到的近似信号改进的空间关系函数抽取音调频率。

（3）亮度 ω_c

亮度定义为傅里叶变换的频率中心点，即

$$\omega_c = \frac{\int_0^\infty u \parallel F(u) \parallel^2 \mathrm{d}u}{\int_0^\omega \parallel f(u) \parallel^2 \mathrm{d}u} \tag{9.5}$$

（4）带宽 B

带宽定义为频谱分量与频率质心平方差的幂加权平均的平方根，即

$$B = \sqrt{\frac{\int_0^\omega (u - \omega_c)^2 \parallel F(u) \parallel^2 \mathrm{d}u}{\int_0^\infty \parallel F(u) \parallel^2 \mathrm{d}u}} \tag{9.6}$$

（5）频率倒频谱系数（FCC）c_n

FCC 定义为使用如下方法计算的 L 阶系数，即

$$c_n = \sqrt{\frac{1}{128} \sum_{u=0}^{255} [\log_{10} F(u)] \cos \frac{n(u-0.5)\pi}{256}}, \quad n = 1, 2, \cdots, L \tag{9.7}$$

表 9.1 总结了在 LCTC 方法中定义和使用的全部特征，共有 $6+L$ 个特征。对于每一个特征，计算其均值和方差，共具有 $12+2L$ 个特征。此外，还计算了两个额外的特征，即音调比和静默比。音调比定义为音调帧数量占信号中总帧数的比率。静默比定义为静默帧数量占信号中整体帧的比率。最终可以得到一个 $14+2L$ 维的特征向量。

表 9.1　所抽取的特征列表[138]

特征		变换类型	特征数
感知特征	子带能量 P_j	小波变换	3
	音调频率 f_p	小波变换	1
	亮度 ω_c	傅里叶变换	1
	带宽 B	傅里叶变换	1
频率倒频谱系数（FCC）c_n		傅里叶变换	L

为了便于音频分类，所有获得的以 $14+2L$ 维向量表示的样本都需要进行标

准化。标准化过程分为两个步骤,给定每一个以 $14+2L$ 维向量表示的样本 T'_j,标准化的第一步就是相对于分布中心,对 $14+2L$ 维向量空间中的向量进行移位,即

$$T'_j = \frac{T_j - \mu_j}{\sigma_j} \tag{9.8}$$

其中

$$\mu_j = \sum \frac{T_j}{N}, \quad \sigma_j = \sum \frac{(T_j - \mu_j)^2}{N} \tag{9.9}$$

式中,N 是集合(如训练集)中样本的总数。

标准化的第二步就是相对于 FCC 进一步标准化每一个样本向量 $2L$ 分量的值,即

$$T''_j = \frac{T'_j}{m_j} \tag{9.10}$$

其中,m_j 是样本 T'_j 的全部分量绝对值的最大值。

9.4　分 类 方 法

由于目标是去分类音频数据库中的音频片断,文献中有许多方法可以使用。具体来讲,LCTC 方法选择使用支持向量机进行分类。为了容忍一定的潜在分类错误,该方法使用软间隔支持向量机分类器。此外,该方法既使用径向基核函数,也使用高斯核函数,以便对使用相同特征的不同分类方法的有效性做出比较。由于通常存在多于两个类的情况,在 LCTC 方法中,使用自底向上的二元树方法来构建多类支持向量机分类器。一个移除结点 12 后重新构建的自底向上二元树如图 9.2 所示。

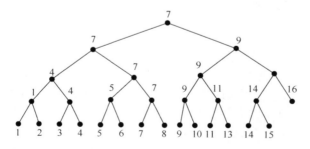

图 9.2　移除结点 12 后重新构建的自底向上二元树

9.5　实　验　结　果

我们使用公开可获取的 MuscleFish 音频数据库[5]来评估 LCTC 方法。MuscleFish 数据库由属于 16 个类别的 410 个声音片断组成。表 9.2 列出了 MuscleFish 数据库中音频片断文件的基本信息,所有的 410 个音频片断文件按照文件名的字母顺序排序。在排序顺序中,位于奇数位的文件被分入训练集合,剩余的文件被分入测试集合,这样就得到了 211 个训练文件和 199 个测试文件。

表 9.2　MuscleFish 数据库基本信息

类别名	音频片断文件个数
中音长号声	13
动物声	9
钟声	7
大提琴弦奏声	47
女声	35
笑声	7
机器声	11
男声	17
双簧管声	32
打击乐声	99
电话声	17
管钟声	20
小提琴弦奏声	45
小提琴拨奏声	40
水声	7

正如 9.3 节所述,每个样本向量被表示为一个标准化的 $14+2L$ 维向量,其中式(9.9)中的样本总数 N 取训练样本总数,式(9.8)和式(9.10)中的标准化参数全部使用训练集数据计算得到。这些参数也被用于对测试集中样本的标准化。

出于比较的目的,分别使用径向基函数和高斯核函数。这两个函数分别在 C 和 σ^2 预设值范围内进行比较,其中 FCC 的阶 L 取值从 1～99,这种设置对于每一个核函数产生 144 对 C 和 σ^2 的取值,对于每一个 C 和 σ^2 的取值的组合,E_m 定义为误差的最小值,L_m 定义为遇到第一个 E_m 时,FCC 的阶 L。表 9.3 和表 9.4 给出了径向基函数和高斯核函数的比较评价结果,可以看出在多数设置中,径向基函数的精度都要好于高斯核函数的精度。进一步还可以看到,当 $C>20$ 时,径向基核函数比高斯核函数更加稳定,这表明太大的 C 的取值对结果没有太多的益处。表 9.5 列出了 LCTC 方法与其他文献中最新的两个方法的性能比较结果,其他两个方法分别为 Guo 和 Li[94] 提出的方法(GL 方法),以及 Li[137] 提出的方法(L 方法)。值得注意的是,这两个方法都是用相同的特征,但是 GL 方法使用支持向量机用于分类,而 L 方法使用最近特征线方法(NFL)、最近邻方法(NN)、5 近邻方法(5-NN)和最近中心方法(NC)用于分类。可以看出,LCTC 方法优于 GL 方法和 L 方法,而 GL 方法优于 L 方法。

表 9.3 使用不同 C 和 σ^2 预设值的径向基核函数的实验结果[138]

E_m/L_m		C										
		1	5	10	20	30	40	50	60	70	80	90	100
σ^2	1	43/3	38/2	38/2	38/2	38/2	38/2	38/2	38/2	38/2	38/2	38/2	38/2
	5	40/39	18/11	18/11	18/11	18/11	18/11	18/11	18/11	18/11	18/11	18/11	18/11
	10	41/54	12/51	12/51	12/51	12/51	12/51	12/51	12/51	12/51	12/51	12/51	12/51
	20	60/89	7/54	7/54	7/54	7/54	7/54	7/54	7/54	7/54	7/54	7/54	7/54
	30	80/99	9/84	7/54	7/54	7/54	7/54	7/54	7/54	7/54	7/54	7/54	7/54
	40	91/95	12/86	7/54	7/54	7/54	7/54	7/54	7/54	7/54	7/54	7/54	7/54
	50	97/95	14/85	7/54	7/54	7/54	7/54	7/54	7/54	7/54	7/54	7/54	7/54
	60	102/95	16/82	7/66	6/80	6/80	6/80	6/80	6/80	6/80	6/80	6/80	6/80
	70	110/82	17/98	8/83	6/80	6/80	6/80	6/80	6/80	6/80	6/80	6/80	6/80
	80	114/96	19/84	11/81	6/80	6/80	6/80	6/80	6/80	6/80	6/80	6/80	6/80
	90	123/87	19/88	12/87	38/2	38/2	38/2	38/2	38/2	38/2	38/2	38/2	38/2
	100	127/98	22/90	13/99	38/2	38/2	38/2	38/2	38/2	38/2	38/2	38/2	38/2

表 9.4 使用不同 C 和 σ^2 预设值的高斯核函数的实验结果[138]

E_m/L_m		C										
		1	5	10	20	30	40	50	60	70	80	90	100
σ^2	1	35/9	20/11	20/11	20/11	20/11	20/11	20/11	20/11	20/11	20/11	20/11	20/11
	5	51/99	19/53	14/53	13/55	13/55	13/55	13/55	13/55	13/55	13/55	13/55	13/55
	10	73/89	20/96	15/96	14/96	14/96	14/96	14/96	14/96	14/96	14/96	14/96	14/96
	20	93/93	30/96	18/96	17/87	17/91	17/58	17/58	17/58	17/58	17/58	17/58	17/58
	30	101/77	35/95	22/96	16/95	16/95	16/95	16/95	16/95	16/95	16/95	16/95	16/95
	40	110/54	48/97	26/96	18/95	16/95	17/91	17/95	16/95	16/95	16/95	16/95	16/95

E_m/L_m		C											
		1	5	10	20	30	40	50	60	70	80	90	100
σ^2	50	120/81	58/98	31/96	19/97	18/95	16/95	17/91	17/95	16/95	16/95	16/95	16/95
	60	131/99	64/95	35/95	22/97	18/95	16/95	16/95	17/95	17/95	16/95	16/95	16/95
	70	135/95	72/99	39/96	23/96	19/95	18/95	16/95	17/95	17/95	17/95	16/95	16/95
	80	137/97	78/99	45/98	25/99	21/95	18/95	16/95	17/95	17/95	17/95	17/95	17/95
	90	142/99	86/99	52/98	28/96	22/97	19/96	17/96	16/95	17/96	18/89	18/89	18/89
	100	147/97	89/99	57/99	60/97	24/95	19/96	18/96	18/96	17/95	18/89	18/89	18/89

表 9.5　LCTC、GL 和 L 方法间的错误率(错误数目)比较[138]

方法	LCTC	GL	L			
特征集合	NPC-L	PercCepsL	PercCepsL			
分类器与核	SVM RBF $C=30$ $\sigma^2=60$	SVM Gaussian $C=100$ $\sigma^2=5$	SVM RBF $C=200$ $\sigma^2=6$	NFL	NN	5-NN	NC
$L=5$	11.6% (23)	12.6% (25)	12.6% (25)	12.1% (24)	17.7% (35)	21.2% (42)	43.4% (86)
$L=8$	9.5% (19)	10.6% (21)	8.1% (16)	9.6% (19)	13.1% (26)	22.2% (44)	38.9% (77)
$L=60$	3.5% (6)	9.5% (19)	10.1% (20)	12.1% (24)	15.7% (31)	20.7% (41)	32.8% (65)

注:NPC-L 意思是错误数/199×100%,PercCepsL 意思是错误数/198×100%

由于径向基函数方法优于高斯核函数方法,我们使用径向基核函数进一步评估利用自底向上二元树方法实现多类音频分类问题。表 9.6 给出了评估结果,可以看出 LCTC 方法在绝大多数 C 和 σ^2 的取值中取得 100% 的精度,而且在许多合适的 FCC 阶下,取得较高的精度。这证明 LCTC 方法的前景和有效性。6 个被错误分类的音频文件是由于这些音频声音与其他类的声音很近似,甚至对于人耳也很难分辩。

表 9.6　对于不同 C 和 σ^2 预设值,使用径向基核函数情况下,前 2 个返回结果的错误率[138]

E_m/L_m		C											
		1	5	10	20	30	40	50	60	70	80	90	100
σ^2	1	23/1	19/4	19/4	19/4	19/4	19/4	19/4	19/4	19/4	19/4	19/4	19/4
	5	11/29	3/29	3/29	3/29	3/29	3/29	3/29	3/29	3/29	3/29	3/29	3/29
	10	22/98	0/38	0/37	0/37	0/37	0/37	0/37	0/37	0/37	0/37	0/37	0/37

续表

E_m/L_m		C										
		1	5	10	20	30	40	50	60	70	80	90	100
σ^2	20	22/98	0/38	0/37	0/37	0/37	0/37	0/37	0/37	0/37	0/37	0/37	0/37
	30	28/96	0/49	0/29	0/29	0/29	0/29	0/29	0/29	0/29	0/29	0/29	0/29
	40	37/96	1/77	0/29	0/29	0/29	0/29	0/29	0/29	0/29	0/29	0/29	0/29
	50	49/99	3/81	0/40	0/29	0/29	0/29	0/29	0/29	0/29	0/29	0/29	0/29
	60	66/91	3/97	0/46	0/29	0/29	0/29	0/29	0/29	0/29	0/29	0/29	0/29
	70	76/99	4/99	0/50	0/29	0/29	0/29	0/29	0/29	0/29	0/29	0/29	0/29
	80	79/85	5/76	0/68	0/29	0/29	0/29	0/29	0/29	0/29	0/29	0/29	0/29
	90	84/93	5/95	1/80	0/33	0/29	0/29	0/29	0/29	0/29	0/29	0/29	0/29
	100	90/76	8/90	2/87	0/39	0/29	0/29	0/29	0/29	0/29	0/29	0/29	0/29

9.6 小 结

作为音频数据挖掘的一个研究实例,本章讨论了音频数据分类问题。首先,就其研究背景进行简要介绍,并回顾音频数据分类相关方法。然后,通过介绍 Lin 等[138]提出的方法,我们给出了音频数据分类的一个具体实例,介绍了在该方法中使用的具体特征,以及具体的实现方法。此外,我们还就该方法的实验评估结果与其他类似方法加以比较,希望通过这一研究实例能够给读者关于音频数据挖掘的最新进展一个基本的认识。

参 考 文 献

[1] http://wordnet.princeton.edu/

[2] http://www.corel.com/

[3] http://svmlight.joachims.org/svm_perf.html

[4] http://www.mpeg.org/

[5] http://www.musclefish.com/cbrdemo.html

[6] G. Adomavicius and A. Tuzhilin. Toward the next generation of recommender systems: a survey of the state-of-the-art and possible extensions. IEEE Transactions on Knowledge and Data Engineering, 17(6):734-749, 2005.

[7] M. Aizerman, E. Braverman, and L. Rozonoer. Theoretical foundations of the potential function method in pattern recognition learning. Automation and Remote Control, (A25):821-837, 1964.

[8] R. A. Aliev. Soft Computing and Its Applications. World Scientific, September 2001.

[9] Y. Altun, I. Tsochantaridis, and T. Hofmann. Hidden Markov support vector machines. In Proc. ICML, Washington DC, August 2003.

[10] A. Amir, J. Argillander, M. Campbell, A. Haubold, G. Iyengar, S. Ebadollahi, and F. Kang. IBM research THECVID-2005 video retrieval system. In NIST TRECVID-2005 Workshop, Gaitherburg, MID, November 2005.

[11] P. Auer. On learning from multi-instance examples: empirical evaluation of a theoretical approach. In Proc. ICML, 1997.

[12] R. Baeza-Yates and B. Ribeiro-Neto. Modern Information Retrieval. Addison-Wesley, June 1999.

[13] D. Bainbridge, M. Dewsnip, and I. Witten. Searching digital music libraries. Information Processing and Management, 41(1):41-56, 2005

[14] K. Barnard, P. DUygulu, N. d. Freitas, D, Blei, and M. I. Jordan. Matching words and pictures. Journal of Machine Learning Research, 3:11071135, 2003.

[15] K. Barnard and Forsyth. Learning the semantics of words and pictures. In The international Conference on Computer Vision, volume II, pages 408-415, 2001.

[16] A. G. barto and P. Anandan. Pattern recognizing stochastic learning automata. IEEE Trans. Systems, Man, and Cybernetics, (15):360-375, 1985.

[17] M. J Beal and Z. Ghahramani. The infinite hidden Markov model. In Proc. NIPS, 2002.

[18] M. belkin, P. Niyogi, and V. Sindhwani. Manifold regularization: A geometric framework for learning from labeled and unlabeled examples. Journal of Machine Learning research, 7:2399-2434, 2006.

[19] D. Blackwell and J. B. MacQueen. Ferguson distribution via polya urn schemes. The Annal of Statistics, 1:353-355, 1973.

[20] V. Blanz, B. Schölkopf, C. Burges, V. Vapnik, and T. Vetter. Comparison of view-based object recognition algorithms using realistic 3d models. In Artificial Neural Networks 96 Proceedings, pages 251-256, Berlin, Germany, 1996.

[21] D. Blei and M. Jordan. Dirichlet allocation models. InThe International Conference on Research and Development in information Retrieval(SIGIR), 2003.

[22] D. Blei, A. Ng, and M. Jordan. Dirichlet allocation models. In The international Conference on Neutral information Processing Systems, 2001.

[23] D. M. Blei, A. Y. Ng, and M. I. Jordan. Latent dirichlet allocation. Journal of Machine Learning Research, (3):993-1022, 2003.

[24] D. M. Blei and M. I. Jordan. Variational methods for the Dirichlet process. In Proc. ICML, 2004.

[25] G. Blom. Probability and Statistics: Theory and Applications. Springer Verlag, London, U. K., 1989.

[26] A. Lum and T. Mitchell. Combining labeled and unlabeled data with co-training. In Proc. Workshop on Computational Learning Theory. Morgan Kaufman Publishers, 1998.

[27] B. E. Boser, I. M. Guyon, and V. N. Vapnik. A training algorithm for optimal margin classifiers. In The 5th Annual ACM Workshops on COLT, pages 144-152, Pittsburgh, PA, 1992.

[28] S. Boyd and L. Vandenberghe. Convex Optimization. Cambridge University Press, 2004.

[29] R. Brachman and H. Levesque. Readings in Knowledge Representation. Morgan Kaufman, 1965.

[30] A. Brink, S. Marcus, ad V. Subrahamanian. Heterogeneous multimedia reasoning. Computer, 28(9):33-39, 1995.

[31] C. S. Burrus, R. A. Gopinath, and H. Guo. Introduction to Wavelets and Wavelet Transforms. Prentice-Hall, 1998.

[32] D. Cai, S. Yu, J. – R. Wen, and W. – Y. Ma VIPS: A vision-based page segmentation algorithm. Microsoft Technical Report(MSR-TR-2003-79), 2003.

[33] L. Cao and L. Fei-Fei. Spatially coherent topic model for concurrent object segmentation and classification. In Proc. ICCV, 2007.

[34] P. Carbonetto, N. D. Freitas, and K. Barnard. A statistical model for general contextual object recognition. In The 8th European Conference on Computer Vision, 2004.

[35] P. Carbonetto, N. D. Freitas, P. Gustafson, and N. Thompson. Bayesian feature weighing for unsupervised learning, with application to object recognition. In The 9th International Workshop on Artificial Intelligence and Statistics, 2003.

[36] C. Carson, S. . Belongie, H. Greenspan, and J. Malik. Blobworld: Image segmentation using expectation-maximization and its application to image querying. IEEE Trans. On PAMI, 24(8):1026-1038, 2002.

[37] C. Carson, M. . Thomas, S. Belongie, J. M Hellerstein, and J. Malik. Blobworld: A system for

region-based image indexing and retrieval. InThe 3rd Int'l Conf. On Visual Information System Proceedings, pages 509-516, Amsterdam, Netherlands, June 1999.

[38] K. R. Castleman. Digital Image Processing. Prentice Hall, Upper Saddle River, NJ, 1996.

[39] U. Cetintemel, M. J. Franklin, and C. L. Giles. Self-adaptive user profiles for large-scale data delivery. In ICDE, 2000.

[40] E. Chang, K. Goh, G. Sychay, and G. Wu. GBSA: Content-based soft annotation for multimodal image retrieval using Bayes point machines. IEEE Trans. On Circuits and Systems for Video Technology, 13(1):26-38, January 2003.

[41] S. F Chang, J. R. Smith, M. Beigi, and Benitez. Visual information retrieval from distributed online repositories. Comm. ACM, 40(2):63-67, 1997.

[42] W. Chang, G. Sheikholeslami, J. Zhang. Data resource selection in distributed visual information systems. IEEE Trans. On Knowledge and data Engineering, 10(6):926-946, Nov. /Dec. 1998.

[43] O. Chapelle, P. Haffner, and V. N. Vapnik. Support vector machines for histogram-based image classification. IEEE Trans. On Neutral Networks, 10(5):1055-1064, September 1999.

[44] S. – H. Chen and J. – F, Wang. Noise-robust pitch detection method using wavelet transform with aliasing compensation. Proceedings of IEE Vision, Image Signal Processing, 149 (60):327-334, 2002.

[45] S. F. Chen and R. Rosenfeld. A Gaussian prior for smoothing maximum entropy models, Technical report, CMU, 1999.

[46] Y. Chen, J. Bi, and J. Z. Wang. MILES: multiple-instance learning via embedded instance selection. IEEE Trans. PAMI, 28(12), 2006.

[47] Y. Chen and J. Z. Wang. A region-based fuzzy feature matching approach to content based image retrieval. IEEE Trans. On PAMI, 24(9):1252-1267, 2002.

[48] Y. Chen, J. Z. Wang, and R. Krovetz. Content-based image retrieval by clustering. In The 5th ACM SIGMM International Workshop on Multimedia Information Retrieval, pages 193-200, Berkeley, CA, November 2003.

[49] D. G. Childers, D. P. Skinner, and R. C. Kemerait. The cepstrum: A guide to processing. Proceedings of the IEEE, 65(10):1428-1443, 1977.

[50] W. C. Chu. Speech Coding Algorithms. Wiley, 2003.

[51] G. Cooper. Computational complexity of probabilistic inference using Bayesian belief networks(research note). Artificial Intelligence, (42):393-405, 1990.

[52] G. Cooper and E. Herskovits. A Bayesian method for the induction of probabilistic networks from data. Machine Learning, (9):309-347, 1992.

[53] C. Cortes and V. Vapnik. Support-vector networks. Machine Learning, 20(3):273-297, 1995.

[54] P. Dagum and M. Luby. Approximating probabilistic reasoning in Bayesian belief networks is NP-Hard. Artificial Intelligence, 60(1):141-153, 1993.

[55] H. Daume Ⅲ and D. Marcu. Learning as search optimization: Approximate large margin

methods for structured prediction. In Proc. ICML, Bonn, Germany, August 2005.

[56] S. Deerwester, S. Dumais, G. Furnas, T. Landauer, and R. Harshman. Indexing by latent semantic analysis. Journal of the American Society for Information Science, 41:391-407, 1990.

[57] A. Demiriz, K. P. Bennett, and J. Shawe-Taylor. Linear programming Boosting via column generation. Kluwer Machine Learning, (46):255-254, 2002.

[58] A. Dempster, N. Laird, and Rubin. Maximum likelihood from incomplete data via the algorithm. Journal of the Royal Statistical Society, Series B, 39(1):1-38, 1977.

[59] T. G. Dietterich, R. H. Lathrop, and T. Lozano-Perez. Solving the multiple instance problem with axis-parallel rectangles. Artificial Intelligence, 89:31-71, 1997.

[60] W. R. Dillon and M. Goldstein. Multivariate Analysis, Methods and Applications. John Wiley and Sons, New York, 1984.

[61] N. Dimitrova, L. Agnihotri, and G. Wei. Video classification based on HMM using text and faces. In European Conference on Signal Processing, Finland, September 2000.

[62] C. Djeraba, editor. Multimedia Mining-A Highway to Intelligent Multimedia Document. Kluwer Academic Publishers, 2002.

[63] C. Djeraba. Association and content-based retrieval. IEEE Transaction on Knowledge and Data Engineering, 15(1):118-161, 1997.

[64] C. Domingo and O. Watanabe. Madaboost: A modification of adaboost. In Proc. 13th Annu. Conference on Comput. Learning Theory, pages 180-189, Morgan Kaufmann, San Francisco, 2000.

[65] H. Drucker, C. J. C. Burges, L. Kaufman, A. Smola, and V. Vapnik. Support vector regression machines. In Advances in Neural Information Processing Systems 9, NIPS 1996, pages 156-161, 1997.

[66] R. O. Duda and P. E. Hart. Pattern Classification and Scene Analysis. John Wiley and Sons, New York, 1973.

[67] R. O. Duda, P. E. Hart, and D. G. Stork. Pattern Classification(2nd ed.). John Wiley and Sons, 2001.

[68] F. Dufaux. Key frame selection to represent a video. In IEEE International Conference on Image Processing, 2000.

[69] M. H. Duham. Data Mining, Introductory and Advanced Topics. Prentice Hall, Upper Saddle River, NJ, 2002.

[70] P. Duygulu, K. Barnard, J. F. G. d. Freitas, and D. A. Forsyth. Object recognition as machine translation: Learning a lexicon for a fixed image vocabulary. In The 7th European Conference on Computer Vision, volume IV, pages 97-112, Copenhagen, Denmark, 2002.

[71] C. Faloutsos. Searching Multimedia Databases by Content. Kluwer Academic Publishers, 1996.

[72] C. Faloutsos. R. Barber, M. Flickner, J. Hafner, W. Niblack, D. PEtkovic, and W. Equitz. Efficient and effective querying by image content. Journal of Intelligent Information Systems, 3(3/4):231-262, 1994.

[73] L. Fei-Fei and P. Perona. A Bayesian hierarchical model for learning natural scene. In Proc. CVPR, pages 524-531, 2005.

[74] L. Fei-Fei and P. Perona. One-shot learning of object categories. IEEE Trans. PAMI, 28(4): 594-611, 2006.

[75] S. L. Feng, R. Manmatha, and V. Lavrenko. Multiple Bernoulli relevance models for image and video annotation. In The International Conference on Computer Vision and Pattern Recognition, Washington, DC, June, 2004.

[76] R. Fergus, L. Fei-Fei, P. Perona, and A. Zisserman. Learning object categories from Google' s image search. In Proc. ICCV, 2005.

[77] T. Ferguson. A Bayesian analysis of some non-parametric problems. The Annal of Statistics, 1: 209-230, 1973.

[78] S. Fischer, R. Lienhart, and W. Efflsberg. Automatic recognition of film genres. In The 3rd ACM International Conference on Multimedia, San Francisco, CA, 1995.

[79] G. Fishman. Monte Carlo Concepts, Algorithms and Applications. Springer Verlag, 1996.

[80] M. Flickner, H. S. Sawhney, J. Ashley, Q. Huang, B. Dom, M. Gorkani, J. Hafner, D. Lee, D. Pectkovic, D. Steele, and P. Yanker. Query by image and video content: The QBIC system. IEEE Computer, 28(9): 23-32, September 1995.

[81] Y. Freund. Boosting a week learning algorithm by majority. In Proceedings of the Third Annual Workshop on Computational Learning Theory, 1990.

[82] Y. Freund. An adaptive version of the boost by majority algorithm. Machine Learning, 43(3): 293-318, 2001.

[83] Y. Freund and R. E. Schapire. A decision-theoretic generalization of online learning and an application to Boosting. Journal of Computer and System Science, (55), 1997.

[84] Y. Freund and R. E. Schapire. Large margin classification using the perceptron algorithm. In Machine Learning, volume 37, 1999.

[85] J. H. Friedman. Stochastic gradient Boosting. Comput. Sts. Data Anal. , 38 (4): 367-378, 2002.

[86] K. Fukunaga. Introduction to Statistical Pattern Recognition (Second Edition). Academic Press, 1990.

[87] B. Furht, editor. Multimedia Systems and Techniques. Kluwer Academic Publishers, 1996.

[88] A. Gersho. Asymptotically optimum block quantization. IEEE Trans. On Information Theory, 25(4): 373-380, 1979.

[89] M. Girolami and A. Kaban. On an equivalence between pLSI and LDA. In SIG IR 2003, 2003.

[90] Y. Gong and W. Xu. Machine Learning for Multimedia Content Analysis. Springer, 2007.

[91] H. Greenspan, G. Dvir, and Y. Rubner. Context dependent segmentation and matching in image databases. Journal of Computer Vision and Image Understanding, 93: 86-109, January 2004.

[92] H. Greenspan, J. Goldberger, and L. Ridel. A continuous probabilistic framework for image matching. Journal of Computer Vision and Image Understanding, 84 (3): 384-406, December 2001.

[93] A. Grossmann and J. Morlet. Decomposition of hardy functions into square integrable wavelets of constant shape. SIAM Journal on Mathematical Analysis, 15(4), 1984.

[94] G. Guo and S. Z. Li. Content-based audio classification and retrieval by support vector machines. IEEE Transactions on Neural Networks, 14(1):209-215, 2003.

[95] Z. Guo, Z. Zhang, E. P. Xing, and C. Faloutsos. Enhanced max margin learning on multimodal data mining in a multimedia database. In Proc. ACM International Conference on Knowledge Discovery and Data Mining, 2007.

[96] Z. Guo, Z. Zhang, E. P. Xing, and C, Faloutsos. Semi-supervised learning based on semiparametric regularization. In Proc. SIAM International Conference on Data Mining, 2008.

[97] J. Han and M. Kamber. Data Mining-Concepts and Techniques. Morgan Kaufmann, 2nd edition, 2006.

[98] A. G. Hauptmann and M. G. Christel. Successful approaches in the TREC video retrieval evaluations. In the 12th Annual ACM In ternational Conference on Multimedia, pages 668-675, New York City, NY, 2004.

[99] A. G. Hauptmann, R. Jin, and T. D. Ng. Video retrieval using speech and image information. In Electronic Imaging Conference(EI'03), Storage and Retrieval for Multimedia Databases, 2003.

[100] P. Hayes. The logic of frames. In R. Brachman and H. Levesque, editors, Readings in Knowledge Representation. Morgan Kaufmann, pages 288-295, 1979.

[101] T. Hofmann. Unsupervised learning by probabilistic latent semantic analysis. Machine Learning, 42(1):177-196, 2001.

[102] T. Hofmann and J. Puzicha. Statistical models for co-occurrence data. AI Memo, 1625, 1998.

[103] T. Hofmann, J. Puzicha, and M. I. Jordan. Unsupervised learning from dyadic data. In The International Conference on Neutral Information Processing Systems, 1996.

[104] F. Hoppner, F. Klawonn, R. Kruse, and T. Runkler. Fuzzy Cluster Analysis: Methods for Classification, Data Analysis and Image Recognition. John Wiley & Sons, New York, 1999.

[105] B. K. P. Horn. Robot Vision. MIT Press and McGraw-Hill, 1986.

[106] C. – T. Hsieh and Y. – C. Wang. Robust speech features based on wavelet transform with application to speaker identification. Proceedings of IEE Vision, Image Signal Processing, 149(2):108-114, 2002.

[107] C. C. Hsu, W. W. Chu, and R. K. Raira. A knowledge-based approach for retrieving images by content. IEEE Transactions on Knowledge and Data Engineering, 8(4):522-532, August 1996.

[108] http:// www-nlpir. nist. gov/projects/trecvid/. Digital video retrieval at NIST: TREC video retrieval evaluation 2001-2004, 2004.

[109] M. K. Hu. Visual pattern recognition by moment invariants. In J. K. Aggarwal, R. O. Duda, and A. Rosenfeld, editors, Computer Methods in Image Analysis. IEEE Computer Society Press, 1977.

[110] J. Huang, R. Kumar, and R. Zabih. An automatic hierarchical image classification scheme. In The Sixth ACM Int'l Conf. Multimedia Proceedings, 1998.

[111] J. Huang, Z. Liu, and Y. Wang. Joint video scene segmentation and classification based on hidden Markov model. In IEEE International Conference on Multimedia and Expo (ICME), New York, NY, July 2000.

[112] J. Huang, S. R. Kumar, M. Mitra, M. - J. Zhu, and R. Zabih. Image indexing using color correlograms. In IEEE Int'l Conf. Computer Vision and Pattern Recognition Proceedings, Puerto Rico, 1997.

[113] R. Jain. Infoscopes: Multimedia information systems. In B. Frht, editor, Multimedia Systems and Techniques. Kluwer Academic Publishers, 1996.

[114] R. Jain. Content-based multimedia information management. In Int'l Conf. Data Engineering Proceedings, pages 252-253, 1998.

[115] R. Jain, R. Kasturi, and B. G. Schunck. Machine Vision. MIT Press and McGraw-Hill, 1995.

[116] E. T. Jaynes. Information theory and statistical mechanics. The Physical Review, 108: 171-190, 1957.

[117] J. Jeon, V. Lavrenko, and R. Manmatha. Automatic image annotation and retrieval using cross-media relevance models. In The 26th Annual International ACM SIGIR Conference on Research and Development in Information Retrieval, 2003.

[118] F. Jing, M. Li, H. - J. Zhang, and B. Zhang. An effective region-based image retrieval framework. In ACM Multimedia Proceedings, Juan-les-Pins, France, December 2002.

[119] F. jing, M. Li, H. - J. Zhang, and B. Zhang. An efficient and effective region-based image retrieval framework. IEEE Trans. On Image Processing, 13(5), May 2004.

[120] T. Joachims. Training linear SVMs in linear time. In KDD 2006, Philadelphia, PA, 2006.

[121] R. L. Kasyap, C. C. Blaydon, and K. S. Fu. Stochastic approximation. In K. S. Fu and J. M. Mendel, editors, Adaptation, Learning, and Pattern Recognition Systems: Theory and Applications. Acadamic Press, 1970.

[122] J. Kautsky, N. K. Nichols, and D. L. B. Jupp. Smoothed histogram modification for image processing. CVGIP: Image Understanding, 26(3): 271-291, June 1984.

[123] M. Kearns. Thoughts on hypothesis Boosting. Unpublished manuscript, 1988.

[124] S. S. Keerthi and D. DeCoste. A modified finite Newton method for fast solution of large scale linear SVMs. Journal of Machine Learning Research, 2005(6): 341-361, 2005.

[125] S. Kendal and M. Creen. An Introduction to Knowledge Engineering. Springer, 2007.

[126] K. L. Ketner and H. Putnam. Reasoning and the Logic of Things. Harvard University Press, 1992.

[127] J. Kittler, M. Hatef, R. P. W. Duin, and J. Mates. On combining classifiers. IEEE Transactions on Pattern Analysis and Machine Intelligence, 20(3), 1998.

[128] G. J. Klir, U. H. St Clair, and B. Yuan. Fuzzy Set Theory: Foundations and Applications. Prentice Hall, 1997.

[129] T. Kohonen. Self-Organizing Maps. Springer, Berlin, Germany, 2001.

[130] T. Kohonen, S. Kaski, K. LAgus, J. Salojärvi, J. Honkela, V. Paatero, and A. Saarela. Self organization of a massive document collection. IEEE Trans. On Neutral Networks, 11(3): 1025-1048, May 2000.

[131] M. Koster. Alweb: Archie-like indexing in the web. Computer Networks and ISDN Systems, 27(2): 175-182, 1994.

[132] N. Krause and Y. Singer. Leveraging the margin morecarefully. In Proceedings of the International Conference on Machine Learning(ICML), 2004.

[133] N. Kwakand C. - H. Choi. Input feature selection by mutual information based on parzen window. IEEE Transactions on Pattern Analysis and Machine Intelligence, 24(12): 1667-1671, 2002.

[134] V. Lavrenko, R. Manmatha, and J. Jeon. A model for learning the semantics of pictures. In The International Conference on Neutral Information Processing Systems (NIPS ' 03), 2003.

[135] D. D. Lee and H. S. Seung. Algorithms for non-negative matrix factorization. In Proc. NIPS, pages 556-562, 2000.

[136] J. Li and J. Z. Wang. Automatic linguistic indexing of pictures by a statistical modeling approach. IEEE Trans. On PAMI, 25(9), September 2003.

[137] S. Z. Li. Content-based audio classification and retrieval using the nearest feature line method. IEEE Transactions on Speech and Audio Processing, 8(5): 619-625, 2000.

[138] C. -C. Lin, S. -H. Chen, T. -K. Truong, and Y. Chang. Audio classification and categorization based on wavelets and support vector machine. IEEE Transactions on Speech and Audio Processing, 13(5): 644-651, 2005.

[139] W. -H. Lin and A. Hauptmann. News video classification using SVM-based multimodal classifiers and combination strategies. In ACM Multimedia, Juan-les-Pins, France, 2002.

[140] P. Lipson, E. Grimson, and P. Sinha. Configuration based scene classification and image indexing. In The 16th IEEE Conf. on Computer Vision and Pattern Recognition Proceedings, pages 1007-1013, 1997.

[141] L. Lu, H. -J. Zhang, and H. Jiang. Content analysis for audio classification and segmentation. IEEE Transactions on Speech and Audio Processing, 10(7): 504-516, 2002.

[142] W. Y. Ma and B. Manjunath. Netra: A toolbox for navigating large image databases. In IEEE Int' l Conf. on Image Processing Proceedings, pages 568-571, Santa Barbara, CA, 1997.

[143] W. Y. Ma and B. S. Manjunath. A comparison of wavelet transform features for texture image annotation. In International Conference on Image Processing, pages 2256-2259, 1995.

[144] S. Mallat. A Wavelet Tour of Signal Processing. Academic Press, 1998.

[145] B. S. Manjunath and W. Y. Ma. Texture features for browsing and retrieval of image data. IEEE Trans. On Pattern Analysis and Machine Intelligence, 18(8), August 1996.

[146] O. Marou and T. Lozano-Perez. A framework for multiple instance learning, In Proc. NIPS, 1998.

[147] L. Mason, J. Baxter, P. Barlett, and M. Frean. Boosting algorithms as gradient descent. In Proceedings of Advances in Neural Information Processing System 12, pages 512-518, MIT Press, 2000.

[148] E. Mayoraz and E. Alpaydin. Support vector machines for multi-class classification. In IWANN(2), pages 833-842, 1999.

[149] A. McGovern and D. Jensen. Identifying predictive structures in relational data using multiple instance learning, In Proc. ICML, 2003.

[150] G. Mclachlan and K. E. Basford. Mixture Models. Marcel Dekker, in. , Basel, NY, 1988.

[151] S. W. Menard. Applied Logistic Regression Analysis. Sage Publications Inc, 2001.

[152] M. Minsky. A framework for representing knowledge. In P. H. Winston, editor, The Psychology of Computer Vision. McGraw-Hill, 1975.

[153] T. M. Mitchell. Machine Learning. McGraw-Hill, 1997.

[154] B. Moghaddam, Q. Tian, and T. S. Huang. Spatial visualization for content-based image retrieval. In The International Conference on Multimedia and Expo 2001, 2001.

[155] F. Monay and D. Gatica-Perez. PLSA-based image auto-annotation: constraining the latent space. In Proc. ACM Multimedia, 2004.

[156] Y. Mori, H. takahashi, and R. Oka. Image-to-word transformation based on dividing and vector quantizing images with words. In The First International Workshop on Multimedia Intelligent Storage and Retrieval Management, 1999.

[157] K. S. Narenda and M. A. Thathachar. Learning automata-a survey. IEEE Trans. Systems, Man, and Cybernetics, (4):323-334, 1974.

[158] R, Neal. Markov chain sampling methods for Dirichlet process mixture models. Journal of Computational and Graphical Statistics, 9:249-265, 2000.

[159] K. Nigam, J. Lafferty, and A. McCallum. Using maximum entropy for text classification. In IJCAI-99 Workshop on Machine Learning for Information Filtering, pages 61-67, 1999.

[160] A. V. Oppenheim, A. S. Willsky, andI. T. Young. Signals and Systems. Prentice-Hall, 1983.

[161] M. Opper and D. Haussler. Generaization performance of Bayes optimal prediction algorithm for learning a perception. Physics Review Letters, (66):2677-2681, 1991.

[162] E. Osuna, R. Freund, and F. Girosi. An improved training algorithm for support vector machines. In Proc. Of IEEE NNSP'97, Amelia Island, FL, September 1997.

[163] S. K. Pal, A. Ghosh, and M. K. Kundu. Soft Computing for Image Processing. Physica-Verlag, 2000.

[164] G. Pass and R. Zabih. Histogram refinement for content-based image retrieval. In IEEE Workshop on Applications of Computer Vision, Sarasota, FL, December 1996.

[165] M. Pazzani and D. Billsus. Learning and revising user profiles: the identification of interesting web sites. Machine Learning, pages 313-331, 1997.

[166] A. Pentland, R. W. Picard, and S. Sclaroff. Photobook: Tools for content-based manipulation of image databases. In SPIE-94 Proceeding, pages 34-47. 1994.

[167] V. A. Petrushin and L. Khan, editors. Multimedia Data Mining and Knowledge Discovery. Springer, 2006.

[168] S. D. Pietra, V. D. Pietra, and J. Lafferty. Inducing features of random fields. IEEE Transactions on Pattern Analysis and Machine Intelligence, 19(4), 1997.

[169] J. Platt. Fast training of support vector machines using sequential minimal optimization. In B. Schlkopf, C. Burges, and A. Smola, editors, Advances in Kernel Methods-Support Vector Learning. MIT Press, 1998.

[170] M. Pradham and P. Dagum. OptimalMonte Carlo estimation of belief network inference. In Proceedings of the Conference on Uncertainty in Artificial Intelligence, pages 446-453, 1996.

[171] A. L. Ratan and W. E. L. Grimson. Training templates for scene classification using a few examples. In IEEE Workshop on Content-Based Access of Image and Video Libraries Proceedings, pages 90-97, 1997.

[172] S. Ravindran, K. Schlemmer, and D. V. Anderson. A physiologically inspired method for audio classification. EURASIP Journal on Applied Signal Processing, 2005(1): 1374-1381, 2005.

[173] J. D. M Rennie, L. Shih, J. Teevan, and D. R. Karger. Tackling the poor assumptions ofnaive Bayes text classifiers. In The 20th International Conference on Machine Learning(ICML'03), Washington, DC, 2003.

[174] J. Rissanen. Modelling by shortest data description. Automatica, 14: 465-471, 1978.

[175] J. Rissanen. Stochastic Complexity in Statistical Inquiry. World Scientific, 1989.

[176] J. J. Rocchio Jr. Relevance feedback in information retrieval. In The SMART Retrieval System-Experiments in Automatic Document Processing, pages 313-323. Prentice Hall, inc. , Englewood Cliffs, NJ, 1971.

[177] R. Rosenfeld. Adaptive statistical language modeling: A maximum entropy approach. Ph. D. dissertation, Carnegie Mellon Univ. , Pittsburgh, PA, 1994.

[178] Y. Rui, T. S. Huang, S. Mehrotra, and M. Ortega. A relevance feedback architecture in content-based multimedia information retrieval systems. In IEEE Workshop on Content-based

Access of Image and Video Libraries, in conjunction with CVPR'97, page 82-89, June 1997.

[179] D. E. Rummelhart, G. E. Hilton, and R. J. Williams. Learning internal representations by errors propagation. In D. E. Rummelhart, J. L. McClelland, and the PDP Research Group, editors, Parallel Distributed Processing: Explorations in the Microstructure of Cognition, Volume 1: Foundations. MIT Press, 1986.

[180] D. E. Rummelhart, G. E. Hilton, and R. J. Williams. Learning internal representations by back propagating errors. Nature, (323):533-536, 1986.

[181] B. Russell, A. Efros, J. Sivic, W. Freeman, and A. Zisserman. Using multiple segmentations to discover objects and their extent in image collections. In Proc. CVPR, 2006.

[182] S. Russell and P. Norvig. Artificial Intelligence: A Modern Approach. Prentice Hall, Upper Saddle River, NJ, 1995.

[183] T. N. Sainath, V. Zue, and D. Kanevsky. Audio classification using extended Baum-Welch transformations. InProc. of International Conference on Audio and Speech Signal Processing, 2007.

[184] G. Salton. Developments in automatic text retrieval. Science, 253:974-979, 1991.

[185] T. Sato, T. Kanade, E. Hughes, and M. Smith. Video OCR for digital new archive. In Workshop on Content-Based Access of Image and Video Databases, pages 52-60, Los Alamitos, CA, January 1998.

[186] R. Schapire. Strength of weak learnability. Journal of Machine Learning, 5:197-227, 1990.

[187] B. Schölkopf and A. Smola. Learning with Kernels Support Vector Machines, Regularization, Optimization and Beyond. MIT Press, Cambridge, MA, 2002.

[188] C. Shannon. Prediction and entropy of printed English. Bell Sys. Tech. Journal, 30:50-64, 1951.

[189] V. Sindhwani, P. Niyogi, and M. Belkin. Beyond the poin cloud: from transductive to semi-supervised learning. In Proc. ICML, 2005.

[190] R. Singh, M. L. Seltzer, B. Raj, and R. M Stern. Speech in noisy environments: Robust automatic segmentation, feature extraction, and hypothesis conbination. In IEEE Conference on Acoustics, Speech, and Signal Processing, Salt Lake City, UT, May 2001.

[191] J. Sivic, B. Russel, A. Efros, A. Zisserman, and W. Freeman. Discovering object categories in image collections. In Proc. ICML, 2005.

[192] A. W. M. Smeulders, M. Worring, S. Santini, A. Gupta, and R. Jain. Conten-based image retrieval at the end of the early years. IEEE Trans on Pattern Analysis and Machine Intelligence, 22:1349-1380, 2000.

[193] J. F. Sowa. Conceptual Structures: Information Processing in Mind and Machine. Addison-Wesley, 1984.

[194] J. F. Sowa. Knowledge Representation-Logical, Philosophical, and Computational Foundations. Thomson Learning Publishers, 2000.

[195] P. Spirtes, C. Glymour, and R. Scheines. Causation, Prediction, and Search. Springer Verlag, New York, 1993.

[196] R. K. Srihari and Z. Zhang. Show&tell: A multimedia system for semiautomated image annotation. IEEE Multimedia, 7(3):61-71, 2000.

[197] R. Steinmetz and K. Nahrstedt. Mutimedia Fundamentals-Media Coding and Content Processing. Prentice-Hall PTR, 2002.

[198] V. S. Subrahmanian. Principles of Multimedia Database Systems. Morgan Kaufmann, 1998.

[199] S. L. Tanimoto. Elements of Artificial Intelligence Using Common LISP. Computer Science Press, 1990.

[200] B. Taskar, V. Chatalbashev, D. Koller, and C. Guestrin. Learning structured prediction models: A large margin approach. In Proc. ICML, Bonn, Germany, August 2005.

[201] B. Taskar, C. Guestrin and D. Koller. Max-margin Markov networks. In Neural Information Processing Systems Conference, 2003.

[202] G. Taubin and D. B. Cooper. Recognition and positioning of rigid objects using algebraic moment invariants. In SPIE: Geometric Methids in Computer Vision Proceeings, volume 1570, pages 175-186, 1991.

[203] Y. W. Teh, M. I. Jordan, M. J. Beal, and D. M. Blei. Hierarchical Dirichlet process. Journal of the American Statistical Association, 2006.

[204] B. T. Truong, S. Venkatesh, and C. Dorai. Automatic genre identification for content-based video categorization. In International Conference on Pattern Recognition (ICPR), Los Alamitos, CA, 2000.

[205] E. P. K. Tsang. Foundations of Constraint Satisfaction. Academic Press, 1993.

[206] I. Tsochantaridis, T. Hofmann, T. Joachims, and Y. Altun. Support vector machine learning for interdependent and structured output spaces. In Proc. ICML, Banff, Canada, 2004.

[207] V. Vapnik. The Nature of Statistical Learning Theory. Springer, New York, 1995.

[208] V. Vapnik A. Lerner. Pattern recognition using generalized portrait, method. Automation and Remote Control, 24, 1963.

[209] V. Vapnik. Statistical Learning Theory. John Wiley & Sons, Inc, 1998.

[210] N. Vasconcelos and A. Lippman. Bayesian relevance feedback for content-based image retrieval. In IEEE Workshop on Content-based Access of Image and Video Libraries (CBAIVL'00), Hilton Head, South Carolina, June 2000.

[211] C. Vertan and N. Boujemaa. Embedding fuzzy logic in content based image retrieval. In The 19th Int,l Meeting of the North America Fuzzy Information Processing Society Processings, Atlanta, July 2000.

[212] J. Z. Wang, J. Li, and G. Wiederhold. SIMPLIcity: Semantics-sensitive integrated matching for picture libraries. IEEE Trans. On PAMI, 23(9), September 2001.

[213] X. Wang and E. Grimson. Spatial latent Dirichlet allocation. In Proc. NIPS, 2007.

[214] X. Wang, X. Ma, and E. Grimson. Unsupervised activity perception by hierarchical Bayesian

models. In Proc. CVPR,2007.

[215] M. K. Warmuth,J. Liao,and G. Ratsch. Totally corrective Boosting algorithms that maximize the margin. In Proceedings of the International Conference on Machine Learning(ICML),2006.

[216] P. D. Wasserman. Neural Computing:Theory and Practice. Coriolis Group,New York,1989.

[217] T. Westerveld and A. P. de Vries. Experimental evaluation of a generative probabilistic image retrieval model on"easy" data. In The SIGIR Multimedia Information Retrieval Workshop 2003,August 2003.

[218] D. H. Widyantoro,T. R. Ioerger,and J. Yen. An adaptive algorithm for learning changes in user interests. In Proc. CIKM,1999.

[219] I. H. Witten,L. C. Manzara,and D. Conklin. Comparing human and conputational models of music prediction. Computer Music Journal,18(1):70-80,1994.

[220] E. Wold,T. Blum,D. Keislar,and J. Wheaton. Content-based classification,search and retrieval of audio. IEEE Multimedia,3(3):27-36,1996.

[221] M. E. J. Wood,N. W. Campbell,and B. T. Thomas. Iterative refinement by relevance feedback in content-based digital image retrieval. In ACM Multimadia 98 Proceedings,Bristol,UK,September 1998.

[222] Y. Wu,E. Y. Chang,K. C. -C. Chang,and J. R. Smith. Optimal multimodal fusion for multimedia data analysis. In The ACM MM'04,New York,New York,October 2004.

[223] Y. Wu,B. L. Tseng,and J. R. Smith. Ontology-based multi-classification learning for video concept detection. In IEEE International Conference on Multimedia and Expo(ICME),June 2004.

[224] R. Yan,J. Yang,and A. G. Hauptmann. Learning query-class dependent weights in automatic video retrieval. In ACM Multimedia,New York,NY,2004.

[225] C. Yang and T. Lozano-Perez. Image database retrieval with multiple-instance learning techniques. In Proc. ICDE,2000.

[226] Y. Yang and C. G. Chute. An examole-based mapping method for text categorization and retrieval. ACM Transactions on Information Systems,12(3):252-277,1994.

[227] J. Yao and Z. Zhang. Object detection in aerial imagery based on enhanced semi-supervised learning. In Proc. ICCV,2005.

[228] J. Yao and Z. Zhang. Semi-supervised learning based object detection in aerial imagery. In Proc. CVPR,2005.

[229] H. Yu and W. Wolf. Scenic classification methods for image and video databases. In SPIE International Conference on Digital Image Storage and Archiving Systems,volume 2606,pages 363-371,1995.

[230] K. Yu,W. -Y. Ma,V. Tresp,Z. Xu,X. He,H. -J. Zhang,and H. -P. Kriegel. Knowing a tree from the forest:Art image retrieval using a society of profiles. In ACM MM Multimedia 2003 Proceedings,Berkeley,CA,November 2003.

[231] L. A. Zadeh. Fuzzy sets. Information and Control, 8(3):338-353, 1965.

[232] L. A. Zadeh. Fuzzy orderings. Information Scineces, (3):117-200. 1971.

[233] O. Zaiane, S. Smirof, and C. Djeraba, editors. Knowledge Discovery from Multimedia and Complex Data. Springer, 2003.

[234] M. Zeidenberg. Neural Network in Artificial Intelligence. Ellis Horwood Limited, England, 1990.

[235] H. Zhang, R. Rahmani, S. R. Cholleti, and S. A. Goldman. Local image representations using pruned salient points with applications to CBIR. In Proc. ACM Multimedia, 2006.

[236] Q. Zhang and S. A. Goldman. EM-DD: An improved multiple-instance learning technique. InProc. NIPS, 2002.

[237] Q. Zhang, S. A. Goldman, W. Yu, and J. E. Fritts. Content-based image retrieval using multiple instance learning. InProc. ICML, 2002.

[238] R. Zhang, S. Khanzode, and Z. Zhang. Region based alpha-semantics graph driven image retrieval. Proc. International Conference on Pattern Recognition, Cambridge, UK, August 2004.

[239] R. Zhang, R. Sarukkai, J. H. Chow, W. Dai, and Z. Zhang. Joint categorization of queries and clips for Web-based video search. Proc. International Workshop on Multimedia Information Retrieval, Santa Barbara, CA, November 2006.

[240] R. Zhang and Z. Zhang. Hidden semantic concept discovery in region based image retrieval. In IEEE International Conference on Computer Vision and Pattern Recogntion (CVPR) 2004, Washington, DC, June 2004.

[241] R. Zhang and Z. Zhang. A robust color object analysis approach to efficient image retrieval. EURASIP Journal on Applied Signal Processing, 2004(6):871-885, 2004.

[242] R. Zhang and Z. Zhang. Fast: Towards more effective and efficient image retrieval. ACM Multimedia Systems Journal, 10(6), October 2005.

[243] R. Zhang and Z. Zhang. Effective image retrieval based on hidden concept discovery in image database. IEEE Transactions on Image Processing, 16(2):562-572, 2007.

[244] R. Zhang, Z. Zhang, and S. Khanzode. A data mining approach to modeling relationships among categories in image collection. Proc. ACM International Conference on Knowledge Discovery and Data Mining, Seattle, WA, August 2004.

[245] R. Zhang, Z. Zhang, M. Li, W. -Y. Ma, and H. -J. Zhange. A probabilistic semantic model for image annotation and multi-modal image retrieval. In Proc. IEEE International Conference on Computer Vision, 2005.

[246] R. Zhang, Z. Zhang, M. Li, W. -Y. Ma, and H. -J. Zhange. A probabilistic semantic model for image annotation and multi-modal image retrieval. ACM Multimedia Systems Journal, 12(1):27-33, 2006.

[247] T. Zhang and C. -C. Kuo. Audio content analysis for online audiovisual data segmentation and classification. IEEE Transactions on Speech and Audio Processing, 9 (4): 441-

457,2001.

[248] Z. Zhang, Z. Guo, C. Faloutsos, E. P. Xing, and J. -Y. Pan. On the scalability and adaptability for multimodal retrieval and annotation. InProc. International Workshop on Visual and Multimedia Digital Libraries, Modena, Italy, 2007.

[249] Z. Zhang, R. Jing, and W. Gu. A new Fourier descriptor based on areas(AFD) and its applications in object recognition. In Proc. of IEEE International Conference on Systems, Man, and Cybernetics, International Academic Publisher, 1998.

[250] Z. Zhang, F. Masseglia, R. Jain, and A. Del Bimbo. Editorial: Introduciom to the special issue on multimedia data mining. IEEE Transactions on Multimedia, 10(2):165-166, 2008.

[251] Z. Zhang, R. Zhang, and J. Ohya. Exploiting the cognitive synergy between different media modalities in multimodal information retrieval. In The IEEE International Conference on Multimedia and Expo(ICME'04), Taipei, Taiwan, July 2004.

[252] R. Zhao and W. I. Grosky. Narrowing the semantics gap-improved text-based web document retrieval using visual features. IEEE Trans. On Multimedia, 4(2), 2002.

[253] X. S. Zhou Y. Rui, and T. S. Huang. Water filling: A novel way for image structural feature. In IEEE Conf. On Image Processing Proceedings, 1999.

[254] Z. -H. Zhou and J. -M. Xu. On the relation between multi-instance learning and semi-supervised learning. In Proc. ICML, 2007.

[255] L. Zhu, A. Rao, and A. Zhang. Theory of keyblock-based image retrieval. ACM Transaction on Information Systems, 20(2):224-257, 2002.

[256] Q. Zhu, M. -C. Yeh, and K. -T. Cheng. Multimedia fusion using learned text concepts for image categorization. In Proc. ACM Multimedia, 2006.

[257] X. Zhu. Semi-supervised learning literature survey. Technical Report, 1530, 2005.

[258] X. Zhu, Z. Ghahramani, and J. Lafferty. Time-sensitive Dirichlet process mixture models. Technical Report CMU-CALD-05-104, 2005.

[259] X. Zhu, Z. Ghahramani, and J. D. Lafferty. Semi-supervised learning using Gaussian fields and harmonic functions. In Proc. ICML, pages 912-919, 2003.

[260] H. Zimmermann. Fuzzy Set Theory and Its Applications. Kluwer Academic Publishers, 2001.